中等职业规划教材

建筑工程计量实训

刘温温　王晓菲　考其胜　主　编

中国海洋大学出版社

·青岛·

图书在版编目（CIP）数据

建筑工程计量实训 / 刘温温，王晓菲，考其胜主编 .
青岛：中国海洋大学出版社，2024. 12. -- ISBN 978-7-
5670-4072-4

Ⅰ . TU723.32

中国国家版本馆 CIP 数据核字第 2024G7G820 号

JIANZHU GONGCHENG JILIANG SHIXUN

建筑工程计量实训

出版发行	中国海洋大学出版社		
社　　址	青岛市香港东路23号	邮政编码	266071
网　　址	http://pub.ouc.edu.cn		
出 版 人	刘文菁		
责任编辑	孟显丽		
电　　话	0532-85902342		
印　　制	青岛国彩印刷股份有限公司		
版　　次	2024 年 12 月第 1 版		
印　　次	2024 年 12 月第 1 次印刷		
成品尺寸	185 mm × 260 mm		
印　　张	14.25		
字　　数	360千		
印　　数	1—1000		
定　　价	78.00元		
订购电话	0532-82032573（传真）		

发现印装质量问题，请致电0532-58700166，由印刷厂负责调换。

编委会

前 言

PREFACE

近几年，我国改革开放步伐加快，实行工程量清单计价已使我国的计价依据逐步与国际惯例接轨，这是我国经济融入全球市场的需要。随着经济的发展和产业结构的调整，建筑信息模型（BIM）的迅速发展，智能制造、智慧城市、人工智能、AI、VR/AR/MR等新型产业兴起，职业教育的发展也面临着新的机遇和挑战，"1+X"工程造价数字化应用职业技能等级证书的普及，结合职教高考建筑类专业技能考试标准的要求，使建筑工程混凝土工程量的计算成为重中之重。为提高职业院校相关专业学生的专业技能、增加其就业机会，我们编写了本书。

本书根据职业院校建筑工程施工、建筑工程造价等专业教学要求、"1+X"建筑工程识图职业技能等级证书考试大纲（初级考纲见附件1）、"1+X"工程造价数字化应用职业技能等级证书考试大纲（初级考纲见附件2）、职教高考建筑类专业技能考试标准（2024年考纲见附件3），参照《建筑制图标准》（GB/T 50104-2010）、《房屋建筑制图统一标准》（GB/T 50001-2017），国家规范《建设工程工程量清单计价规范》（GB50500-2013）、《房屋建筑与装饰工程工程量计算规范》（GB50854-2013）和地方规范《山东省建筑工程消耗量定额》（2016版）的计量规则及计价办法、22G101系列《混凝土结构施工图平面整体表示方法制图规则和构造详图》，以一栋典型的三层框架综合楼的混凝土工程量计算为主线，详细介绍了混凝土工程量的手算和电算，辅以广联达BIM土建计量平台GTJ2021软件实例训练，遵循通俗易懂、实用够用的原则，体现"做中教、做中学"的教学理念。因此，本书具有基础性、实用性、可操作性强的特点。本书中，模块一以建筑工程识图为主，重点讲解了建筑平面图、立面图、剖面图、详图和结构施工图的识读、绘制；模块二以混凝土工程量计算为主，引用世界技能大赛混凝土建筑赛项、数字建造赛项等案例，提高学生的学习积极性，以大国工匠为榜样，树立为国争光、为社会作贡献的人生目标。

本书的教学参考时数为80学时，各项目学时分配建议见表0-0-1。

表0-0-1 各项目学习分配建议

模块一	学时数	模块二	学时数
项目1 建筑工程图概述	2	项目1 实训须知	2
项目2 建筑平面图	4	项目2 四线两面计算	2

（续表）

模块一	学时数	模块二	学时数
项目3　建筑立面图	4	项目3　混凝土基础工程量计算	4
项目4　建筑剖面图	2	项目4　混凝土柱工程量计算	8
项目5　建筑详图	2	项目5　混凝土梁工程量计算	8
项目6　结构施工图	10	项目6　混凝土板工程量计算	4
模块三			
项目1　框架柱建模与计量	6		
项目2　剪力墙构件的建模与计量	8		
项目3　框架梁与非框架梁的建模与计量	6		
项目4　板及板钢筋的建模与计量	8		

目 录

CONTENTS

模块一

建筑工程图纸

项目1　建筑工程图概述

项目描述

识读建筑工程图，是建筑相关专业学生必备专业知识。为正确识读建筑施工图、结构施工图，学生必须熟悉《建筑制图标准》（GB/T 50104—2010）和《房屋建筑制图统一标准》（GB/T 50001—2017）、《混凝土结构施工图平面整体表示方法制图规则和构造详图》（22G101—1），并为考取"1+X"建筑工程识图、"1+X"工程造价数字化应用（初级）、职教高考理论识图题和职教高考技能模块4、5夯实基础。

任务一　熟悉制图标准（摘要）

一、图幅的规格和图框

1. 图纸幅面简称图幅。《房屋建筑制图统一标准》（GB/T 50001—2017）规定图幅有A0、A1、A2、A3、A4共5种规格，如图1-1-1所示。

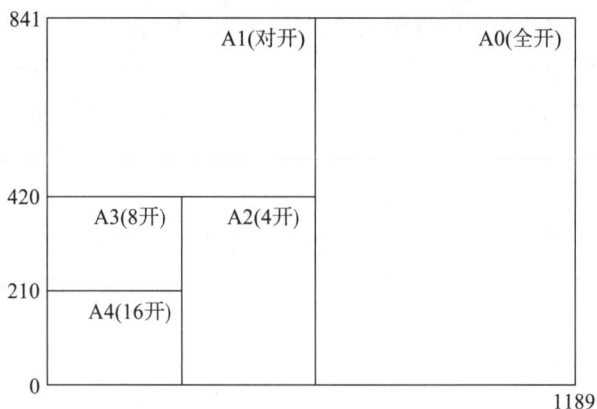

图1-1-1

【工匠达人】习题：完成下列测试题。

（高考题）在图纸幅面中，一张A0图纸可以裁成A3图纸的数量是（　　　　）。

A. 2张　　　　　　　B. 4张　　　　　　　C. 6张　　　　　　　D. 8张

2. 图框是图纸中限定绘图区域的边界线，画图时必须在图纸上画上图框。图框线用粗实线绘制。图纸分横式和立式两种幅面。为了便于使用和管理，一个专业使用的图纸不宜多于两种幅面，见表1-1-1。

表1-1-1　图幅及图框尺寸

尺寸代号	幅面代号				
	A0	A1	A2	A3	A4
$b \times l$	841 mm × 1189 mm	594 mm × 841 mm	420 mm × 594 mm	297 mm × 420 mm	210 mm × 297 mm
c	10			5	
a	25				

注：① b为幅面短边尺寸，l为幅面长边尺寸，c为图框线与幅面线间宽度，a为图框线与装订边间宽度。② 短边不宜加长，长边可加长。③ A4宜为立式使用。

【工匠达人】习题：完成下列测试题。

（1）（高考题）A1号横式幅面图纸，其绘图区的图框尺寸（宽×长）是（　　　　）。

A. 594 mm × 841 mm　　　　　　　　B. 574 mm × 831 mm

C. 420 mm × 594 mm　　　　　　　　D. 574 mm × 806 mm

（2）有装订边的A2立式幅面图纸，其图框尺寸（长×宽）是（　　　　）。

A. 420 mm × 594 mm　　　　　　　　B. 559 mm × 400 mm

C. 410 mm × 596 mm　　　　　　　　D. 400 mm × 559 mm

（3）A3幅面中应绘制图框线，以限定绘图区域的边界，国家标准中规定（　　　　）。

A. a=25　c=10　　　　　　　　　B. a=20　c=5

C. a=25　c=5　　　　　　　　　　D. a=10　c=25

（4）尺寸$b \times l$为297 mm × 420 mm的图纸幅面，横式图框尺寸为（　　　　）。

A. 287 mm × 390 mm　　　　　　　　B. 297 mm × 400 mm

C. 410 mm × 287 mm　　　　　　　　D. 400 mm × 297 mm

二、图线

1. 图线的线宽。图线的基本线宽b，宜按照图纸比例及图纸性质从1.4 mm、1.0 mm、0.7 mm、0.5 mm线宽系列中选取。每个图样应根据复杂程度和比例大小，先选定基本线宽b，再按照表1-1-2选定相应的线宽组。

表1-1-2 线宽

线宽比	线宽组			
b	1.4	1.0	0.7	0.5
$0.7b$	1.0	0.7	0.5	0.35
$0.5b$	0.7	0.5	0.35	0.25
$0.25b$	0.35	0.25	0.18	0.13

注：① 图线的线宽比为特粗线：粗线：中粗线：细线=4：3：2：1。② 需要缩微的图纸，不宜采用0.18 mm及更细的线宽。③ 同一张图纸内，各不同线宽中的细线，可统一采用较细的线宽组的细线。

2. 图线的类型和用途。《房屋建筑制图统一标准》（GB/T 50001—2017）中对图线的名称、线型、线宽和用途做了明确的规定，如表1-1-3所示。

表1-1-3 图线

名称		线型	线宽	用途
实线	粗		b	主要可见轮廓线
	中粗		$0.7b$	可见轮廓线、变更云线
	中		$0.5b$	可见轮廓线、尺寸线
	细		$0.25b$	图例填充线、家具线
虚线	粗		b	见各有关专业制图标准
	中粗		$0.7b$	不可见轮廓线
	中		$0.5b$	不可见轮廓线、图例线
	细		$0.25b$	可见轮廓线、尺寸线
单点长画线	粗		b	见各有关专业制图标准
	中		$0.5b$	见各有关专业制图标准
	细		$0.25b$	中心线、对称线、轴线等
双点长画线	粗		b	见各有关专业制图标准
	中		$0.5b$	见各有关专业制图标准
	细		$0.25b$	假想轮廓线、成型前原始轮廓线
折断线	细		$0.25b$	断开界线
波浪线	细		$0.25b$	断开界线

3. 图线的画法。

（1）在同一张图纸上，相同比例的图样应选用相同的线宽组。

（2）图纸的图框和标题栏线可采用表1-1-4的线宽。

表1-1-4　图框和标题栏线的线宽

幅面代号	图框线	标题栏外框线、对中标志	标题栏分格线、幅面线
A0，A1	b	0.5b	0.25b
A2，A3，A4	b	0.7b	0.35b

（3）相互平行的图例线，其净间隙或线中间隙不宜小于0.2 mm。

（4）虚线、单点长画线或双点长画线的线段长度和间隔，宜各自相等。在较小图形中，单点长画线或双点长画线可用实线代替。

（5）单点长画线或双点长画线的两端不应采用点，点画线与点画线交接或点画线与其他图线交接时，应采用线段交接。

（6）虚线与虚线交接或虚线与其他图线交接时，应采用线段交接。虚线为实线的延长线时，不得与实线相接。

（7）图线不得与文字、数字或符号重叠、混淆，不可避免时，应首先保证文字的清晰。

【工匠达人】习题：完成下列测试题。

（1）（高考题）若粗实线宽b=1.0 mm，则同一线宽组中细实线宽为（　　　）。

A. 0.5 mm　　　　B. 0.35 mm　　　　C. 0.25 mm　　　　D. 0.18 mm

（2）下列线型中，只有一种线宽的是（　　　）。

A. 实线　　　　B. 虚线　　　　C. 双点划线　　　　D. 折断线

（3）（高考题）绘制尺寸界线、尺寸线时，选用的线型为（　　　）。

A. 粗实线　　　　B. 粗虚线　　　　C. 细实线　　　　D. 细虚线

（4）《房屋建筑制图统一标准》（GB/T 50001-2017）所规定的线型有（　　　）种。

A. 12　　　　B. 14　　　　C. 10　　　　D. 16

（5）在投影图中，下列哪种图线用虚线绘制（　　　）？

A. 可见线　　　　B. 不可见线　　　　C. 相贯线　　　　D. 轴线

（6）中粗实线用于（　　　）。

A. 图例填充线　　　B. 不可见轮廓线　　　C. 家具线　　　D. 变更云线

三、定位轴线

在建筑工程图中的定位轴线是设计和施工中定位、放线的重要依据。凡承重墙、柱、梁等主要承重构件，都要画出定位轴线并对轴线进行编号，以确定其位置。对于非承重墙及次要的承重构件，有时用附加定位轴线表示其位置。

1. 定位轴线应用0.25b线宽的单点长画线绘制。定位轴线应编号，编号应注写在轴线端部的圆内。圆应用0.25b线宽的实线绘制，直径宜为8～10 mm。定位轴线圆的圆心应在定位轴线的延长线上或延长线的折线上。

横向编号（水平方向）应用阿拉伯数字，从左至右顺序编写，竖向编号（垂直方向）应用大写拉丁字母，从下至上顺序编写，其中I、O、Z 不得用作轴线编号。 当字母数量不够使用时，可增用双字母或单字母加数字注脚。

【工匠达人】习题：完成下列中级土建制图员测试题。

（1）

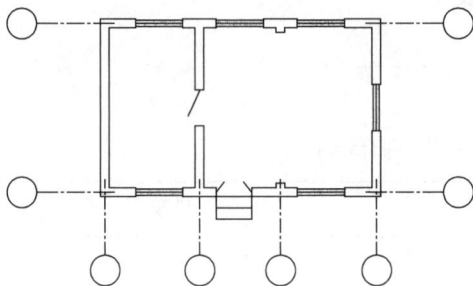

想一想：开间起止轴号为（　　　）—（　　　）

图1-1-2

（2）

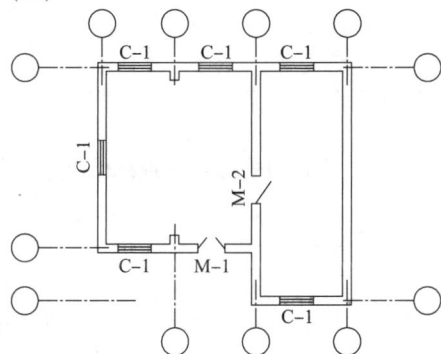

想一想：进深起止轴号为（　　　）—（　　　）

图1-1-3

2. 附加定位轴线的编号，应以分数形式表示，见表1-1-5。

表1-1-5 附加定位轴线的编号

名称	轴线编号	说明
附加定位轴线	$\frac{1}{2}$	表示2号轴线之后附加的第一根轴线
	$\frac{3}{C}$	表示C号轴线之后附加的第三根轴线
	$\frac{1}{01}$	表示1号轴线之前附加的第一根轴线
	$\frac{3}{0A}$	表示A号轴线之前附加的第三根轴线

【工匠达人】习题：完成下列"1+X"建筑识图测试题。

是一直径为8 mm细实线绘制的圆，该符号的意义是（　　　）。

A. 2号轴线之前附加的第一根轴线

B. 2号轴线之后附加的第一根轴线

C. 详图所在图纸编号为2，详图编号是1

D. 详图所在图纸编号为1，详图编号是2

3. 详图的轴线编号，见表1-1-6。

表1-1-6　详图的轴线编号

名称	轴线编号	说明
详图的轴线编号		一个详图适用于2根轴线时
		一个详图适用于3根或3根以上轴线时
		一个详图适用于3根以上连续编号的轴线时
		用于通用详图的定位轴线

【工匠达人】习题：完成下列"1+X"建筑识图测试题。

关于 描述正确的是（　　　）。

A. B号轴线之前附加的第二根轴线

B. B号轴线之后附加的第二根轴线

C. 详图所在图纸编号为B，详图编号是2

D. 详图所在图纸编号为2，详图编号是B

E. 是一直径为8 mm细实线绘制的圆

四、常用建筑材料图例

常用建筑材料图例见表1-1-7（摘自GB/T 50001-2017）。

表1-1-7 常用建筑材料图例

序号	名称	图例	备注
1	自然土壤		包括各种自然土壤
2	夯实土壤		
3	砂、灰土		
4	砂砾石、碎砖三合土		
5	石材		
6	毛石		
7	实心砖、多孔砖		包括普通砖、多孔砖、混凝土砖等砌体
8	耐火砖		包块耐酸砖等砌体
9	空心砖、空心砌块		包括空心砖、普通或轻骨料混凝土小型空心砌块等砌体
10	加气混凝土		包括加气混凝土砌块砌体、加气混凝土墙板及加气混凝土材料制品等
11	饰面砖		包括铺地砖、玻璃马赛克、陶瓷锦砖、人造大理石等
12	焦渣、矿渣		包括与水泥、石灰等混合而成的材料
13	混凝土		（1）包括各种强度等级、骨料、添加剂的混凝土。 （2）在剖面图上绘制表达钢筋时，不需绘制图例线。 （3）断面图形较小，不易绘制表达图例线时，可填黑或深灰（灰度宜70%）
14	钢筋混凝土		

（续表）

序号	名称	图例	备注
15	多孔材料	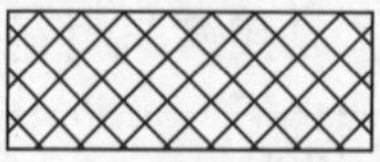	包括水泥珍珠岩、沥青珍珠岩、泡沫混凝土、软木、蛭石制品等
16	纤维材料	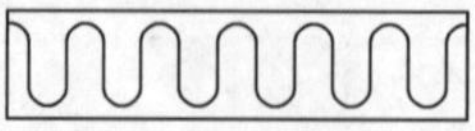	包括矿棉、岩棉、玻璃棉、麻丝、木丝板、纤维板等
17	泡沫塑料材料	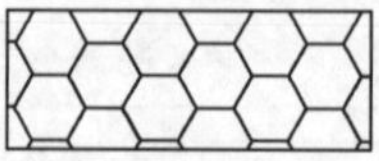	包括聚苯乙烯、聚乙烯、聚氨酯等多聚合物类材料
18	木材		（1）上图为横断面，左上图为垫木、木砖或木龙骨。 （2）下图为纵断面
19	胶合板	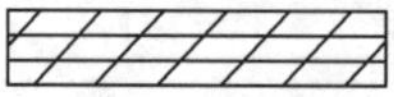	应注明为X层胶合板
20	石膏板	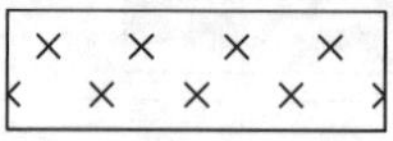	包括圆孔或方孔石膏板、防水石膏板、硅钙板、防火石膏板等
21	金属	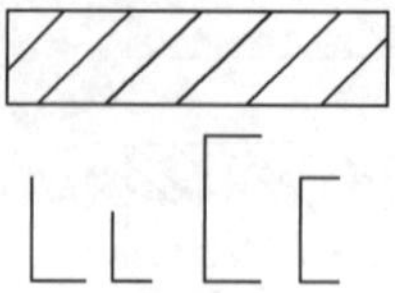	（1）包括各种金属。 （2）图形较小时，可填黑或深灰（灰度宜70%）
22	网状材料		（1）包括金属、塑料网状材料。 （2）应注明具体材料名称
23	液体	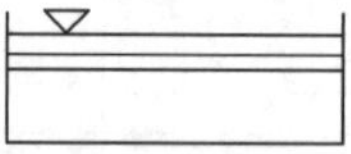	应注明具体液体名称
24	玻璃	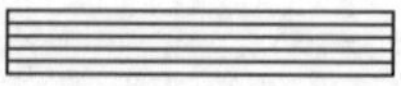	包括：平板玻璃、磨砂玻璃、夹丝玻璃、钢化玻璃、中空玻璃、夹层玻璃、镀膜玻璃等
25	橡胶		
26	塑料		包括各种软、硬塑料及有机玻璃等
27	防水材料		构造层次多或绘制比例大时，采用上面的图例

（续表）

序号	名称	图例	备注
28	粉刷		本图例采用较稀的点

【工匠达人】习题：完成下列"1+X"建筑识图测试题。

（1）混凝土的建筑图例是（　　）；耐火砖的建筑图例是（　　）。

A. 　　　　　B.

C. 　　　　　D.

（2）素土夯实的建筑图例是（　　）；自然土壤的建筑图例是（　　）。

A. 　　　　　B.

C. 　　　　　D.

任务二　根据制图规范，完成填空

一、例题展示

1. M1527 的洞口尺寸是（　　）。

A. 高 1 500 mm、宽 2 700 mm

B. 高 2 700 mm、宽 1 500 mm

C. 高 1 500 mm、宽 1 500 mm

D. 高 2 700 mm、宽 2 700 mm

2. A3 图纸幅面尺寸为（　　）mm。

A. 841 mm × 1 189 mm

B. 594 mm × 841 mm

C. 420 mm × 594 mm

D. 297 mm × 420 mm

3. 一楼门厅的雨棚，其形状要找（　　）看。

A. 首层平面图

B. 二层平面图

C. 标准层平面图

D. 屋顶平面图

4. 通常断面图的剖切位置线绘制成粗实线，长度宜为（　　）mm。

A. 2 ~ 4　　　　　　　　　　B. 4 ~ 6

C. 6 ~ 10　　　　　　　　　　　　D. 10 ~ 12

5. 通常断面图的剖切位置线绘制成粗实线，长度宜为（　　　）mm。

A. 2 ~ 4　　　　　　　　　　　　B. 4 ~ 6

C. 6 ~ 10　　　　　　　　　　　　D. 10 ~ 12

6. 中粗实线的一般用途是（　　　）。

A. 主要可见轮廓线　　　　　　　　B. 可见轮廓线

C. 不可见轮廓线　　　　　　　　　D. 图例填充线

7. 关于比例描述不正确的一项是（　　　）。

A. 比例的大小是指比值的大小

B. 建筑工程多用放大的比例

C. 1：10表示图纸所画物体比实体缩小10倍

D. 比例应用阿拉伯数字表示

8. 数字及字母的斜体书写应向右倾斜（　　　）。

A. 30°　　　　　　　　　　　　　B. 45°

C. 60°　　　　　　　　　　　　　D. 75°

9. 尺寸起止符号一般应用（　　　）线绘制。

A. 细斜　　　　　　　　　　　　　B. 中斜

C. 中粗斜　　　　　　　　　　　　D. 粗斜

10. 定位轴线应用（　　　）线绘制。

A. 细点画　　　　　　　　　　　　B. 中点画

C. 中粗点画　　　　　　　　　　　D. 粗点画

11. A2图幅中的标题栏外框线所用的线宽是（　　　）。

A. 0.7b　　　　　　　　　　　　B. 0.5b

C. 0.25b　　　　　　　　　　　D. 0.35b

12. A4图幅标题栏分格线所用的线宽是（　　　）。

A. 中粗实线0.7b　　　　　　　　B. 粗实线b

C. 细实线0.25b　　　　　　　　D. 细实线0.35b

13. 虚线与虚线相交应是（　　　）。

A. 虚线　　　　　　　　　　　　　B. 实线

C. 中点画线　　　　　　　　　　　D. 视具体情况而定

14. 判断正误：如果图形较小，画点画线时可用实线代替。（　　　）

二、完成任务笔记和项目评价表

任务笔记和项目评价表分别见表1-1-8、表1-1-9。

表1-1-8 任务笔记

熟悉制图标准（摘要）笔记			
班级：	组别：	组长：	组员：
任务		笔记内容	完成人及完成时间
		图幅的规格和图框	
		图线的类型、用途、画法	
		定位轴线、详图的轴线编号	
		常用建筑材料图例	
优点：		缺点：	改进计划：

表1-1-9　项目评价表

评价项目	评价内容	评价标准	评价方式			
			自我评价	小组评价	教师评价	学生评价教师
职业素养	责任意识、任务完成度	5分：自觉遵守课堂、实训室纪律，出色完成知识掌握和运用的任务； 3分：能够遵守规章制度，较好地完成任务； 1分：遵守纪律，任务完成得不彻底				
	学习态度、敬业精神	5分：积极参与教学活动，全勤； 3分：对大部分知识感兴趣并能学习掌握，偶尔缺勤； 1分：只对小部分知识感兴趣，偶尔缺勤				
	团队合作、交流共享意识	5分：积极与同学合作交流，及时完成学习任务； 3分：与大部分同学分享交流，完成学习任务； 1分：喜欢独立思考，自主性较强，完成学习任务				
专业能力	基础知识掌握能力	5分：对本项目全部基础知识能掌握、理解； 3分：对本项目大部分基础知识能掌握、理解； 1分：对本项目感兴趣的基础知识能掌握、理解				
	知识运用能力	5分：本项目测试题正确率达100%； 4分：本项目测试题正确率90%以上； 3分：本项目测试题正确率80%以上； 2分：本项目测试题正确率70%以上； 1分：本项目测试题正确率60%以上				
创新能力		对部分知识点产生新的理解，能提出创新性建议，能改进学习方式、方法（评分标准分别为5分、3分、1分）				
学生姓名			综合评价得分			
授课教师			日期			

项目2　建筑平面图

项目描述

建筑平面图，常出现在职教高考理论综合卷最后一大题，也是"1+X"建筑工程识图绘图卷任务四考察重点。同时，建筑平面图辅助技能模块4、5部分计算工程量和绘制三维模型。

任务一　识读建筑平面图

一、识读建筑平面图

假设用一个水平的剖切平面，沿房屋各层门窗洞口处将房屋切开，移去剖切平面以上部分，向下投射所作的水平剖面图，即为建筑平面图，简称平面图。

1. 图名。建筑平面图的图名，一般是按其所标明的层数来称呼，如底层平面图、二层平面图、顶层平面图等。对于平面布置基本相同的楼层可用一个平面图来表达，这就是标准层平面图。除此之外还有屋顶平面图。

2. 线型、轴线。在建筑平面图中，凡被剖切到的墙、柱断面轮廓用粗实线（b）表示（墙、柱轮廓线都不包括粉刷层厚度），钢筋混凝土柱可涂黑。没有被剖切到，但投射时仍能见到的轮廓线，如墙身、窗台、楼梯段等用中实线（0.5b）表示，门的开启线也用中实线（0.5b）表示。其余的如尺寸线、引出线等用细实线（0.25b）表示。凡在地面以下，剖切平面以上的，如底层地面下的暖气沟，楼地面下的电缆槽，顶棚下的吊柜、搁板、爬人孔，还有悬窗（即高窗）等，用细虚线表示。

在建筑平面图中应画有定位轴线，用它们来确定墙、柱、梁等承重构件的位置和房间的大小，并作为标注定位尺寸的基线。

3. 朝向、平面布置。根据底层平面图上的指北针可以知道建筑物的朝向。比如：建筑的朝向是坐北朝南（上北下南）。建筑平面图可以反映出建筑物的平面形状和室内各个房间的布置、用途，还有出入口、走道、门窗、楼梯、爬人孔等的平面位置、数量、尺寸，以及墙、柱等承重构件的组成和材料等情况。除此之外，在底层平面图中还能看到建筑物的出入口、室外台阶、散水、明沟、雨水管、花坛等的布置及尺寸。在二层平面图中能看到底层出入口的雨篷等。

4. 尺寸标准。在建筑平面图中的尺寸标注有外部尺寸和内部尺寸两种。外部尺寸一般均标注三道。靠墙第一道尺寸是细部尺寸，即建筑物构配件的详细尺寸，标注这道尺寸时，应与轴线联系起来；中间一道是定位尺寸，即轴线尺寸，也是房屋的开间（两条相邻横轴线间的距离）或进深（两条相邻纵轴线间的距离）尺寸；最外一道是外包总尺寸，即建筑物的总长和总宽尺寸；此外对室外的台阶、散水、明沟等处可另外标注局部尺寸。内部尺寸一般标注室内门窗洞口、墙厚、柱、砖垛和固定设备，如大便器、盥洗池、吊柜等的大小、位置以及墙、柱与轴线间的尺寸。

5. 标高。在建筑平面图中，对于建筑物的各组成部分，如地面、楼面、楼梯平台、室外台阶、走道、阳台，由于它们的竖向高度不同，一般都应分别标注标高。建筑平面图中的标高一般都是相对标高，标高基准面±0.000为本建筑物的底层室内地面。在不同的标高的地面分界处，应画出分界线。楼地面有坡度时，常通过单面箭头并加注坡度数字表示。

6. 比例。建筑平面图的常用比例一般是1∶100、1∶200。

7. 门窗及编号。 在建筑平面图中，反映了门窗的位置、洞口宽度和数量及其与轴线的关系。为了便于识读，国家标准中规定门的名称代号用M表示，窗的名称代号用C表示，并要加以编号。编号可用阿拉伯数字顺序编写，如M1，M2…和C1，C2…，也可直接采用标准图上的编号。窗洞有凸出的窗台，应在窗的图例上画出窗台的投影。用两条平行的细实线表示窗框及窗扇的位置。一套图纸中一般都有汇总表，它反映了门窗的规格、型号、数量和所选用的标准图集。例如：M1021（表示门宽1 000 mm，高2 100 mm）；C2127（表示窗宽2 100 mm，高2 700 mm）。

8. 剖切符号和索引符号。在底层平面图上标注有剖切符号，它标明剖切平面的剖切位置、投射方向和编号，以便于与建筑剖面图对照查阅。在建筑平面图中还标注有不少详图索引符号，可以根据所给的详图索引符号到其他图纸上去查阅另用详图表示的构配件和节点或套用的标准图集。

二、建筑平面图识读步骤

1. 看图名、比例及有关文字说明。

2. 了解建筑物的朝向、纵横定位轴线及编号。

3. 分析总体情况：包括建筑物的平面形状、总长、总宽、各房间的位置和用途。

4. 了解门窗的布置、数量及型号。

5. 分析定位轴线，了解房屋的开间、进深、细部尺寸和墙柱的位置及尺寸。

6. 了解各层楼或地面以及室外地坪、其他平台及板面的标高。

7. 阅读细部，详细了解建筑构配件及各种设施的位置及尺寸，并查看索引符号。

8. 了解剖切位置。

三、建筑平面图绘制步骤

1. 确定建筑平面图在图纸上的位置后画出定位轴线网格。

2. 在定位轴线网格基础上画墙身。

3. 画出门窗洞口、构造柱、楼梯、台阶、花池、散水等细部。

4. 检查无误后，按要求加深各种图线或上墨，并标注尺寸、文字说明、剖切符号等。

任务二 识读例题图纸，完成填空

一、例题展示

【练一练】习题：回顾制图规范知识点，识读"1+X"建筑识图某平面图（图1-2-1），完成相关填空。

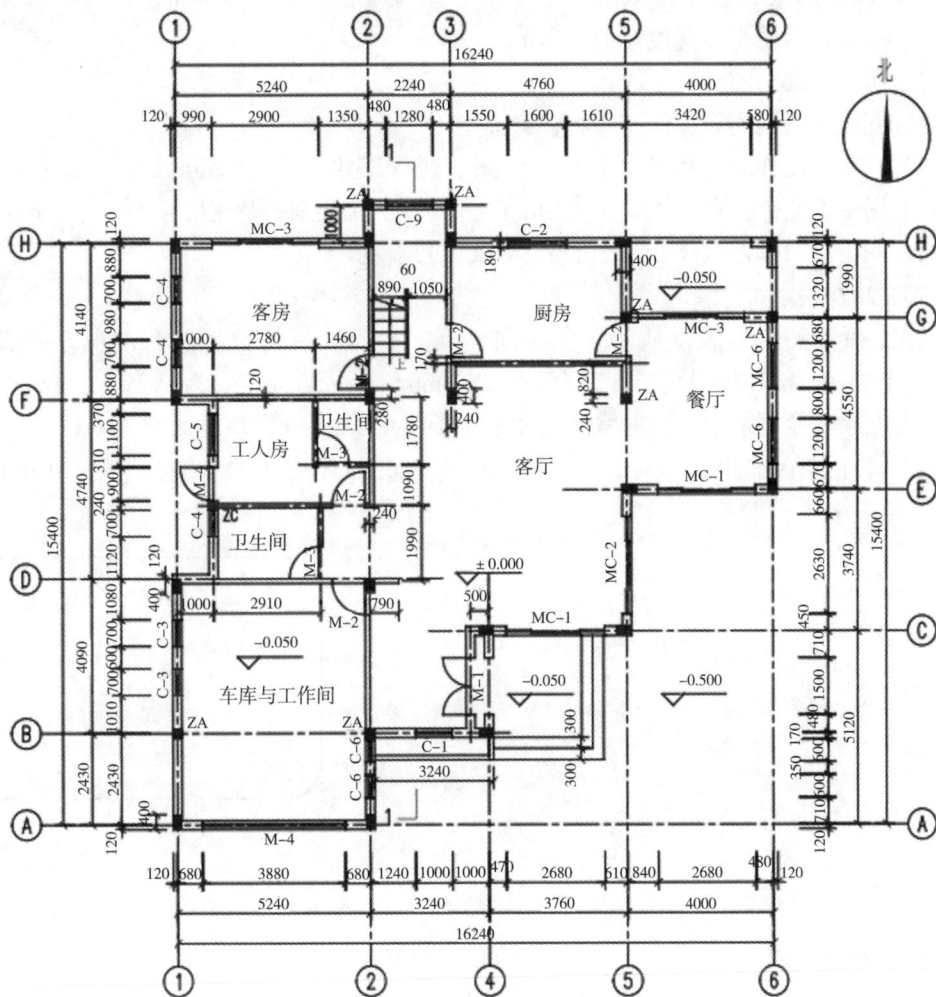

首层平面图 1:100

说明：1.除注明外，墙厚均为240。
2.除注明外，所有外墙均为240mm，内隔墙为120mm。
3.ZA(240mm×240mm)

图1-2-1

1.该图图名为（　　　　　），又称为（　　　）、（　　　）。

2. 横向轴线编号自（　　　）至（　　　），共（　　　）根。

3. 纵向轴线编号自（　　　）至（　　　），共（　　　）根。

4. 该建筑物东西总长为（　　　）m，南北总宽为（　　　）m。

5. 该图比例尺为（　　　），比图名字号（　　　）。

6. 楼梯间开间尺寸（　　　）mm，进深尺寸（　　　）mm。

7. 设计室外地坪标高（　　　）m。

8. 车库与工作间地坪比客厅标高低（　　　）mm。

9. 入户门地坪标高比设计室外地坪标高低（　　　）mm。

10. 入户门处台阶踏步级数（　　　），踏步宽度（　　　）mm，台阶平台宽度（　　　）mm，台阶平台深度（　　　）mm。

11. 图中ZA表示（　　　）。

12. 图中出现门类型（　　　）种，窗类型（　　　）种。

13. 车库与工作间开间尺寸（　　　）mm，进深尺寸（　　　）mm。

14. 图中指北针圆圈直径（　　　）mm，用（　　　）绘制，箭尾尺寸（　　　）mm。

15. 图中M-1宽度为（　　　）mm，MLC 2924表示（　　　），ZJC 2828表示（　　　）。

16. 1-1剖切符号表示从（　　　）向（　　　）看，剖切位置线和剖视方向线用（　　　）绘制，剖切位置线长度宜为（　　　）mm，剖视方向线宜为（　　　）mm。

17. 图中若绘制散水，一般宽度尺寸不小于（　　　）mm，坡度通常为（　　　）。

18. 图中若绘制明沟，适用于室外（　　　）排水，宽度通常不小于（　　　）mm，沟底纵坡一般不小于（　　　）。

> 想一想：图中还有哪些知识点？

二、案例应用

识读"1+X"建筑识图某平面图（图1-2-2），完成相关填空。

1. 一层平面图中，1-1剖切类型为（　　　）。

2. 一层平面图中，散水宽度为（　　　）mm。

3. 一层平面图中，$\dfrac{6}{16}$ 表示（　　　）。

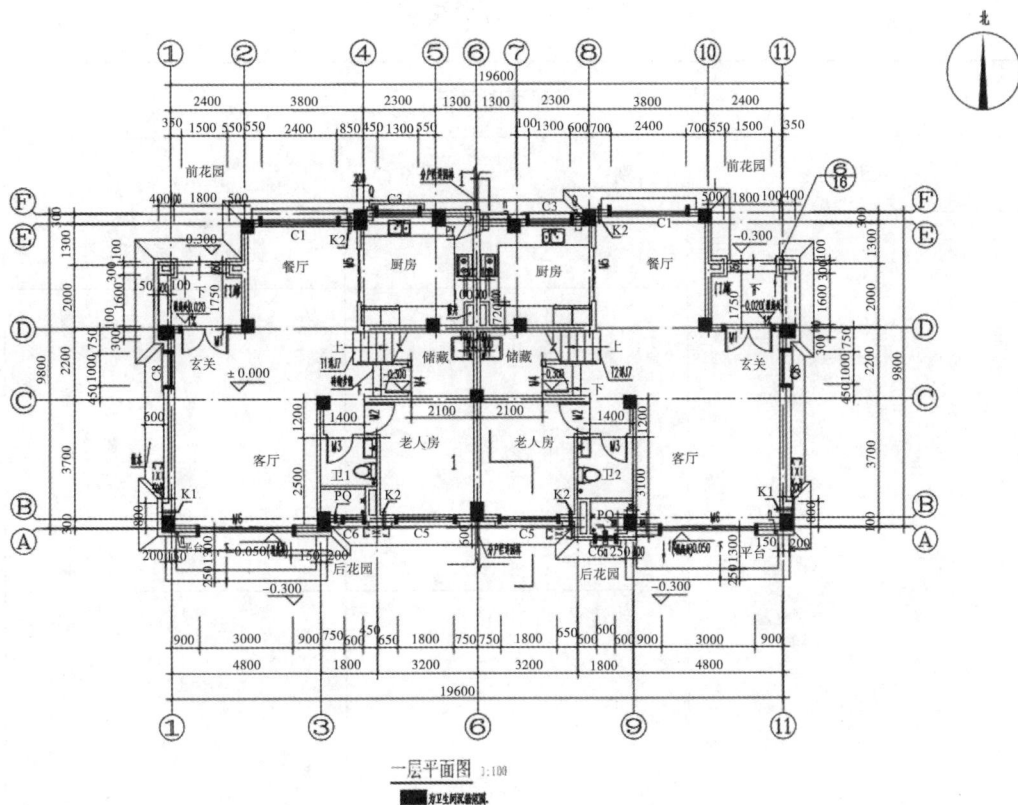

图1-2-2

三、拓展应用

根据教材提供图纸，识读建施-03、建施-04、建施-05、建施-06相关知识点。

四、完成任务笔记和项目评价表

任务笔记和项目评价表分别见表1-2-1、表1-2-2。

表1-2-1　任务笔记

建筑平面图笔记		
班级：	组别：	组长：	组员：
任务	笔记内容	完成人及完成时间
	建筑平面图内容：	
	建筑平面图识读步骤：	
	建筑平面图绘制步骤：	
优点：	缺点：	改进计划：

表1-2-2　项目评价表

评价项目	评价内容	评价标准	评价方式			
			自我评价	小组评价	教师评价	学生评价教师
职业素养	责任意识、任务完成度	5分：自觉遵守课堂、实训室纪律，出色完成知识掌握和运用的任务； 3分：能够遵守规章制度，较好地完成任务； 1分：遵守纪律，任务完成得不彻底				
	学习态度、敬业精神	5分：积极参与教学活动，全勤； 3分：对大部分知识感兴趣并能学习掌握，偶尔缺勤； 1分：只对小部分知识感兴趣，偶尔缺勤				
	团队合作、交流共享意识	5分：积极与同学合作交流，及时完成学习任务； 3分：与大部分同学分享交流，完成学习任务； 1分：喜欢独立思考，自主性较强，完成学习任务				
专业能力	基础知识掌握能力	5分：对本项目全部基础知识能掌握、理解； 3分：对本项目大部分基础知识能掌握、理解； 1分：对本项目感兴趣的基础知识能掌握、理解				
	知识运用能力	5分：本项目测试题正确率达100%； 4分：本项目测试题正确率90%以上； 3分：本项目测试题正确率80%以上； 2分：本项目测试题正确率70%以上； 1分：本项目测试题正确率60%以上				
创新能力		对部分知识点产生新的理解，能提出创新性建议，能改进学习方式、方法（评分标准分别为5分、3分、1分）				
学生姓名			综合评价得分			
授课教师			日期			

项目3 建筑立面图

项目描述

建筑立面图，常出现在职教高考理论综合卷最后一大题；通过辅助建筑平面图，便于读者识读整个建筑竖向构造。

任务一 识读建筑立面图

一、识读建筑立体面

建筑立面图是将建筑物外立面向与其平行的投影面进行投射所得到的投影图。

1. 图名。建筑立面图的图名称呼通常按各立面的朝向来命名，如南立面图、北立面图、东立面图、西立面图。也可按轴线的编号来命名，如①～⑩立面图、A～F立面图等。对于比较简单建筑物的立面图，可用正立面图、背立面图、侧立面图等名称。

2. 线型。在建筑立面图中，建筑物的外轮廓用粗实线表示，室外地坪用特粗实线（1.4b）表示，外轮廓线之间的主要轮廓线如洞口、阳台、雨篷、台阶用中实线表示，门窗扇及其分格线、雨水管、墙面分格线、阳台栏杆、勒脚等用细实线表示。

3. 比例、轴线。建筑立面图通常采用与建筑平面图相同比例。建筑立面图一般只画出建筑立面两端的定位轴线及其编号，以便与建筑平面图对照来确定立面的观看方向。建筑立面图一般只画出建筑立面两端的定位轴线及其编号，以便与建筑平面图对照来确定立面的观看方向。

4. 尺寸标注、标高。在建筑立面图中一般不标注高度尺寸，也可标注三道尺寸，里面尺寸为门窗洞高、窗下墙高、室内外地面高差等，中间尺寸为层高尺寸，外面尺寸为总高度尺寸。标高标注在室内外地面、台阶、勒脚、各层的窗台和窗顶、雨篷、阳台、檐口等处。标高均为建筑标高。

5. 外墙构筑物。建筑立面图反映了建筑的立面形式和外貌，以及屋顶、烟囱、水箱、檐口（挑檐）、门窗、台阶、雨篷、阳台（外走廊）、腰线（墙面分格线）、窗台、雨水斗、雨水管、空调板（架）等的位置、尺寸和外形构造等情况。在建筑立面图中除了能反映门窗的位置、高度、数量、立面形式外、还能反映门窗的开启方向：细实线表示外开，细虚线表示内开。

二、建筑立面图识读步骤

1. 读立面图的名称和比例，可与平面图对照以明确立面图表达的是房屋哪个方向的立面。

2. 分析立面图图形外轮廓，了解建筑物的立面形状。

3. 读标高，了解建筑物的总高、室外地坪、门窗洞口、挑檐等有关部位的标高。

4. 参照平面图及门窗表，综合分析外墙上门窗的种类、形式、数量和位置。

5. 了解立面上的细部构造，如台阶、雨篷、阳台。

6. 识读立面图上的文字说明和符号，了解外装修材料和做法，了解索引符号的标注及其部位，以便配合相应的详图识读。

三、建筑立面图绘制步骤

1. 确定建筑立面图在图纸上的位置，画出室内外地坪线、墙体结构中心线（轴线）、屋面线。

2. 画出门、窗洞位置、高度、挑檐以及雨篷、雨水管等细部。

3. 画出外墙装饰细部，加深图线或上墨，并标注尺寸、标高和文字说明。

任务二　识读例题图纸，完成填空

一、例题展示

【练一练】习题：回顾制图规范知识点，识读“1+X”建筑识图某立面图（图1-3-1），完成相关填空。

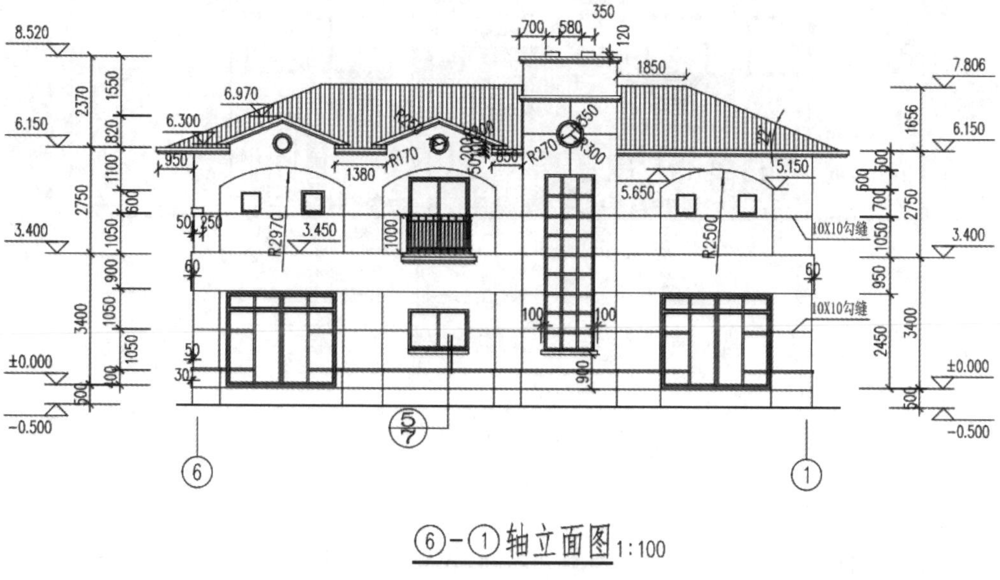

⑥-①轴立面图 1:100

图1-3-1

1. 该图图名为（　　　），比例尺为（　　　）。

2. 设计室外地坪标高（　　　）m，建筑总高度（　　　）m。

3. 屋顶坡度为（　　　）。

4. 一层层高为（　　　）m。

5. 图1-3-1中，$\dfrac{5}{7}$ 表示（　　　）。

6. 窗户栏杆高度（　　　）mm。

7. 屋顶类型（　　　）。

8. 设计室外地坪线型为（　　　），外墙线型为（　　　）。

二、案例应用

识读"1+X"建筑识图某立面图（图1-3-2），完成相关填空。

1. 图中，$\dfrac{1}{-}$ 表示（　　　）。

2. 建筑物总高度为（　　　）m。

3. 图中，$\dfrac{2}{11}$ 表示（　　　）。

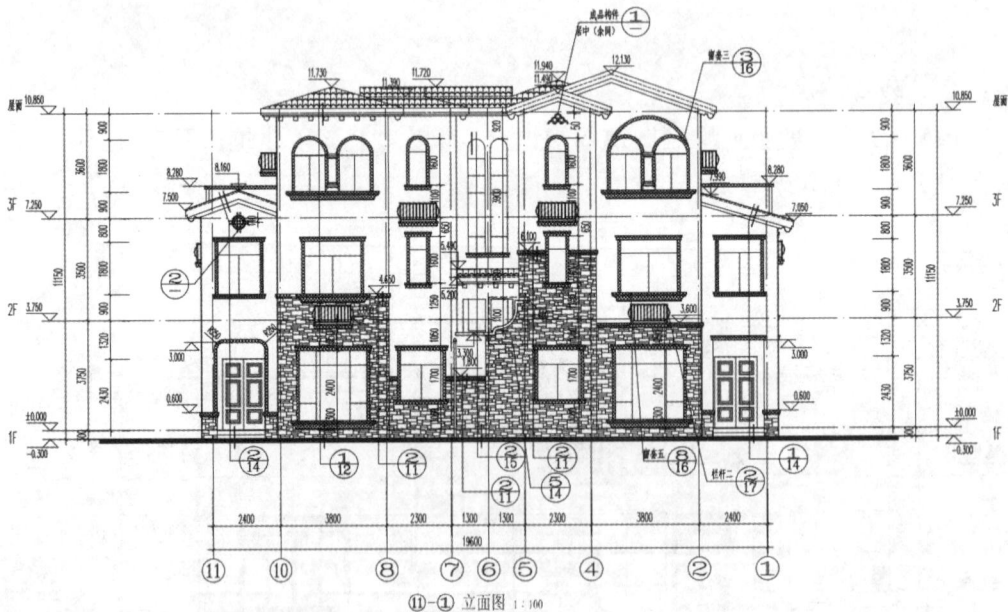

图1-3-2

三、拓展应用

根据教材提供图纸，识读建施-07、建施-08相关知识点。

四、完成任务笔记和项目评价表

任务笔记和项目评价表分别见表1-3-1、表1-3-2。

表1-3-1　任务笔记

建筑立面图笔记			
班级：	组别：	组长：	组员：
		笔记内容	完成人及完成时间
任务		建筑立面图内容：	
		建筑立面图识读步骤：	
		建筑立面图绘制步骤：	
优点：		缺点：	改进计划：

表1-3-2　项目评价表

评价项目	评价内容	评价标准	评价方式			
			自我评价	小组评价	教师评价	学生评价教师
职业素养	责任意识、任务完成度	5分：自觉遵守课堂、实训室纪律，出色完成知识掌握和运用的任务； 3分：能够遵守规章制度，较好地完成任务； 1分：遵守纪律，任务完成得不彻底				
	学习态度、敬业精神	5分：积极参与教学活动，全勤； 3分：对大部分知识感兴趣并能学习掌握，偶尔缺勤； 1分：只对小部分知识感兴趣，偶尔缺勤				
	团队合作、交流共享意识	5分：积极与同学合作交流，及时完成学习任务； 3分：与大部分同学分享交流，完成学习任务； 1分：喜欢独立思考，自主性较强，完成学习任务				
专业能力	基础知识掌握能力	5分：对本项目全部基础知识能掌握、理解； 3分：对本项目大部分基础知识能掌握、理解； 1分：对本项目感兴趣的基础知识能掌握、理解				
	知识运用能力	5分：本项目测试题正确率达100%； 4分：本项目测试题正确率90%以上； 3分：本项目测试题正确率80%以上； 2分：本项目测试题正确率70%以上； 1分：本项目测试题正确率60%以上				
	创新能力	对部分知识点产生新的理解，能提出创新性建议，能改进学习方式、方法（评分标准分别为5分、3分、1分）				
	学生姓名		综合评价得分			
	授课教师		日期			

项目4 建筑剖面图

项目描述

建筑剖面图，常出现在职教高考理论综合卷最后一大题。同时，建筑剖面图常用来辅助建筑平面图、建筑立面图，便于读者识读整个建筑内部竖向构造。

任务一 识读建筑剖面图

一、建筑剖面图是假设用一个垂直的剖切平面剖切房屋，移去剖面前面的部分，对剩余部分作投影所得到的投影图

1. 图名、比例。建筑剖面图的图名一般与它们的剖切符号的编号名称相同，如1-1剖面图、Ⅰ-Ⅰ剖面图、A-A剖面图等，表示剖面图的剖切位置、投射方向的剖切符号和编号在底层平面图上。建筑剖面图的比例应和建筑平面图、建筑立面图一致。

2. 线型。在建筑剖面图中，被剖到的墙身、楼板、屋面板、楼梯段、楼梯平台等轮廓线用粗实线表示，没有被剖到但投影时仍能见到的门窗洞、楼梯段、楼梯平台及栏杆扶手、内外墙的轮廓线用中实线表示，门窗扇及其分格线、雨水管等用细实线表示。室内外地坪线仍用特粗线表示。钢筋混凝土圈梁、过梁、楼梯段等可涂黑表示。

3. 轴线建筑剖面图一般只画出两端的轴线及其编号，并标注其轴线间的距离，以便与平面图对照，有时也画出被剖切到的墙或柱的定位轴线及其轴线间的距离。

4. 尺寸标注、标高。在建筑剖面图中一般要标注高度尺寸。标注的外墙高度一般也有三道尺寸线，和建筑立面图相同。此外，还应标注室内的局部尺寸，如室内内墙上的门窗洞口高度、窗台高度。标高应标注在室内外地面、各屋楼面、楼梯平台面、阳台面、门窗洞、屋顶檐口顶面等处。

5. 作用。建筑剖面图表达了房屋内部垂直方向的高度，楼层分层及简要的结构形式和构造方式，是施工，如砌筑墙体、铺设楼板、内部装修的重要依据。建筑剖面图与建筑平面图、建筑立面图是建筑施工图的基本图纸，它们所表达的内容既有明确分工，又有紧密的联系，在识图过程中应将建筑平面图、立面图和剖面图联系起来识读才能读懂图纸。

二、建筑剖面图的识读步骤

1. 首先阅读图名和比例，并查阅底层平面图上的剖面图的剖切符号，明确剖面图的剖切位置和投射方向。

2. 分析建筑物内部的空间组合与布局，了解建筑物的分层情况。

3. 了解建筑物的结构与构造形式，墙、柱等之间的相互关系以及建筑材料和做法。

4. 阅读标高和尺寸，了解建筑物的层高、楼地面的标高及其他部位的标高和有关尺寸。

5. 了解屋面的排水方式。

6. 了解索引详图所在的位置及编号。

三、建筑剖面图绘制步骤

1. 确定建筑剖面图在图纸上的位置，画出室内、外地坪线，楼面线，屋面线，墙身线以及轮廓线。

2. 画出门、窗洞位置、高度，楼板、屋面的厚度及其他细部。

3. 加深图线或上墨，并标注尺寸、标高和文字说明。

任务二 识读例题图纸，完成填空

一、例题展示

【练一练】习题：回顾制图规范知识点，识读"1+X"建筑识图某剖面图（图1-4-1），完成相关填空。

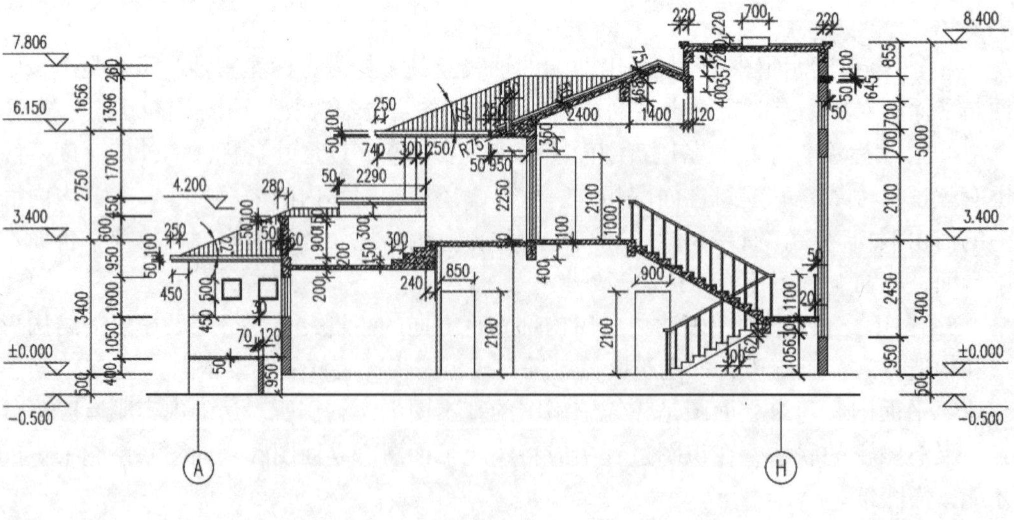

1-1剖面图 1:100

图1-4-1

1. 该图图名为（　　　），比例尺为（　　　）。

2. 设计室外地坪标高（　　　）m，建筑总高度（　　　）m。

3. 室内一层到二层楼梯踏步宽度为（　　　）mm，踏步高度为（　　　）mm，第一跑踏步级数为（　　　），楼梯扶手高度为（　　　）mm。

4. 休息平台栏杆高为（　　　）m。

5. 结合平面图、立面图，图1-4-1中外墙玻璃幕墙高度（　　　）m。

6. 该图中楼梯平面布置方式为（　　　），平面形式为（　　　）。

7. 二层底板厚度为（　　　）mm。

8. 室内门高度（　　　）mm。

9. 二层，错台台阶级数为（　　　），踏步高度（　　　）mm。

10. 图1-4-1中，外墙材质为（　　　），涂黑板、梁部分材质为（　　　）。

二、案例应用

识读"1+X"建筑识图某剖面图（图1-4-2），完成相关填空。

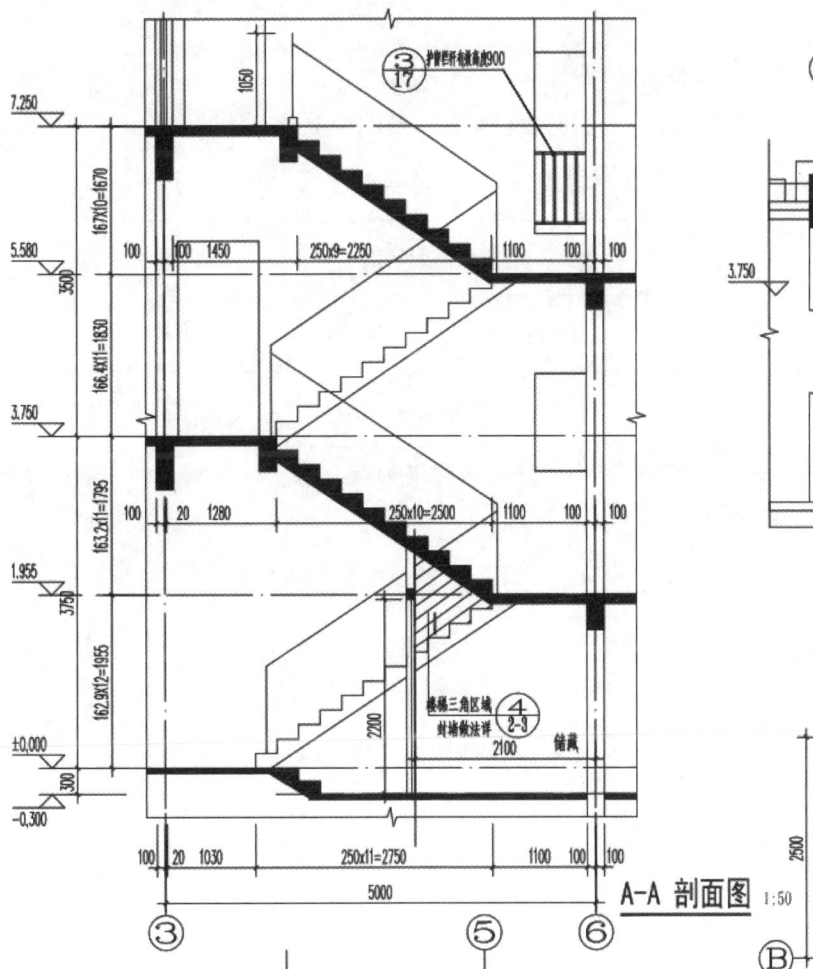

图1-4-2

1. 该图图名为（　　），比例尺为（　　）。

2. 二层，楼梯共有踏步级数为（　　）。

3. 符号 ——／\—— 为（　　），绘制线型为（　　）。

4. 二层层高为（　　）m，储藏室层高为（　　）m。

5. 休息平台宽度为（　　）mm。

6. 外墙厚度为（　　）mm。

7. 顶层，楼梯扶手水平段高度（　　）mm。

8. ⬤ 3/17 表示（　　）。

三、拓展应用

根据教材提供图纸，识读建施-09相关知识点。

四、完成任务笔记和项目评价表

任务笔记和项目评价表分别见表1-4-1、表1-4-2。

表1-4-1　任务笔记

建筑剖面图笔记			
班级：	组别：	组长：	组员：
	笔记内容		完成人及完成时间
	建筑剖面图内容：		
	建筑剖面图识读步骤：		

（续表）

建筑剖面图笔记		
班级： 组别： 组长： 组员：		
	笔记内容	完成人及完成时间
任务	建筑剖面图绘制步骤：	
优点：	缺点：	改进计划：

表1-4-2 项目评价表

评价项目	评价内容	评价标准	评价方式			
			自我评价	小组评价	教师评价	学生评价教师
职业素养	责任意识、任务完成度	5分：自觉遵守课堂、实训室纪律，出色完成知识掌握和运用的任务； 3分：能够遵守规章制度，较好地完成任务； 1分：遵守纪律，任务完成得不彻底				
	学习态度、敬业精神	5分：积极参与教学活动，全勤； 3分：对大部分知识感兴趣并能学习掌握，偶尔缺勤； 1分：只对小部分知识感兴趣，偶尔缺勤				

（续表）

评价项目	评价内容	评价标准	评价方式			
			自我评价	小组评价	教师评价	学生评价教师
职业素养	团队合作、交流共享意识	5分：积极与同学合作交流，及时完成学习任务； 3分：与大部分同学分享交流，完成学习任务； 1分：喜欢独立思考，自主性较强，完成学习任务				
专业能力	基础知识掌握能力	5分：对本项目全部基础知识能掌握、理解； 3分：对本项目大部分基础知识能掌握、理解； 1分：对本项目感兴趣的基础知识能掌握、理解				
	知识运用能力	5分：本项目测试题正确率达100%； 4分：本项目测试题正确率90%以上； 3分：本项目测试题正确率80%以上； 2分：本项目测试题正确率70%以上； 1分：本项目测试题正确率60%以上				
创新能力		对部分知识点产生新的理解，能提出创新性建议，能改进学习方式、方法（评分标准分别为5分、3分、1分）				
学生姓名			综合评价得分			
授课教师			日期			

项目5　建筑详图

项目描述

一般情况下，考察建筑详图的概率比较小，辅助建筑平面图、立面图、剖面图，便于识读具体某建筑平面图中的位置。

任务一　识读建筑详图

1. 分类。建筑详图可分为构造节点详图和构配件详图两类。凡表达建筑物某一局部构造、尺寸和材料的详图称为构造节点详图，如檐口、窗台、勒脚、明沟；凡表明构配件本身构造的详图称为构件详图或配件详图，如门、窗、楼梯、花格、雨水管。

建筑详图图示方法可用平面详图、立面详图、剖面详图或断面详图，详图中还可以索引出比例更大的详图。一幢建筑物的施工图通常有以下几种详图：外墙详图、楼梯详图（常考）、门窗详图以及室内外一些构配件的详图，如室外台阶、花池、散水、明沟、阳台以及厕所、壁柜。

2. 比例。建筑详图是用较大的比例，如1：50，1：20，1：10，1：5等另外放大画出的建筑物的细部构造的详细图样。

3. 线型。建筑详图图线一般采用三种线宽的线宽组，其线宽宜为$b：0.5b：0.25b$，如绘制较简单的图样时，也可采用两种线宽的线宽组，其线宽比例为$b：0.25b$。

4. 外墙详图。外墙详图实际上是建筑剖面图中外墙墙身的局部放大图。外墙详图主要表达了建筑物的屋面、檐口、楼面、地面的构造及其与墙体的连接，还表明女儿墙、门窗顶、窗台、圈梁、过梁、勒脚、散水、明沟等节点的尺寸、材料、做法等构造情况。

外墙剖面详图一般采用较大比例（如1：20）绘制，为节省图幅，通常采用折断画法，往往在窗中间处断开，成为几个节点详图的组合。如果多层房屋中各层的构造一样时，可只画底层、顶层和一个中间层的节点。基础部分不画，用折断线断开。

外墙剖面详图上标注尺寸和标高，与建筑剖面图基本相同，线型也与剖面图一样，剖到的轮廓线用粗实线画出，因为采用了较大的比例，墙身还应用细实线画出粉刷线，并在断面轮廓线内画上规定的材料图例。

5. 楼梯详图。楼梯详图主要表示楼梯的类型、结构形式、各部位尺寸以及踏步、栏杆的装修做法，是楼梯施工、放样的重要依据。楼梯详图一般包括楼梯平面图，剖面图及踏步、栏杆、扶手等节点详图。楼梯平面图和剖面图的比例一般为1∶50，节点详图的常用比例有1∶10、1∶5、1∶2等。一般楼梯的建施图和结施图应分别绘制，较简单的楼梯有时合并绘制，编入建施图中，或者编入结施图中均可。

（1）楼梯平面图的图示内容如下。

楼梯平面图实际上是建筑平面图中楼梯间的局部放大图。通常用一层平面图、中间层（或标准层）平面图和顶层平面图来表示。

一层平面图的剖切位置在第一跑楼梯段上，在一层平面图中只有半个梯段，并注"上"字的长箭头，梯段断开处画45°折断线。

中间层平面图其剖切位置在某楼层向上的楼梯段上，在中间层平面图上既有向上梯段（即注有"上"字的长箭头），又有向下梯段（即注有"下"字的长箭头），在向上梯段断开处画45°折断线。

顶层平面图其剖切位置在顶层楼层地面一定高度处，没有剖切到楼梯段，在顶层平面图中只有向下的梯段，平面图中没有折断线。

① 楼梯在建筑平面图中的位置及有关轴线的布置。

② 楼梯间、楼梯段、楼梯井和休息平台等的平面形式和尺寸，楼梯踏步的宽度和踏步数。

③ 楼梯上行或下行的方向，一般用带箭头的细实线表示，箭头表示上、下方向，箭尾标注上、下字样及踏步数。

④ 楼梯间各楼层平面、楼梯平台面的标高。

⑤ 一层楼梯平台下的空间处理，是过道还是小房间。

⑥ 楼梯间墙、柱、门窗的平面位置及尺寸。

⑦ 栏杆（板）、扶手、护窗栏杆、楼梯间窗或花格等的位置。

⑧ 底层平面图上楼梯剖面图的剖切符号。

（2）楼梯剖面图的图示内容如下。

楼梯剖面图是按楼梯底层平面图中的剖切位置及剖视方向画出的垂直剖面图。

凡是被剖到的楼梯段及楼地面、楼梯平台用粗实线画出，并画出材料图例或涂黑，没有被剖到的楼梯段用中实线或细实线画出轮廓线。

在多层建筑中，楼梯剖面图可以只画出底层、中间层和顶层的剖面图，中间用折断线断开，将各中间层的楼面、楼梯平台面的标高数字在所画的中间层相应地标注，并加括号。

① 楼梯间墙身的定位轴线及编号、轴线间的尺寸。

② 楼梯的类型及其结构形式、楼梯的梯段数及踏步数。

③ 楼梯段、休息平台、栏杆（板）、扶手等的构造情况和用料情况。

④ 踏步的宽度和高度及栏杆（板）的高度。

⑤ 楼梯的竖向尺寸、进深方向的尺寸和有关标高。

⑥ 踏步、栏杆（板）、扶手等细部的详图索引符号。

（3）楼梯详图的绘制。

① 楼梯平面图的绘制步骤。

（a）将楼梯各层平面图对齐，根据楼梯间开间、进深尺寸画出楼梯间墙身轴线。

（b）画出墙身厚度、楼梯井及楼梯宽度。

（c）根据楼梯平台宽度定出平台线，自平台线起量出楼梯段水平投影长度及定出踏步的起步线：楼梯段水平投影长度＝踏步宽×（踏步数–1）。

（d）根据"两平行线间任意等分"的方法作出平台线和起步线之间的踏步等分点，然后分别作平行线画出踏步。

（e）画门窗洞口，栏杆（板）、上下行方向箭头等。

（f）加深图线或上墨，注写尺寸、标高、剖切符号，画出材料图例等。

② 楼梯剖面图的绘制步骤。

（a）画出墙身轴线，定出楼面、地面、休息平台与楼梯段的位置。

（b）根据平面尺寸画出起步线、平台线的位置。

（c）根据踏步的高和宽以及踏步级数进行分格，竖向分格等于踏步数，横向分格数为踏步数减1。

（d）画出墙身，定出踏步轮廓位置线。

（e）画出窗、梁、板、栏杆等细部。

（f）加深图线或上墨，注写尺寸、标高、文字说明、索引符号，画出材料图例等。

任务二　识读例题图纸，完成填空

一、例题展示

【练一练】习题：回顾制图规范知识点，识读"1+X"建筑识图某详图（图1-5-1），完成相关填空。

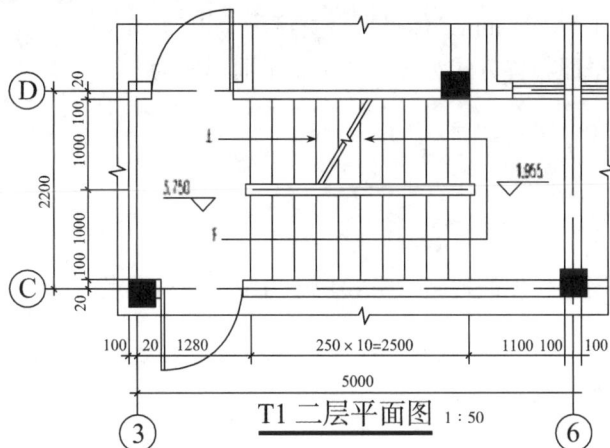

图1-5-1

T1 二层平面图　1：50

1. 该图图名为（   ），比例尺为（   ）。
2. 楼梯间进深（   ）m，开间（   ）m。
3. 第二跑踏步级数为（   ）。
4. 梯段净长为（   ）mm，休息平台宽度为（   ）mm。
5. 该图中楼梯平面布置方式为（   ），平面形式为（   ）。

二、案例应用

识读"1+X"建筑识图某详图（图1-5-2），完成相关填空。

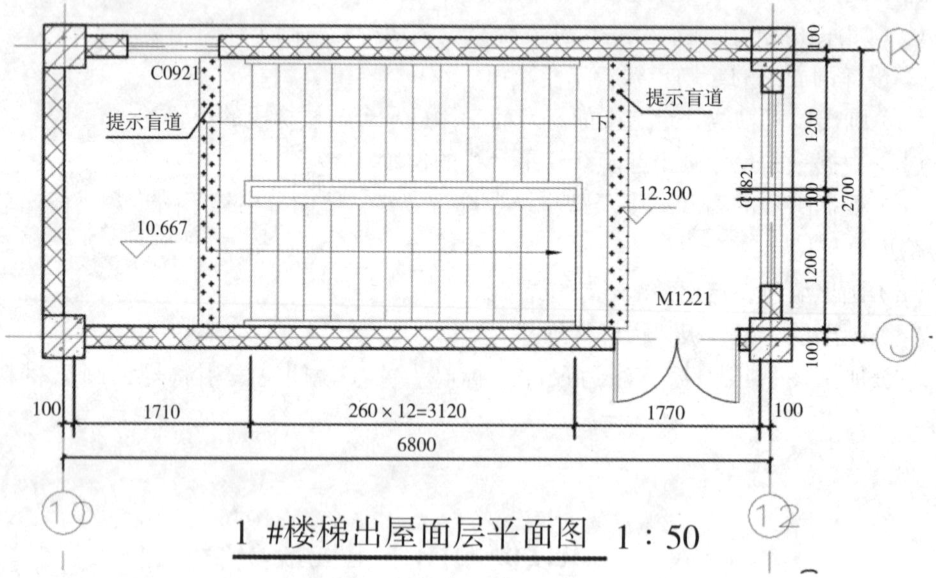

1 #楼梯出屋面层平面图 1：50

图1-5-2

1. 该图图名为（   ），比例尺为（   ）。
2. 楼梯间进深（   ）m，开间（   ）m。
3. 楼梯井宽度（   ）mm。
4. 梯段净宽为（   ）mm，休息平台宽度为（   ）mm。
5. 该图中楼梯平面布置方式为（   ），平面形式为（   ）。
6. M1221表示（   ）。
7. 柱间墙体材质为（   ）。

三、拓展应用

根据教材提供图纸，识读建施-09、建施-010相关知识点。

四、完成任务笔记和项目评价表

任务笔记和项目评价表分别见表1-5-1、表1-5-2。

表1-5-1　任务笔记

建筑详图笔记		
班级：　　　　组别：　　　　组长：　　　　组员：		
任务	笔记内容	完成人及完成时间
	建筑详图内容：	
	楼梯平面图的图示内容：	
	楼梯剖面图的图示内容：	
	楼梯详图的绘制： （1）平面图 （2）剖面图	
优点：	缺点：	改进计划：

表1-5-2　项目评价表

评价项目	评价内容	评价标准	评价方式			
			自我评价	小组评价	教师评价	学生评价教师
职业素养	责任意识、任务完成度	5分：自觉遵守课堂、实训室纪律，出色完成知识掌握和运用的任务； 3分：能够遵守规章制度，较好地完成任务； 1分：遵守纪律，任务完成得不彻底				
	学习态度、敬业精神	5分：积极参与教学活动，全勤； 3分：对大部分知识感兴趣并能学习掌握，偶尔缺勤； 1分：只对小部分知识感兴趣，偶尔缺勤				
	团队合作、交流共享意识	5分：积极与同学合作交流，及时完成学习任务； 3分：与大部分同学分享交流，完成学习任务； 1分：喜欢独立思考，自主性较强，完成学习任务				
专业能力	基础知识掌握能力	5分：对本项目全部基础知识能掌握、理解； 3分：对本项目大部分基础知识能掌握、理解； 1分：对本项目感兴趣的基础知识能掌握、理解				
	知识运用能力	5分：本项目测试题正确率达100%； 4分：本项目测试题正确率90%以上； 3分：本项目测试题正确率80%以上； 2分：本项目测试题正确率70%以上； 1分：本项目测试题正确率60%以上				
创新能力		对部分知识点产生新的理解，能提出创新性建议，能改进学习方式、方法（评分标准分别为5分、3分、1分）				
学生姓名			综合评价得分			
授课教师			日期			

项目6 建筑结构施工图

项目描述

建筑施工图表达了建筑物的外观形式、平面布置、建筑构造和内外装修等内容，对建筑物的结构部分没有详细表达，如梁、板等构件仅有轮廓示意图。因此，在房屋设计中，除了要进行建筑设计、画出建筑施工图外，还要进行结构设计，画出结构施工图。按结构设计的结果绘制成的图样就叫作结构施工图，通常由结构设计说明、基础平面布置图、结构构件（如柱、梁、板、楼梯）平面布置图组成。

任务一 独立基础平法识图

一、独立基础平面标注

独立基础平面标注方式包括集中标注和原位标注。

（一）独立基础集中标注

独立基础编号标注见表1-6-1。

表1-6-1 独立基础编号

类型	基础底板截面形状	代号	序号
普通独立基础	阶形	DJ_j	××
	锥形	DJ_z	××
杯口独立基础	阶形	BJ_j	××
	锥形	BJ_z	××

1.独立基础底板截面形状通常有以下两种。

（1）阶形截面编号加下标"J"，如DJ_j××、BJ_j××。

（2）锥形截面编号加下标"Z"，如DJ_z××、BJ_z××。

2.独立基础截面竖向尺寸标注，按普通独立基础和杯口独立基础分别进行说明。

（1）若阶形截面普通独立基础DJ_j××的竖向尺寸标注为400/300/300时，表示h_1=400 mm、h_2=300 mm、h_3=300 mm，基础底板总厚度为1 000 mm，如图1-6-1所示，各阶尺寸自下而上用"/"分隔顺写；基础为单阶时，其竖向尺寸仅为一个，且为基础总厚度，如图1-6-2所示。若锥形截面普通独立基础DJ$_z$××的竖向尺寸为350/300时，表示h_1=350 mm、h_2=300 mm，基础底板总厚度为650 mm，如图1-6-3所示。

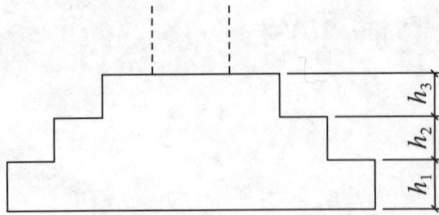

图1-6-1

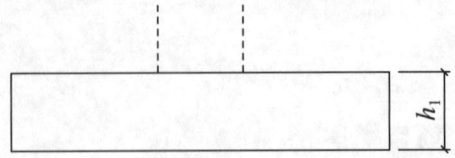

图1-6-2

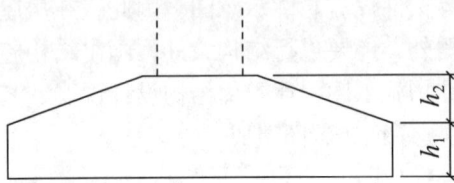

图1-6-3

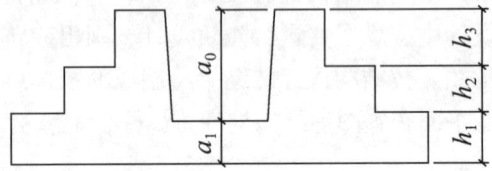

图1-6-4

（2）当杯口独立基础为阶形截面时，其竖向尺寸分两组：一组表达杯口内，另一组表达杯口外。两组尺寸以"，"分隔，分别标注为a_0/a_1，$h_1/h_2/$，…，如图1-6-4所示。其中，杯口深度a_0为柱插入杯口的尺寸加50 mm，如图1-6-4所示。

3.独立基础配筋标注。

（1）普通独立基础和杯口独立基础的底部双向配筋标注规定如下。

① 以B代表各种独立基础底板的底部配筋。

② X向配筋以X打头标注，Y向配筋以Y打头标注；当两向配筋相同时，则以X&Y打头标注。

【例1-6-1】独立基础底板配筋标注为：

B：$X\Phi16@150$，$Y\Phi16@200$

表示基础底板底部配置HRB400级钢筋，x向直径16 mm，间距150 mm；y向直径16 mm，间距200 mm，如图1-6-5所示。

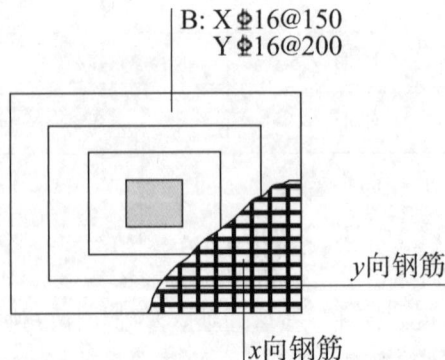

图1-6-5

（2）注写杯口独立基础顶部焊接钢筋网，以Sn打头引注杯口顶部焊接钢筋网的各边钢筋。

【例1-6-2】如图1-6-6所示，杯口独立基础顶部焊接钢筋网标注为Sn2⊕14，表示杯口顶部每边配置2根HRB400级直径14 mm的焊接钢筋网。

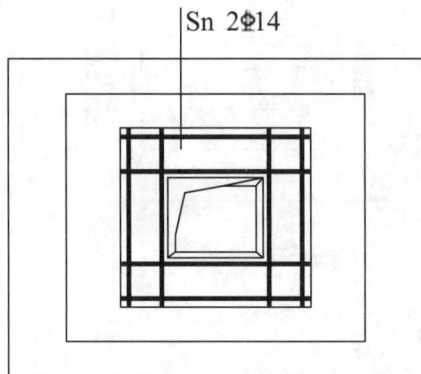

图1-6-6

（二）独立基础原位标注

普通独立基础的原位标注形式为：

X、y、x_c、y_c（或圆柱直径d_c），x_i、y_i（i=1，2，3，…）

式中，x、y——普通独立基础两向边长；

　　　　x_c、y_c——柱截面尺寸；

　　　　x_i、y_i——阶宽或坡形平面尺寸（当设置短柱时，尚应标注短柱的截面尺寸）。

① 对称阶形截面普通独立基础的原位标注，如图1-6-7所示。

② 非对称阶形截面普通独立基础的原位标注，如图1-6-8所示。

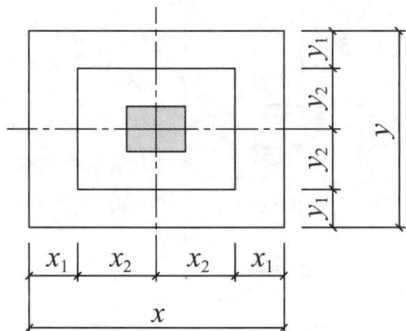

图1-6-7

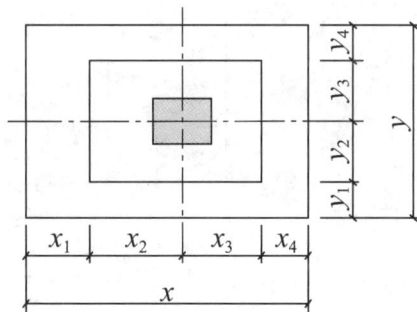

图1-6-8

③ 普通独立基础采用平面标注方式的集中标注和原位标注综合设计表达，如图1-6-9所示。

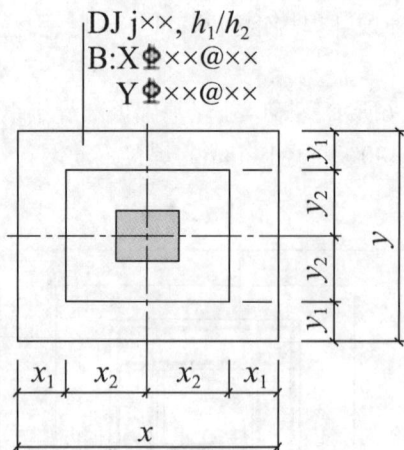

图1-6-9

2. 杯口独立基础的原位标注形式为：

X、y、x_u、y_u，t_i，x_i、y_i（$i=1$，2，3，…）

式中，x、y——杯口独立基础两向边长；

x_u、y_u——杯口上口尺寸；

t_i——杯壁厚度；

x_i、y_i——阶宽或坡形截面尺寸。

杯口上口尺寸x_u、y_u，按柱截面边长两侧双向各加75 mm；杯口下口尺寸按标准构造详图（为插入杯口的相应柱截面边长尺寸，每边各加50 mm），施工图不注。

阶形截面杯口独立基础的原位标注，如图1-6-10所示，高杯口独立基础原位标注与杯口独立基础完全相同。

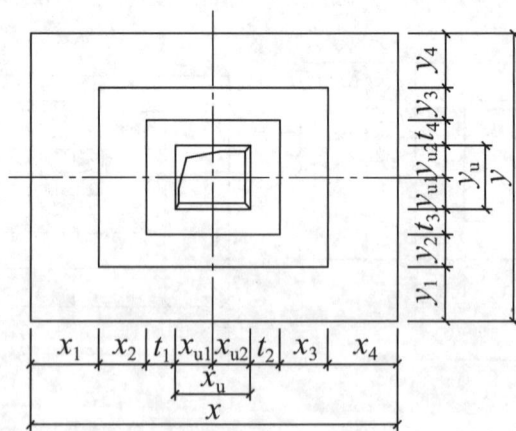

图1-6-10

二、独立基础的截面标注方式

独立基础的截面标注方式，可分为截面标注和列表标注两种。采用截面标注方式，应在基础平面布置图上对所有基础进行编号，见表1-6-2的规定。

表1-6-2 独立基础编号

类型	基础底板截面形状	代号	序号
普通独立基础	阶形	DJ_j	× ×
	锥形	DJ_z	× ×
杯口独立基础	阶形	BJ_j	× ×
	锥形	BJ_z	× ×

1. 普通独立基础列表集中标注栏目（表1-6-3）如下。

（1）编号：阶形截面编号为DJ_j××，锥形截面编号为DJ_z××。

（2）几何尺寸：水平尺寸X、y、x_c、y_c（或圆柱直径d_c），x_i、y_i（i=1，2，3，…），竖向尺寸$h_1/h_2/$，…。

（3）配筋：B：X𝛷××@×××，Y𝛷××@×××。

表1-6-3 普通独立基础几何尺寸和配筋

基础编号/截面编号	截面几何尺寸						底部配筋（B）	
	x	y	x_i	y_i	h_1	h_2	x向	y向

2. 杯口独立基础列表集中标注栏目（表1-6-4）如下。

（1）编号：阶形截面编号为BJ_j××，锥形截面编号为BJ_z××。

（2）几何尺寸：水平尺寸X、y、x_u、y_u，t_i，x_i、y_i（i=1，2，3，…），竖向尺寸a_0/a_1，$h_1/h_2/h_3$，…。

（3）配筋：B：X𝛷××@×××，Y𝛷××@×××

Sn×𝛷××

O：×𝛷××/𝛷××@××××/𝛷××@×××

𝛷××@××××/×××

表1-6-4　杯口独立基础几何尺寸和配筋

基础编号/截面编号	截面几何尺寸								底部配筋（B）		杯口顶部钢筋网（Sn）	短柱配筋（O）	
	x	y	x_i	y_i	a_0	a_1	h_1	h_2	x向	y向		角筋/x边中部筋/y边中部筋	杯口壁箍筋/其他部位箍筋

三、拓展应用

识读教材配套图纸，完成下列习题。

1. 本工程中，独立基础DJ_{z01}的上表面标高为（　　　），基础长度为（　　　），基础宽度为（　　　），配筋值X为（　　　），Y为（　　　）。

2. 本工程基础平面布置图中，DJ_{z03}底部X向配筋为（　　　）。

3. 本工程基础平面布置图中，DJ_{z01}的底面标高为（　　　）。

四、完成任务笔记和项目评价表

任务笔记和项目评价表分别见表1-6-5、表1-6-6。

表1-6-5　任务笔记

独立基础平法识图笔记			
班级：	组别：	组长：	组员：
	笔记内容		完成人及完成时间
任务	独立基础集中标注内容：		

（续表）

独立基础平法识图笔记		
班级：　　　　组别：　　　　组长：　　　　组员：		
	笔记内容	完成人及完成时间
任务	独立基础原位标注内容：	
	独立基础截面标注：	
优点：	缺点：	改进计划：

表1-6-6　项目评价表

评价项目	评价内容	评价标准	评价方式			
			自我评价	小组评价	教师评价	学生评价教师
职业素养	责任意识、任务完成度	5分：自觉遵守课堂、实训室纪律，出色完成知识掌握和运用的任务； 3分：能够遵守规章制度，较好地完成任务； 1分：遵守纪律，任务完成得不彻底				

评价 项目	评价内容	评价标准	评价方式			
			自我 评价	小组 评价	教师 评价	学生评 价教师
职业 素养	学习态度、敬 业精神	5分：积极参与教学活动，全勤； 3分：对大部分知识感兴趣并能学习掌握，偶尔缺勤； 1分：只对小部分知识感兴趣，偶尔缺勤				
	团队合作、交 流共享意识	5分：积极与同学合作交流，及时完成学习任务； 3分：与大部分同学分享交流，完成学习任务； 1分：喜欢独立思考，自主性较强，完成学习任务				
专业 能力	基础知识掌握 能力	5分：对本项目全部基础知识能掌握、理解； 3分：对本项目大部分基础知识能掌握、理解； 1分：对本项目感兴趣的基础知识能掌握、理解				
	知识运用能力	5分：本项目测试题正确率达100%； 4分：本项目测试题正确率90%以上； 3分：本项目测试题正确率80%以上； 2分：本项目测试题正确率70%以上； 1分：本项目测试题正确率60%以上				
创新能力		对部分知识点产生新的理解，能提出创新性建议，能改进学习方式、方法（评分标准分别为5分、3分、1分）				
学生姓名			综合 评价 得分			
授课教师			日期			

任务二　柱平法识图

柱的平法施工图标注方式分柱列表标注方式和柱截面标注方式。

一、柱列表标注方式

柱列表标注方式是在柱的平面布置图上，分别在同一编号的柱中选择一个或几个截面标注代号，在柱表中标注柱编号、柱段起止标高、几何尺寸（包括柱截面对轴线的偏心尺寸）与配筋的具体数值，并配以各种柱截面形状及其箍筋类型图的方式来表达柱的平法施工图。

柱列表标注包括下列内容。

1. 柱编号。柱编号由类型、代号和序号组成，应符合表1-6-7中的规定。

表1-6-7　柱编号

柱类型	类型代号	序号
框架柱	KZ	××
转换柱	ZHZ	××
芯柱	XZ	××

注：编号时，当柱的总高、分段截面尺寸和配筋均对应相同，仅截面与轴线的关系不同时，仍可将其编为同一柱号，但应在图中注明截面与轴线的关系。

2. 各段柱的起止标高。

柱施工图用柱列表标注方式标注柱的各段起止标高时，自柱根部往上以变截面位置或截面未变但配筋改变处为界分段标注。框架柱和转换柱的根部标高是指基础顶面标高；芯柱的根部标高是指根据结构实际需要而定的起始位置标高。

3. 柱截面尺寸。

常见的框架柱截面形式有矩形和圆形，对于矩形柱 $b \times h$ 及与轴线相关的几何参数 b_1、b_2 和 h_1、h_2 的具体数值，需对应于各段柱，并分别进行标注。对于圆形柱 $b \times h$ 栏改为在圆柱直径数字前加 D 表示。

其中，b、h 为长方形柱截面的边长，b_1、b_2 为柱截面形心距横向轴线的距离；h_1、h_2 为柱截面形心距纵向轴线的距离，$b=b_1+b_2$，$h=h_1+h_2$。对于圆形截面与轴线的关系仍然用矩形截面柱的表示方式，即 $D=b_1+b_2=h_1+h_2$。

4. 柱纵向受力钢筋。

柱纵向受力钢筋为柱的主要受力钢筋，纵向钢筋根数至少应保证在每个阳角处设置一根。当柱纵筋直径相同、各边根数也相同时，将纵筋标注在"全部纵筋"一栏中；否则就需要将柱纵筋分角筋、截面b边中部筋、截面h边中部筋三项分别标注。

5. 柱箍筋。

柱箍筋标注包括钢筋级别、型号、箍筋肢数、直径与间距。当为抗震设计时，用斜线"/"区分柱端箍筋加密区与柱身非加密区箍筋的不同间距。当圆柱采用螺旋箍筋时，需在箍筋前加"L"表示。

【例1-6-3】Φ10@100/200，表示箍筋为HPB300级钢筋，直径为10 mm，加密区间距为100 mm，非加密区间距为200 mm。

【例1-6-4】Φ10@100/200（Φ12@100），表示柱中箍筋为HPB300级钢筋，直径为10 mm，加密区间距为100 mm，非加密区间距为200 mm。框架节点核心区箍筋为HPB300级钢筋，直径为12 mm，间距为100 mm。

【例1-6-5】$L\Phi$10@100/220，表示采用螺旋箍筋，HPB300级钢筋，直径为10 mm，加密区间距为100 mm，非加密区间距为220 mm。

二、柱截面标注方式

柱截面标注方式是在柱平面布置图的柱截面上，分别在同一编号的柱中选择一个截面，以直接标注截面尺寸和配筋具体数值的方式来表达柱平法施工图。从相同编号的柱中选择一个截面，按另一种比例原位放大绘制柱截面配筋图，并在各配筋图上继其编号后再标柱截面尺寸$b \times h$、角筋或全部纵筋、箍筋的具体数值以及在柱截面配筋图上标注柱截面与轴线关系b_1、b_2、h_1、h_2的具体数值。

如图1-6-11所示，KZ3的截面尺寸为650 mm ×

KZ3
650×600
24Φ22
ϕ10@100/200

图1-6-11　矩形柱截面标注示例（尺寸单位：mm）

600 mm，全部纵筋为24根直径为22 mm的HRB400钢筋，箍筋直径为10 mm的HPB300钢筋，加密区间距100 mm，非加密区间距200 mm。

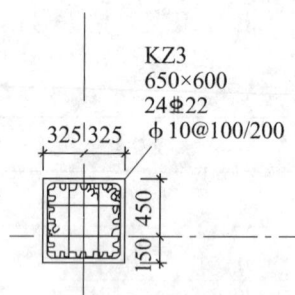

三、拓展应用

识读教材配套图纸，完成下列习题。

（一）填空题

1. 本工程图纸中圆形柱的名称（　　），直径（　　），采用（　　）注写方式。

2. 本工程图纸中KZ3在4.150-8.350段b边一侧中部配筋为（　　）。

（二）选择题

1. 同一编号的柱构件，下列可以不同的选项是（　　）。

A. 配筋　　　　　　　　　　　B. 截面与轴线的关系

C. 分段截面尺寸　　　　　　　D. 总高

2. 本工程4.150～8.350 m处，KZ6的截面尺寸为（　　）。

A. 450 mm × 450 mm　　　　　B. 500 mm × 500 mm

C. 550 mm × 550 mm　　　　　D. 650 mm × 650 mm

四、完成任务笔记和项目评价表

任务笔记和项目评价表分别见表1-6-8、表1-6-9。

表1-6-8　任务笔记

柱平法识图笔记			
班级：	组别：	组长：	组员：
任务	笔记内容		完成人及完成时间
	柱列表标注内容：		
	柱截面标注示例：		
优点：	缺点：		改进计划：

表1-6-9　项目评价表

评价项目	评价内容	评价标准	评价方式			
			自我评价	小组评价	教师评价	学生评价教师
职业素养	责任意识、任务完成度	5分：自觉遵守课堂、实训室纪律，出色完成知识掌握和运用的任务； 3分：能够遵守规章制度，较好地完成任务； 1分：遵守纪律，任务完成得不彻底				
	学习态度、敬业精神	5分：积极参与教学活动，全勤； 3分：对大部分知识感兴趣并能学习掌握，偶尔缺勤； 1分：只对小部分知识感兴趣，偶尔缺勤				
	团队合作、交流共享意识	5分：积极与同学合作交流，及时完成学习任务； 3分：与大部分同学分享交流，完成学习任务； 1分：喜欢独立思考，自主性较强，完成学习任务				
专业能力	基础知识掌握能力	5分：对本项目全部基础知识能掌握、理解； 3分：对本项目大部分基础知识能掌握、理解； 1分：对本项目感兴趣的基础知识能掌握、理解				
	知识运用能力	5分：本项目测试题正确率达100%； 4分：本项目测试题正确率90%以上； 3分：本项目测试题正确率80%以上； 2分：本项目测试题正确率70%以上； 1分：本项目测试题正确率60%以上				
创新能力		对部分知识点产生新的理解，能提出创新性建议，能改进学习方式、方法（评分标准分别为5分、3分、1分）				
学生姓名			综合评价得分			
授课教师			日期			

任务三　梁平法识图

梁的标注方式分为平面标注方式和截面标注方式两种。

一、梁的平面标注方式

梁的平面标注方式是在梁平面布置图上，分别从不同编号的梁中各选一根梁，用在其上标注截面尺寸和配筋具体数值的方式来表达梁平法施工图。22G101—1第32页给出的梁平法施工平图平面标注方式示例，如图1-6-12所示。

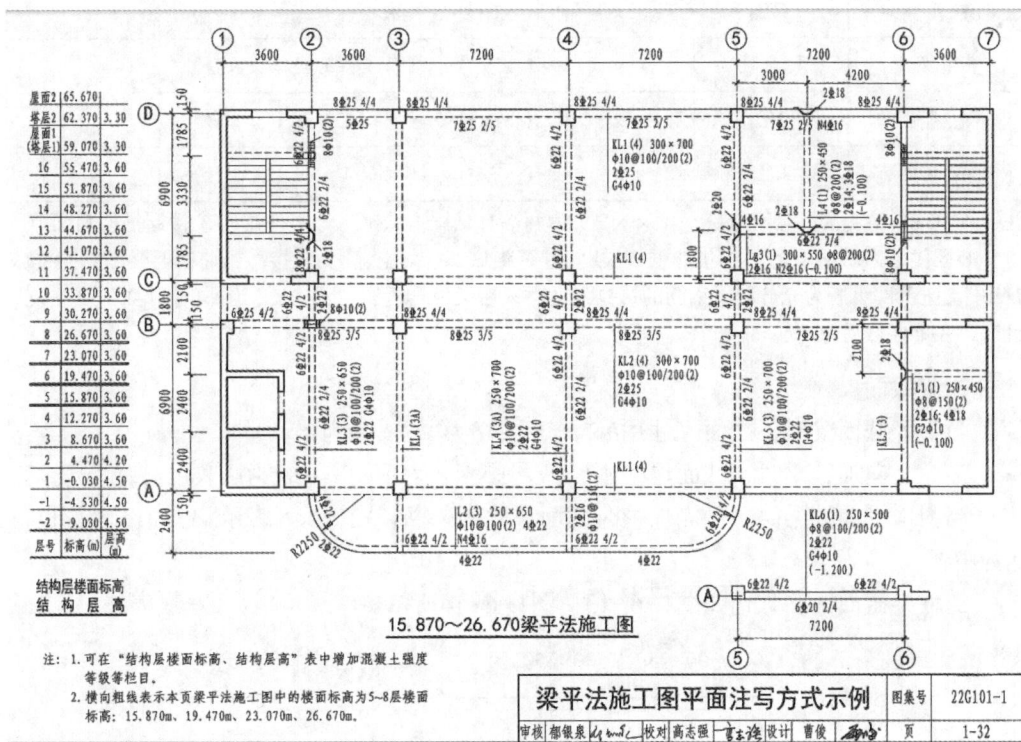

图1-6-12

平面标注包括集中标注和原位标注，集中标注表达梁的通用数值，原位标注表达梁的特殊数值。当集中标注中的某项数值不适用于梁的某部位时，则将该项具体数值原位标注。施工时，原位标注数值优先。

（一）集中标注

集中标注表达的梁通用数值包括梁编号、梁截面尺寸、梁箍筋、上部通长筋、梁侧面构造筋（或受扭钢筋）和标高六项，其中前五项为必注值，后一项为选注值，规定如下。

1. 梁编号。

在表1-6-10中列出了梁的各种类型的代号，同时给出了各种梁的特征。关于是否带有悬挑的标注规则需要引起特别注意。

表1-6-10　梁编号及类型

梁类型	代号	序号	跨数及是否带有悬挑	特征
楼层框架梁	KL	××	(××)、(××A)或(××B)	
楼层框架扁梁	KBL	××	(××)、(××A)或(××B)	
屋面框架梁	WKL	××	(××)、(××A)或(××B)	
框支梁	KZL	××	(××)、(××A)或(××B)	
托柱转换梁	TZL	××	(××)、(××A)或(××B)	
非框架梁	L	××	(××)、(××A)或(××B)	
悬挑梁	XL	××	(××)、(××A)或(××B)	
井字梁	JZL	××	(××)、(××A)或(××B)	

注：①（××A）为一端有悬挑，（××B）为两端有悬挑，悬挑不计入跨数。②楼层框架扁梁节点核心区代号为KBH。③本图集非框架梁L、井字梁JZL表示端支座为铰接；当非框架梁L、井字梁JZL端支座上部纵筋为充分利用钢筋的抗拉强度时，在梁代号后加"g"。④当非框架梁L按受扭设计时，在梁代号后加"N"。

2. 梁截面尺寸。

当为等截面梁时，截面尺寸用$b \times h$表示，b为梁宽，h为梁高。

当为竖向加腋梁时，截面尺寸用$b \times h$、$Yc_1 \times c_2$表示，其中c_1为腋长，c_2为腋高。

当为水平加腋梁时，一侧加腋时截面尺寸用$b \times h$、$PYc_1 \times c_2$表示，其中c_1为腋长，c_2为腋宽。

加腋梁截面标注方式如图1-6-13、图1-6-14所示。

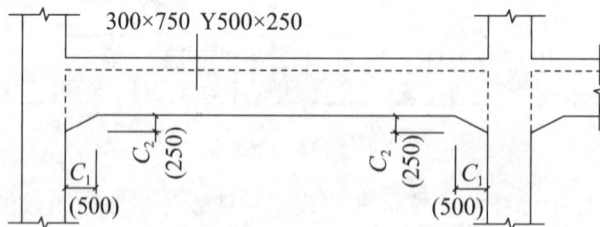

图1-6-13

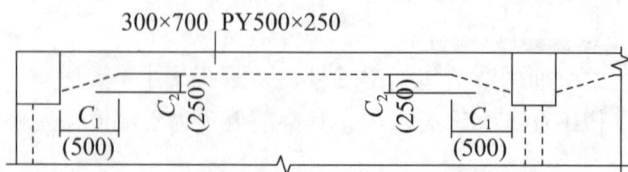

图1-6-14

当有悬挑梁且根部和端部的高度不同时，用斜线分隔根部与端部的高度值，即为 $b \times h_1/h_2$，如图1-6-15所示。

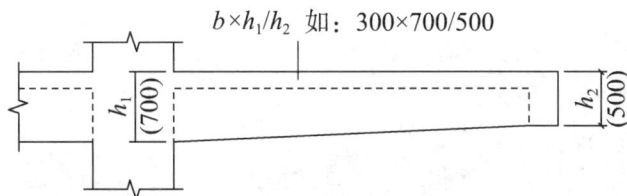

图1-6-15

3. 梁箍筋。

梁箍筋构造标注时，包括钢筋级别、直径、加密区与非加密区间距及肢数。箍筋加密区与非加密区的不同间距及肢数用斜线"/"分隔；当梁箍筋为同一间距及肢数时，则不需用斜线；当加密区与非加密区的箍筋肢数相同时，则将肢数标注一次；箍筋肢数写在括号内。

【例1-6-6】Φ10@100/200（4），表示箍筋为HRB400级钢筋，直径为10 mm，加密区间距为100 mm，非加密区间距为200 mm，均为四肢箍。

【例1-6-6】Φ10@100（4）/150（2），表示箍筋为HRB400级钢筋，直径为10 mm，加密区间距为100 mm，四肢箍；非加密区间距为150 mm，两肢箍。

非框架梁、悬挑梁、井字梁采用不同的箍筋间距及肢数时，也用斜线"/"将其分隔开来。注写时，先注写梁支座端部的箍筋（包括箍筋的箍数、钢筋种类、直径、间距与肢数），在斜线后注写梁跨中部分的箍筋间距及肢数。

【例1-6-7】13Φ10@150/200（4），表示箍筋为HRB400级钢筋，直径为10 mm，梁的两端各有13个四肢箍，间距为150 mm，梁跨中部分间距为200 mm，四肢箍。

4. 梁上部通长筋或架立筋。

通长筋指直径不一定相同但必须采用搭接、焊接或机械连接接长且两端一定在端支座锚固的钢筋。架立筋是指梁内起架立作用的钢筋，用来固定箍筋和形成钢筋骨架。当同排纵筋中既有通长筋又有架立筋时，用"+"将通长筋和架立筋相连。标注时将角部纵筋写在加号的前面，架立筋写在加号后面的括号内，以示不同直径及与通长筋的区别。当全部采用架立筋时，则将其写入括号内。

【例1-6-8】2Φ20+（2Φ22）中，2Φ20为通长筋，2Φ12为架立筋。

当梁的上部纵筋和下部纵筋为全跨相同且多数跨配筋相同时，此项可采用集中标注的方式，用"；"将上部和下部纵筋的配筋值分隔开来。

【例1-6-9】4Φ22；3Φ20表示梁的上部配置4Φ22的通长筋，梁的下部配置3Φ20的通长筋。

5. 梁侧面纵向构造钢筋或受扭钢筋。

当梁腹板高度h_w≥450 mm时，需配置纵向构造钢筋，此项标注值以大写字母G打头，标注值是梁两个侧面的总配筋值，且为对称配置。当梁侧面需配置受扭纵向钢筋时，此项标注值以大写字母N打头，为标注配置在梁两个侧面的总配筋值，且对称配置。

【例1-6-10】G4ⱷ20表示梁的两个侧面共配置4根ⱷ20的纵向构造钢筋，每侧各配置2根ⱷ20构造钢筋。

【例1-6-11】N4ⱷ16表示梁的两个侧面共配置4根ⱷ16的抗扭筋，每侧各配置2根ⱷ16的抗扭筋。

6. 梁顶面标高高差。

梁顶面标高高差是指梁顶面相对于结构层楼面标高的高差值，有高差时，将其写入括号内。当某梁的顶面高于所在结构层的楼面标高时，其标高高差为正值，反之为负值。

（二）原位标注

原位标注用来表达梁的特殊数值，当集中标注中的某项数值不适用于梁的某部位时，则将该项数值原位标注。如梁支座上部纵筋、梁下部纵筋，施工时原位标注优先。梁原位标注的规定如下。

1. 梁支座上部纵筋。

梁支座上部纵筋包含上部通长筋在内的所有通过支座的纵筋。

（1）当上部纵筋多余一排时，用斜线"/"将各排纵筋自上而下分开。

（2）当同排纵筋有两种直径时，用"+"将两种直径的纵筋相连，标注时将角部纵筋写在前面。

（3）当梁中间支座两边的上部纵筋不同时，须在支座两边分别标注；当梁中间支座两边的上部纵筋相同时，只用在支座的一边标注配筋值，另一边省去不注。

2. 梁下部纵筋。

（1）当下部纵筋多于一排时，用斜线"/"将各排纵筋自上而下分开。

（2）当同排纵筋有两种直径时，用"+"将两种直径的纵筋相连，标注时将角部纵筋写在前面。

（3）当梁下部纵筋不全部伸入支座时，将梁支座下部纵筋减少的数量写在括号内。

（4）当梁的集中标注中已分别标注了梁上部和下部均为通常的纵筋值时，则不用再在梁下部重复做原位标注。

（三）注意事项

1. 当在梁上集中标注的内容（即梁截面尺寸、箍筋、上部通长筋或架立筋，梁侧面纵向构造钢筋或受扭钢筋，以及梁顶面标高高差中的某一项或几项数值）不适用于某跨或某悬挑部分时，则将其不同数值原位标注在该跨或该悬挑部位，施工时应按原位标注数值取用。

2. 附加箍筋或吊筋，将其直接画在平面图中的主梁上，用线引注总配筋值。

3. 井字梁的标注规则除了应遵循梁平面标注方式外，还要注意纵横两个方向梁相交处同一层面钢筋的上下交错关系，以及在该相交处两方向梁箍筋的布置要求。

二、梁截面标注方式

截面标注方式是指在分标准层绘制的梁平面布置图上，分别在不同编号的梁中各选一根梁用剖面号引出配筋图，并在配筋图上用标注截面尺寸和配筋具体数值的方式来表达梁平法施工图，如图1-6-16所示。

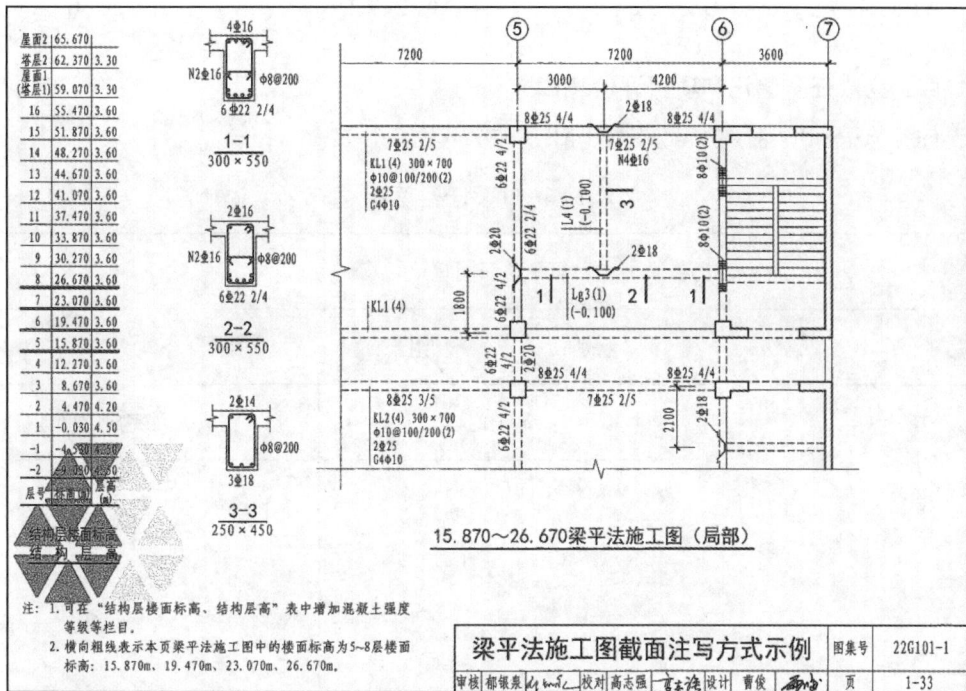

图1-6-16

梁进行截面标注时，先将"单边截面号"画在该梁上，再将截面配筋详图画在本图或其他图上。如果某一梁的顶面标高与结构层的楼面标高不同，应继其梁编号后标注梁顶面标高高差（标注规定与平面标注方式相同）。

在截面配筋详图上标注截面尺寸$b×h$、上部筋、下部筋、侧面构造筋或受扭钢筋以及箍筋的具体数值时，其表达形式与平面标注方式相同。

截面标注方式既可以单独使用，也可与平面标注方式结合使用。在梁平法施工图中，一般采用平面标注方式。当平面图中局部区域的梁布置过密时，可以采用截面标注方式，或者将过密区用虚线框出，适当放大比例后再对局部用平面标注方式，但是对异形截面梁的尺寸和配筋，用截面标注则相对方便。

三、拓展应用

识读教材配套图纸，完成下列习题。

1. 对梁下部配筋值3C25+2C20（-2）/6C25，描述错误的是（　　　）。

A. 上排2C20不伸入支座　　　　　　　　B. 上排3C25不伸入支座

C. 角筋为2C25　　　　　　　　　　　　D. 上排筋为3C25+2C20

2. 当梁的上部（或下部）纵筋多于一排时，用斜线"/"将各排纵筋（　　　）分开。

A. 自下而上　　　B. 自上而下　　　C. 自左而右　　　D. 自右而左

3. 本工程一层顶梁配筋图，10轴KL1第二跨加腋梁的腋宽为（　　　）。

A. 300　　　　　　B. 150　　　　　　C. 500　　　　　　D. 200

4.本工程一层顶梁配筋图中，L3的架立筋为（　　）。

A. 2C18　　　　　　B. 3C22　　　　　　　　C. 2C12　　　　　　　　　D. 2C16

四、完成任务笔记和项目评价表

任务笔记和项目评价表分别见表1-6-11、表1-6-12。

表1-6-11　任务笔记

梁平法识图笔记			
班级：	组别：	组长：	组员：
任务		笔记内容	完成人及完成时间
		梁平面标注内容：	
		梁截面标注示例：	
优点：		缺点：	改进计划：

表1-6-12 项目评价表

评价项目	评价内容	评价标准	评价方式			
			自我评价	小组评价	教师评价	学生评价教师
职业素养	责任意识、任务完成度	5分：自觉遵守课堂、实训室纪律，出色完成知识掌握和运用的任务； 3分：能够遵守规章制度，较好地完成任务； 1分：遵守纪律，任务完成得不彻底				
	学习态度、敬业精神	5分：积极参与教学活动，全勤； 3分：对大部分知识感兴趣并能学习掌握，偶尔缺勤； 1分：只对小部分知识感兴趣，偶尔缺勤				
	团队合作、交流共享意识	5分：积极与同学合作交流，及时完成学习任务； 3分：与大部分同学分享交流，完成学习任务； 1分：喜欢独立思考，自主性较强，完成学习任务				
专业能力	基础知识掌握能力	5分：对本项目全部基础知识能掌握、理解； 3分：对本项目大部分基础知识能掌握、理解； 1分：对本项目感兴趣的基础知识能掌握、理解				
	知识运用能力	5分：本项目测试题正确率达100%； 4分：本项目测试题正确率90%以上； 3分：本项目测试题正确率80%以上； 2分：本项目测试题正确率70%以上； 1分：本项目测试题正确率60%以上				
创新能力		对部分知识点产生新的理解，能提出创新性建议，能改进学习方式、方法（评分标准分别为5分、3分、1分）				
学生姓名			综合评价得分			
授课教师			日期			

任务四　板平法识图

本节重点学习有梁楼盖板和无梁楼盖板的集中标注、原位标注平法识图。通过本节的学习，掌握板平法施工图的制图规则和注写方式，从而达到准确识读现浇板图纸的目的。

一、有梁楼盖板平法识图

有梁楼盖板指以梁为支座的楼面及屋面板。有梁楼盖板平法施工图平面标注主要包括板块集中标注和板支座原位标注。

（一）板块集中标注

板块集中标注的内容包括板块编号、板厚、贯通纵筋，以及当板面标高不同时的标高高差。如图1-6-17所示，图中LB1表示1号楼板，板厚120 mm，板下部配置的贯通纵筋X向为Φ8@100，Y向为Φ8@100，板上部未配置贯通纵筋。

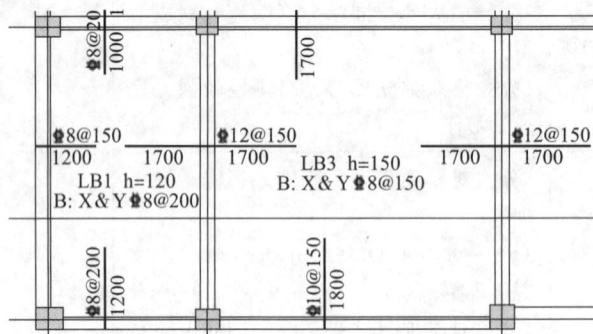

图1-6-17

为方便设计表达和施工识图，规定结构平面的坐标方向为：当两向轴网正交布置时，图面从左至右为X向，从下至上为Y向；当轴网转折时，局部坐标方向顺轴网转折角度做相应转折；当轴网向心布置时，切向为X向，径向为Y向。

板块集中标注中板块编号见表1-6-13规定。

表1-6-13　板编号

板类型	代号	序号
楼面板	LB	××
屋面板	WB	××
悬挑板	XB	××

板厚注写为h=×××（为垂直于板面的厚度）；当悬挑板的端部改变截面厚度时，用斜线分隔根部与端部的高度值，注写为h=×××/×××。

　　纵筋按板块的下部纵筋和上部贯通纵筋分别注写（当板块上部不设贯通纵筋时则不注写），并以B代表下部纵筋，以T代表上部贯通纵筋，B&T代表下部与上部；X向纵筋以X打头，Y向纵筋以Y打头，两向纵筋配置相同时则以X&Y打头。当纵筋采用两种规格钢筋"隔一布一"方式时，表达为$xx/yy@×××$，表示直径为xx的钢筋和直径为yy的钢筋间距相同，两者组合后的实际间距为×××。直径xx的钢筋的间距为×××的2倍，直径yy的钢筋的间距为×××的2倍。

　　板面标高高差，系指相对于结构层楼面标高的高差，应将其注写在括号内，且有高差则注写，无高差则不注写。

　　【例1-6-12】有一楼面板块标注为：

　　　　　　　　LB2 h=120

　　　　　　　　B：XΦ12@120；YΦ10@110

　　表示2号楼面板，板厚120 mm；板下部配置的贯通纵筋X向为Φ12@120，Y向为Φ10@110；板上部未配置贯通纵筋。

　　【例1-6-13】有一楼面板块注写为：

　　　　　　　　LB5 h=110

　　　　　　　　B：XΦ10/12@100；YΦ10@110

　　表示5号楼面板，板厚110 mm；板下部配置的纵筋X向为Φ10、Φ12隔一布一，Φ10与Φ12之间间距为100 mm；Y向为Φ10@110；板上部未配置贯通纵筋。

　　【例1-6-14】有一悬挑板注写为：

　　　　　　　　XB2 h=150/100

　　　　　　　　B：X&YΦ10@200

　　表示2号悬挑板，板根部厚150 mm，端部厚100 mm，板下部配置纵筋双向均为Φ10@200。

　　（二）板支座原位标注

　　板支座原位标注的主要内容为板支座上部非贯通纵筋和悬挑板上部受力钢筋，如图1-6-18所示。

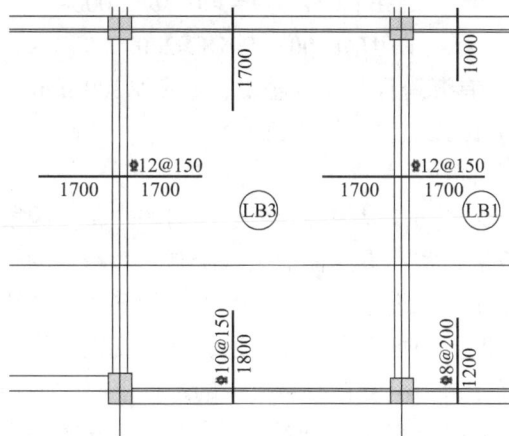

图1-6-18

板支座上部非贯通纵筋自支座边线向跨内的伸出长度，注写在线段的下方位置。当中间支座上部非贯通纵筋向支座两侧对称伸出时，可仅在支座一侧线段下方标注伸出长度，另一侧不注。当向支座两侧非对称伸出时，应分别在支座两侧线段下方标注伸出长度。对线段画至对边，贯通全跨或贯通全悬挑长度的上部通长纵筋，贯通全跨或伸出至全悬挑一侧的长度值不标注，只注明非贯通纵筋另一侧的伸出长度值。

二、无梁楼盖板平法识图

无梁楼盖板指没有梁的楼盖板，楼板由戴帽的柱头支撑，与有梁楼盖相比扩大楼层净空，节省建材，加快施工进度，而且质地更密，抗压性更高，抗震动冲击更强，结构更合理。无梁楼盖板平面标注主要包括板带集中标注和板带支座原位标注。

（一）板带集中标注

集中标注应在板带贯通纵筋配置相同跨的第一跨（x向为左端跨，y向为下端跨）注写。相同编号的板带可择其一做集中标注，其他仅注写板带编号。板带集中标注的具体内容包括板带编号、板带厚、板带宽和贯通纵筋。

板带编号规定见表1-6-14，跨数按柱网轴线计算，两相邻柱轴线之间为一跨；悬挑不计入跨数。板带厚标注为$h=\times\times\times$，板带宽标注为$b=\times\times\times$。当无梁楼盖整体厚度和板带宽度已在图中注明时，此项可不注。

表1-6-14　板带编号

板带类型	代号	序号	跨数及有无悬挑
柱上板带	ZSB	××	（××）、（××A）或（××B）
跨中板带	KZB	××	（××）、（××A）或（××B）

贯通纵筋按板带下部和板带上部分别标注，并以B代表下部，T代表上部，B&T代表下部和上部。

【例1-6-15】有一板带标注为：

ZSB2（5A）$h=300$　$b=3000$

BΦ16@100；TΦ18@200

表示2号柱上板带，有五跨且一端有悬挑；板带厚300 mm，宽3 000 mm；板带配置贯通纵筋下部为Φ16@100，上部为Φ18@200。

（二）板带支座原位标注

板带支座上部非贯通纵筋，以一段与板带同向的中粗实线段代表板带支座上部非贯通纵筋；对柱上的板带，实现贯穿柱上区域绘制；对跨中的板带，实线段横贯柱网轴线绘制。在线段上标注钢筋编号（如①、②）、配筋值及在线段下方标注自支座中线向两侧跨内的伸出长度。当板带支座非贯通纵筋自支座中线向两侧对称伸出时，其伸出长度可仅在一侧标注；当配置在有悬挑端的边柱上时，该筋伸出到悬挑端头；当支座上部非贯通纵筋呈放射分布时，图纸上应注明配筋间距的定位位置。不同部位的板带支座上部非贯通纵筋相同者，可仅在一个部位注写，其余则在代表非贯通纵筋的线段上注写编号。

比如平面布置图的某部位，在横跨板带支座绘制的对称线段上注有③⟋16@200，在线段一侧的下方注有1 200，表示支座上部③号非贯通纵筋为⟋16@200，自支座中线向两侧跨内的伸出长度均为1 200 mm。

三、拓展应用

（一）填空题

1. 本工程一层顶板配筋图中LB5集中标注中只有下部钢筋，其上部钢筋是用（   ）方式表示的，C轴上4～5轴间应布置板支座负筋（   ），其伸出支座外的长度为（   ）。

2. 本工程图纸中的一层顶板配筋图，2～3轴间LB3下部X向钢筋的配筋值为（   ）。

（二）选择题

1. 同一编号的板块，标注条件可以不相同的是（   ）。

A. 板厚   B. 上部贯通纵筋

C. 板平面形状   D. 贯通纵筋

2. 本工程图纸中，一层顶板配筋图LB3的板厚为（   ）。

A. 120   B. 140

C. 150   D. 图中未明确

3. 有梁楼盖板平法施工图系在板平面布置图上采用（   ）的表达方式绘制。

A. 平面注写   B. 截面注写

C. 列表注写   D. 集中注写

4. 不属于钢筋混凝土板块集中标注的内容是（   ）。

A. 板块编号   B. 板厚

C. 贯通纵筋   D. 非贯通纵筋

四、完成任务笔记和项目评价表

任务笔记和项目评价表分别见表1-6-15、表1-6-16。

表1-6-15　任务笔记

<table>
<tr><td colspan="3">板平法识图笔记</td></tr>
<tr><td colspan="3">班级：　　组别：　　组长：　　组员：</td></tr>
<tr><td rowspan="5">任务</td><td>笔记内容</td><td>完成人及完成时间</td></tr>
<tr><td>有梁楼盖板集中标注内容：</td><td></td></tr>
<tr><td>有梁楼盖板支座原位标注内容：</td><td></td></tr>
<tr><td>无梁楼盖板集中标注内容：</td><td></td></tr>
<tr><td>无梁楼盖板板带支座原位标注内容：</td><td></td></tr>
<tr><td>优点：</td><td>缺点：</td><td>改进计划：</td></tr>
</table>

表1-6-16 项目评价表

评价项目	评价内容	评价标准	评价方式			
			自我评价	小组评价	教师评价	学生评价教师
职业素养	责任意识、任务完成度	5分：自觉遵守课堂、实训室纪律，出色完成知识掌握和运用的任务； 3分：能够遵守规章制度，较好地完成任务； 1分：遵守纪律，任务完成得不彻底				
	学习态度、敬业精神	5分：积极参与教学活动，全勤； 3分：对大部分知识感兴趣并能学习掌握，偶尔缺勤； 1分：只对小部分知识感兴趣，偶尔缺勤				
	团队合作、交流共享意识	5分：积极与同学合作交流，及时完成学习任务； 3分：与大部分同学分享交流，完成学习任务； 1分：喜欢独立思考，自主性较强，完成学习任务				
专业能力	基础知识掌握能力	5分：对本项目全部基础知识能掌握、理解； 3分：对本项目大部分基础知识能掌握、理解； 1分：对本项目感兴趣的基础知识能掌握、理解				
	知识运用能力	5分：本项目测试题正确率达100%； 4分：本项目测试题正确率90%以上； 3分：本项目测试题正确率80%以上； 2分：本项目测试题正确率70%以上； 1分：本项目测试题正确率60%以上				
创新能力		对部分知识点产生新的理解，能提出创新性建议，能改进学习方式、方法（评分标准分别为5分、3分、1分）				
学生姓名			综合评价得分			
授课教师			日期			

任务五　剪力墙平法识图

本节重点学习剪力墙墙身、墙柱、墙梁的列表标注方式和截面标注方式。通过本任务的学习，掌握剪力墙平法施工图的制图规则和注写方式，从而达到准确识读剪力墙图纸的目的。

剪力墙是主要承受风荷载和地震作用所产生的水平剪力的墙体。剪力墙设计与框架柱及梁类构件设计有显著区别，柱、梁属于杆类构件，而剪力墙水平截面的长宽比相对杆类构件的高宽比要大得多。为了表达简便、清晰，平法将剪力墙分为剪力墙柱、剪力墙身和剪力墙梁三类构件分别表达。

剪力墙平法标注分为列表标注方式和截面标注方式两种。

一、剪力墙列表标注方式

（一）编号规定

将剪力墙按剪力墙柱、剪力墙身、剪力墙梁三类构件分别编号。

1. 墙柱编号。

墙柱编号由墙柱类型代号和序号组成，规定见表1-6-17。

表1-6-17　墙柱编号

墙柱类型	代号	序号
约束边缘构件	YBZ	××
构造边缘构件	GBZ	××
非边缘暗柱	AZ	××
扶壁柱	FBZ	××

约束边缘构件包括约束边缘暗柱、约束边缘端柱、约束边缘翼墙、约束边缘转角墙四种。构造边缘构件包括构造边缘暗柱、构造边缘端柱、构造边缘翼墙、构造边缘转角墙四种。墙柱类型图示请参考22G101-1图集的第13、14页。

2. 墙身编号（表1-6-18）。

墙身编号见表1-6-18。

表1-6-18　剪力墙身

编号	标高（m）	墙厚（mm）	水平分布筋	竖向分布筋	拉筋	备注
Q1（两排）	-0.110 ~ 12.260	300	±12@250	±12@250	±8@500	约束边缘构件范围
Q2（两排）	12.260 ~ 49.860	250	±10@250	±10@250	±8@500	

在平法图集中对墙身编号有以下规定。

（1）如若干墙柱的截面尺寸与配筋均相同，仅截面与轴线的关系不同时，可将其编为同一墙柱号；又如若干墙身的厚度尺寸和配筋均相同，仅墙厚与轴线的关系不同或墙身长度不同时，也可将其编为同一编号，但应在图中注明与轴线的几何关系。

（2）当墙身所设置的水平与竖向分布钢筋的排数为2时可不注。

（3）对于分布钢筋网的排数规定：当剪力墙厚度不大于400 mm，应配置双排；当剪力墙厚度大于400 mm，但不大于700 mm时，宜配置三排；当剪力墙厚度大于700 mm时，宜配置四排。

（4）当剪力墙配置的分布筋多于两排时，剪力墙拉筋两端应同时钩住外排水平纵筋和竖向纵筋，还应与剪力墙内排水平纵筋和竖向钢筋绑扎在一起。

3.墙梁编号。

墙梁编号由墙梁类型代号和序号组成，表达形式规定见表1-6-19。

注意实际工程中，当某些墙身需设置暗梁或边框梁时，会在剪力墙平法施工图中绘制暗梁或边框梁的平面布置图并编号，以明确其具体位置。

表1-6-19　墙梁编号

墙梁类型	代号	序号
连梁	LL	××
连梁（对角暗撑配筋）	LL（JC）	××
连梁（交叉斜筋配筋）	LL（JX）	××
连梁（集中对角斜筋配筋）	LL（DX）	××
连梁（跨高比不小于5）	LLk	××
暗梁	AL	××
边框梁	BKL	××

（二）剪力墙柱表中的标注内容

1.标注墙柱编号，绘制该墙柱的截面配筋图，标注墙柱几何尺寸。

2.标注各段墙柱的起止标高，自墙柱根部往上以变截面位置或截面未变但配筋改变处为界分段标注。墙柱根部标高一般指基础顶面标高（部分框支剪力墙结构则为框支梁顶面标高）。

3.标注各段墙柱的纵向钢筋和箍筋，标注值应与表中绘制的截面配筋图对应一致。纵向钢筋注总配筋值；墙柱箍筋的标注方式与柱箍筋相同。约束边缘构件除标注阴影部位的箍筋外，还要在剪力墙平面布置图中标注非阴影区内布置的拉筋或箍筋。

图1-6-19为图集第23页给出剪力墙柱列表注写示意图。

剪力墙柱表

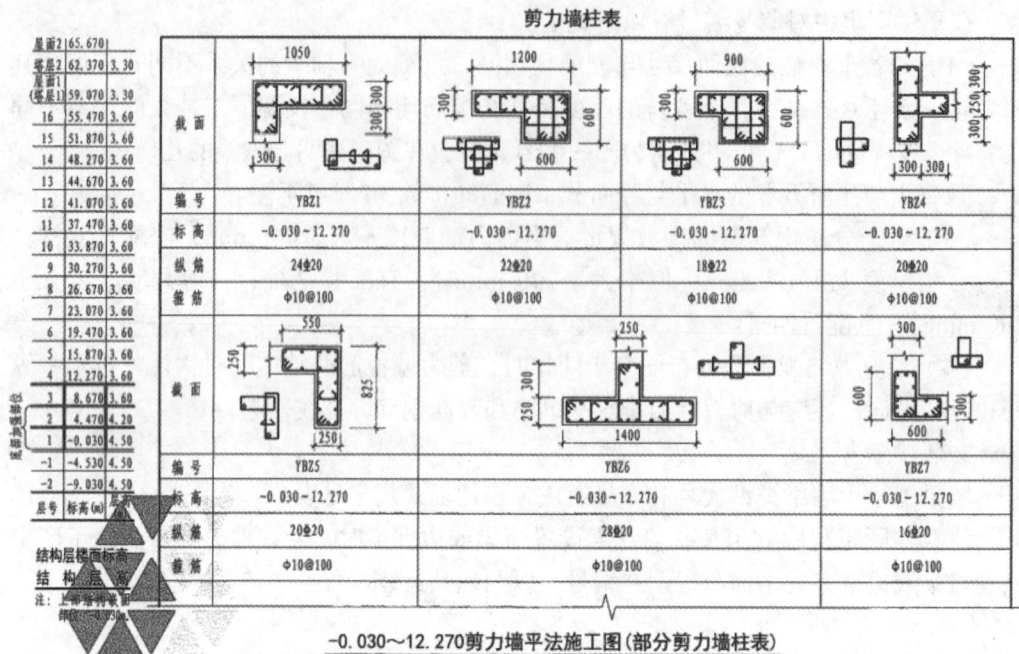

−0.030~12.270剪力墙平法施工图(部分剪力墙柱表)

图1-6-19

（三）剪力墙身表中的标注内容

1. 标注墙身编号（含水平与竖向钢筋的排数）。

2. 标注各段墙身起止标高，自墙身根部往上以变截面位置或截面未变但配筋改变处为界分段标注。墙身根部标高一般指基础顶面标高（部分框支剪力墙结构则为框支梁的顶面标高）。

3. 标注水平分布钢筋、竖向分布钢筋和拉筋的具体数值。

（四）剪力墙梁表中的标注内容

1. 标注墙梁编号。

2. 标注墙梁所在楼层表。

3. 标注墙梁顶面标高高差，系指相对于墙梁所在结构层楼面标高的高差值。高于者为正值，低于值为负值，当无高差时不注。

4. 标注墙梁截面尺寸$b \times h$，上部纵筋、下部纵筋和箍筋的具体数值（表1-6-20）。

表1-6-20　剪力墙梁

编号	所在楼层号	梁顶相对标高高差（mm）	梁截面$b \times h$	上部纵筋	下部纵筋	箍筋
LL1	3~9	0.800	350×2 000	4Φ22	4Φ22	Φ10@100（2）
	10~16	0.800	350×2 000	4Φ20	4Φ20	Φ10@100（2）
	屋面1		250×1 200	4Φ20	4Φ20	Φ10@100（2）

（续表）

编号	所在楼层号	梁顶相对标高高差（mm）	梁截面 $b \times h$	上部纵筋	下部纵筋	箍筋
LL2	3	−1.200	300 × 2 520	4⏀22	4⏀22	⏀10@100（2）
	4	−0.900	300 × 2 070	4⏀22	4⏀22	⏀10@100（2）
	5～9	−0.900	300 × 1 770	4⏀22	4⏀22	⏀10@100（2）
	10～屋面1	−0.900	300 × 1 770	3⏀22	3⏀22	⏀10@100（2）
LL3	3		300 × 2 520	4⏀22	4⏀22	⏀10@100（2）
	4		300 × 2 070	4⏀22	4⏀22	⏀10@100（2）
	5～9		300 × 1 770	4⏀22	4⏀22	⏀10@100（2）
	10～屋面1		250 × 1 770	3⏀22	3⏀22	⏀10@100（2）

二、剪力墙截面标注方式

截面标注方式是指在分标准层绘制的剪力墙平面布置图上，以直接在墙柱、墙身、墙梁上标注截面尺寸和配筋的具体数值的方式来表达剪力墙平法施工图。选用适当比例原位放大绘制剪力墙平面布置图，直接绘制墙柱配筋截面图；首先对所有墙柱、墙身、墙梁分别进行编号，再在相同编号的墙柱、墙身、墙梁中选择一根墙柱、一道墙身、一根墙梁进行标注。22G101-1图集第24页给出了剪力墙截面标注示例，如图1-6-20所示。

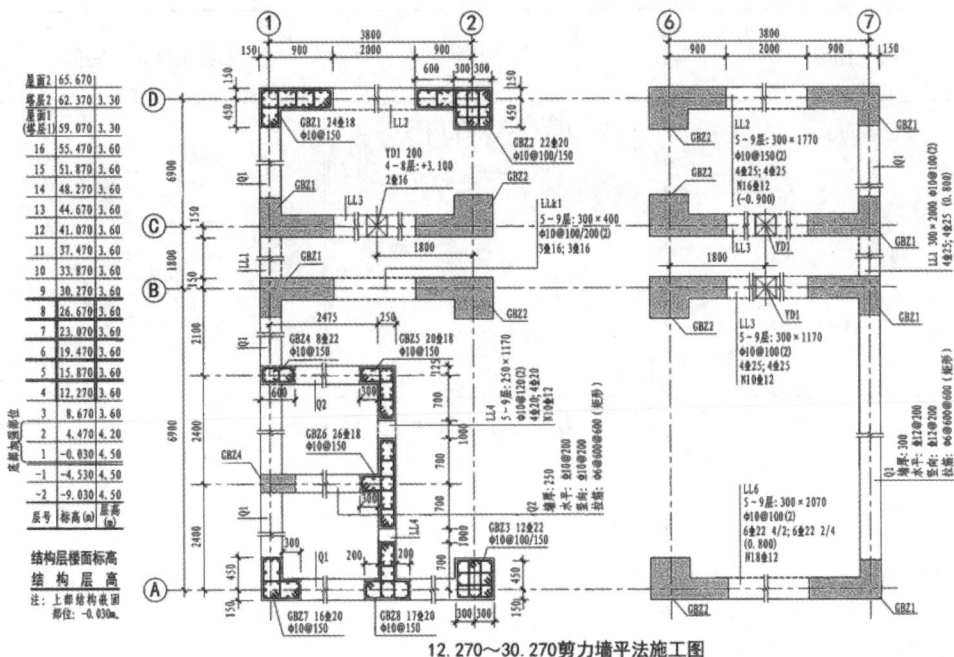

12.270～30.270剪力墙平法施工图

图1-6-20

在22G101-1图集中对截面标注方式有以下规定。

（1）当连梁设有对角暗撑时【代号为LL（JC）××】，标注暗撑的截面尺寸（箍筋外皮尺寸）；标注一根暗撑的全部纵筋，标注×2表明有两根暗撑相互交叉。

（2）当连梁设有交叉斜筋时【代号为LL（JX）××】，标注连梁一侧对角斜筋的配筋值，标注×2表明对称设置；标注对角斜筋在连梁端部设置的拉筋根数、规格及直径，标注×4表示四个角都设置；标注连梁一侧折线筋配筋值，标注×2表明对称设置。

（3）当连梁设有集中对角斜筋时【代号为LL（DX）××】，标注一条对角线上的对角斜筋，标注×2表明对称设置。

（4）当墙身水平分布钢筋不能满足连梁、暗梁及边框梁的侧面纵向构造钢筋要求时，应补充注明梁侧面纵筋的具体数值；标注时，以大写字母N打头，接续标注直径与间距，其在支座内的锚固要求同连梁中受力钢筋。

【例5-1-1】NΦ10@150，表示墙梁两个侧面纵筋对称配置HRB400级钢筋，直径为10 mm，间距为150 mm。

四、完成任务笔记和项目评价表

任务笔记和项目评价表分别见表1-6-21、表1-6-22。

表1-6-21 任务笔记

剪力墙平法识图笔记		
班级：	组别： 组长：	组员：
任务	笔记内容	完成人及完成时间
	剪力墙柱表标注内容：	
	剪力墙身标注内容：	

剪力墙平法识图笔记		
班级：　　　　组别：　　　　组长：　　　　组员：		
任务	笔记内容	完成人及完成时间
	剪力墙梁标注内容：	
	剪力墙截面标注方式：	
优点：	缺点：	改进计划：

表1-6-22　项目评价表

评价项目	评价内容	评价标准	评价方式			
			自我评价	小组评价	教师评价	学生评价教师
职业素养	责任意识、任务完成度	5分：自觉遵守课堂、实训室纪律，出色完成知识掌握和运用的任务； 3分：能够遵守规章制度，较好地完成任务； 1分：遵守纪律，任务完成得不彻底				
	学习态度、敬业精神	5分：积极参与教学活动，全勤； 3分：对大部分知识感兴趣并能学习掌握，偶尔缺勤； 1分：只对小部分知识感兴趣，偶尔缺勤				

评价项目	评价内容	评价标准	评价方式			
			自我评价	小组评价	教师评价	学生评价教师
职业素养	团队合作、交流共享意识	5分：积极与同学合作交流，及时完成学习任务； 3分：与大部分同学分享交流，完成学习任务； 1分：喜欢独立思考，自主性较强，完成学习任务				
专业能力	基础知识掌握能力	5分：对本项目全部基础知识能掌握、理解； 3分：对本项目大部分基础知识能掌握、理解； 1分：对本项目感兴趣的基础知识能掌握、理解				
	知识运用能力	5分：本项目测试题正确率达100%； 4分：本项目测试题正确率90%以上； 3分：本项目测试题正确率80%以上； 2分：本项目测试题正确率70%以上； 1分：本项目测试题正确率60%以上				
创新能力		对部分知识点产生新的理解，能提出创新性建议，能改进学习方式、方法（评分标准分别为5分、3分、1分）				
学生姓名			综合评价得分			
授课教师			日期			

模块二
混凝土工程量计算

项目1　实训须知

任务一　学习目的

建筑工程计量实训课程是一门理论结合实践的技能课，工程计量实训是教学中不可缺少的环节。本实训课程内容依据山东省职教高考技能测试建筑类专业考试范围，借鉴优秀国家规范教材，便于学生学以致用，提高技能实践水平。

任务二　准备工作

1.实训课之前，认真学习工程量计算规则等基础理论知识。

2. 根据实训内容学习教材中的有关章节，理解基本概念和方法，使实训工作能顺利按计划完成。

3.按照实训指导书的要求，于实训前准备好必备的工具，如铅笔、小刀、练习本。

任务三　实训要求

1. 每人根据实训指导书、图纸，按照老师的要求学习理论知识，并计算指定构件工程量。

2.软件操作部分，应该正确使用软件，不损外、破坏电脑。

3.计算过程保证书写规范，计算按照考纲要求不借助计算器，保证计算结果准确、规范。

项目2 四线两面计算

项目描述

基数计算是进行工程量计算的基础，拥有正确的基数数据，便于后期其他工程量的快速、准确计算。"四线两面"基数计算便于后期土方、砌筑工程、混凝土工程等主题项目工程计算。

任务一 四线两面的定义

$L_{中}$——建筑平面图中设计外墙中心线的总长度。

$L_{内}$——建筑平面图中设计内墙净长线长度。

$L_{外}$——建筑平面图中外墙外边线的总长度。

$L_{净}$——建筑基础平面图中内墙砼基础或垫层净长度。

$S_{底}$——建筑物底层建筑面积。

$S_{房}$——建筑平面图中房心净面积。

任务二 四线两面的例题计算

一、例题展示

计算图2-2-1"四线两面"。表2-2-1为工程量计算表。

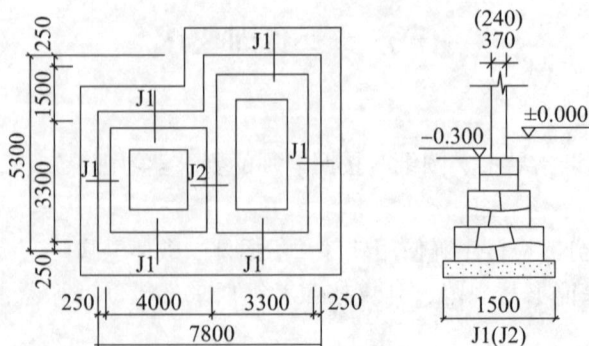

图2-2-1

表2-2-1 工程量计算表

序号	项目	计算过程	工程量	单位
1	$L_{外}$	（7.80+5.30）×2=26.20	26.20	m
2	$L_{中}$	（7.80-0.37）×2+（5.30-0.37）×2=24.72	24.72	m
3	$L_{内}$	3.30-0.24=3.06	3.06	m
4	$L_{净}$	3.30+（0.37/2-0.12）×2-1.50=1.93	1.93	m
5	$S_{底}$	7.80×5.30-4.00×1.50=35.34	35.34	m^2
6	$S_{房}$	（4.00-0.24）×（3.30-0.24）+（3.30-0.24）×（3.30+1.50-0.24）≈25.46	25.46	m^2

拓展补充（表2-2-2、表2-2-3）

表2-2-2 工程量计算表

序号	项目	计算过程	工程量	单位
1	$L_{中}=L_{外}-$墙厚×4	26.20-0.37×4=24.72	24.72	m
2	$S_{房}=S_{底}-L_{中}×$墙厚$-L_{内}×$墙厚	35.34-24.72×0.37-3.06×0.24≈25.46	25.46	m^2

提升能力：推导$L_{净}$、$L_{内}$关系

表2-2-3 工程量计算表

序号	项目	计算过程	工程量	单位
1				m

回顾练习：1.该图中设计室外地坪是（   ）。

2.外墙墙体厚度为（   ）。

3.基础材质是（   ）。

二、拓展应用

根据教材提供图纸，求首层"四线两面"，完成表2-2-4。

表2-2-4 工程量计算表

序号	项目	计算过程	工程量	单位
1	$L_{外}$			m
2	$L_{中}$			m
3	$L_{内}$			m
4	$L_{净}$			m
5	$S_{底}$			m^2
6	$S_{房}$			m^2

三、完成任务笔记和项目评价表

任务笔记和项目评价表分别见表2-2-5、表2-2-6。

表2-2-5 任务笔记

四线两面计算笔记		
班级：	组别：　　　　组长：	组员：
任务	笔记内容	完成人及完成时间
	四线两面定义内容：	
	拓展公式内容：	
优点：	缺点：	改进计划：

表2-2-6 项目评价表

评价项目	评价内容	评价标准	评价方式			
			自我评价	小组评价	教师评价	学生评价教师
职业素养	责任意识、任务完成度	5分：自觉遵守课堂、实训室纪律，出色完成知识掌握和运用的任务； 3分：能够遵守规章制度，较好地完成任务； 1分：遵守纪律，任务完成得不彻底				
	学习态度、敬业精神	5分：积极参与教学活动，全勤； 3分：对大部分知识感兴趣并能学习掌握，偶尔缺勤； 1分：只对小部分知识感兴趣，偶尔缺勤				
	团队合作、交流共享意识	5分：积极与同学合作交流，及时完成学习任务； 3分：与大部分同学分享交流，完成学习任务； 1分：喜欢独立思考，自主性较强，完成学习任务				
专业能力	基础知识掌握能力	5分：对本项目全部基础知识能掌握、理解； 3分：对本项目大部分基础知识能掌握、理解； 1分：对本项目感兴趣的基础知识能掌握、理解				
	知识运用能力	5分：本项目测试题正确率达100%； 4分：本项目测试题正确率90%以上； 3分：本项目测试题正确率80%以上； 2分：本项目测试题正确率70%以上； 1分：本项目测试题正确率60%以上				
创新能力		对部分知识点产生新的理解，能提出创新性建议，能改进学习方式、方法（评分标准分别为5分、3分、1分）				
学生姓名			综合评价得分			
授课教师			日期			

项目3 混凝土基础工程量计算

项目描述

混凝土基础工程计算，根据《建设工程工程量清单计价规范》（GB 50500—2013）和《房屋建筑与装饰工程工程量计算规范》（GB 50854—2013）标准，以《山东省建筑工程消耗量定额》（2016版）计算规则计算图纸中对应工程量。

任务一 混凝土基础工程量计算规则的认识

一、清单计算模式

按照《房屋建筑与装饰工程工程量计算规范》（GB50854—2013）规定，现浇混凝土基础内容包括垫层、带形基础、独立基础、满堂基础、桩承台基础、设备基础，见表2-3-1。

表2-3-1 现浇混凝土基础（编号：010501）

项目编码	项目名称	项目特征	计量单位	工程量计算规则	工程内容
010501001	垫层	1.混凝土种类 2.混凝土强度等级	m³	按设计图示尺寸以体积计算。不扣除伸入承台基础桩头所占体积	1.模板及支架（撑）制作、安装、拆除、堆放、运输及清理模内杂物、刷隔离剂等 2.混凝土制作、运输、浇筑、振捣、养护
010501002	带形基础				
010501003	独立基础				
010501004	满堂基础				
010501005	桩承台基础				
010501006	设备基础	1.混凝土种类 2.混凝土强度等级 3.灌浆材料及其材料等级			

回顾练习：

1.基础按照构造形式分类：（   ）

2.独立基础按照基础底板截面形状分类：（   ）

二、定额计算模式

《山东省建筑工程消耗量定额》（2016版）第五章内容规定如下。

基础：

（1）带形基础，外墙按设计外墙中心线长度，内墙按设计内墙基础净长度乘以设计断面面积，以体积计算。

（2）满堂基础，按设计图示尺寸以体积计算。

（3）箱式满堂基础分别按无梁式满堂基础、柱、墙、梁、板有关规定计算，套用相应定额子目。

（4）独立基础，包括各种形式的独立基础及柱墩，其工程量按图示尺寸以体积计算。柱与柱基的划分以柱基的扩大顶面为分界线。

（5）带形桩承台按带形基础的计算规则计算，独立桩承台按独立基础的计算规则计算。不扣除伸入承台基础的桩头所占体积。

（6）设备基础，除块体基础外，分别按基础、柱、梁、板、墙等有关规定计算，套用相应定额子目。楼层上的钢筋混凝土设备基础，按有梁板项目计算。

任务二　混凝土基础工程量的例题计算

一、例题展示

计算图2-3-1中混凝土基础工程量。表2-3-2为工程量计算表。

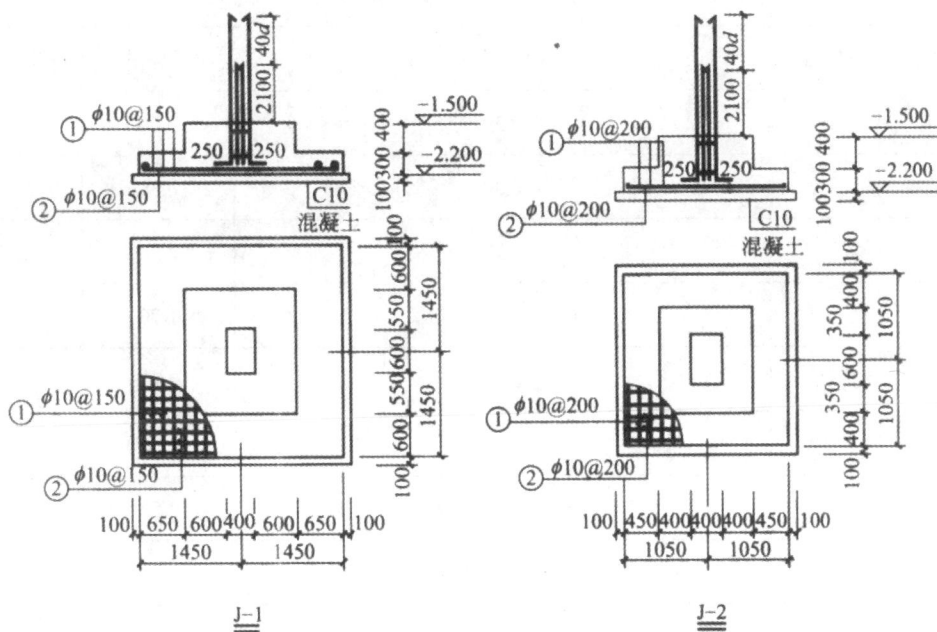

图2-3-1

表2-3-2　工程量计算表

序号	项目	计算过程	工程量	单位
1	H_1	0.30	0.30	m
2	H_2	0.40	0.40	m
3	A_1	1.45+1.45=2.90	2.90	m
4	A_2	0.60+0.40+0.60=1.60	1.60	m
5	B_1	1.45+1.45=2.90	2.90	m
6	B_2	0.55+0.60+0.55=1.70	1.70	m
7	V_1	$A_1 \times B_1 \times H_1$=2.90×2.90×0.30≈2.52	2.52	m³
8	V_2	$A_2 \times B_2 \times H_2$=1.60×1.70×0.40≈1.09	1.09	m³
9	V	V_1+V_2=2.52+1.09=3.61	3.61	m³

二、案例应用

1. 根据教材提供图纸，求结施-08 DJ_j06单个基础混凝土工程量。表2-3-3为工程量计算表。

表2-3-3　工程量计算表

序号	项目	计算过程	工程量	单位
1	H_1	0.30	0.30	m
2	H_2	0.30	0.30	m
3	A_1	2.90	2.90	m
4	A_2	0.85+0.85=1.70	1.70	m
5	B_1	2.90	2.90	m
6	B_2	0.80+0.90=1.70	1.70	m
7	V_1	$A_1 \times B_1 \times H_1$=2.90×2.90×0.30≈2.52	2.52	m³
8	V_2	$A_2 \times B_2 \times H_2$=1.70×1.70×0.30≈0.88	0.88	m³
9	V	V_1+V_2=2.52+0.88=3.40	3.40	m³

2.根据教材提供图纸，求结施-08 DJ$_p$01单个基础工程量。表2-3-4为工程量计算表。

表2-3-4　工程量计算表

序号	项目	计算过程	工程量	单位
1	H_1	0.35	0.35	m
2	H_2	0.25	0.25	m
3	A_1	2.10	2.10	m
4	A_2	0.325+0.375=0.70	0.70	m
5	B_1	2.10	2.10	m
6	B_2	0.325+0.375=0.70	0.70	m
7	V_1	$A_1 \times B_1 \times H_1 = 2.10 \times 2.10 \times 0.35 \approx 1.54$	1.54	m^3
8	V_2	$1/3 \times H_2 \times (A_2 \times B_2 + A_1 \times B_1 + \sqrt{A_2 \times B_2 \times A_1 \times B_1}$ $=1/3 \times 0.25 \times (0.70 \times 0.70 + 2.10 \times 2.10 + 0.7 \times 2.1) \approx 0.53$	0.53	m^3
9	V	$V_1 + V_2 = 1.54 + 0.53 = 2.07$	2.07	m^3

3.根据教材提供图纸，求结施-07 BPB01单个基础工程量。表2-3-5为工程量计算表。

表2-3-5　工程量计算表

序号	项目	计算过程	工程量	单位
1	H_1	0.6	0.60	m
2	A_1	1.00+1.00=2.00	2.00	m
3	B_1	1.00+2.10+1.00=4.10	4.10	m
4	V_1	$A_1 \times B_1 \times H_1 = 2.00 \times 4.10 \times 0.60 = 4.92$	4.92	m^3

三、拓展应用

1.根据教材提供图纸，求结施-07 BPB04单个基础工程量，完成表2-3-6。

表2-3-6　工程量计算表

序号	项目	计算过程	工程量	单位
1	H			
2	S			
3	V			

2. 根据教材提供图纸，求结施-08 DJ$_J$04单个基础混凝土工程量，完成表2-3-7。

表2-3-7　工程量计算表

序号	项目	计算过程	工程量	单位
1	H_1			
2	H_2			
3	A_1			
4	A_2			
5	B_1			
6	B_2			
7	V_1			
8	V_2			
9	V			

3. 根据教材提供图纸，求结施-08 DJ$_p$02单个基础工程量，完成表2-3-8。

表2-3-8　工程量计算表

序号	项目	计算过程	工程量	单位
1	H_1			
2	H_2			
3	A_1			
4	A_2			
5	B_1			
6	B_2			
7	V_1			
8	V_2			
9	V			

任务三 软件校核工程量

一、例题展示软件校核工程量

1. 打开软件，新建轴网，点击"基础"，下拉点击"独立基础"→新建"独立基础"，如图2-3-2所示。

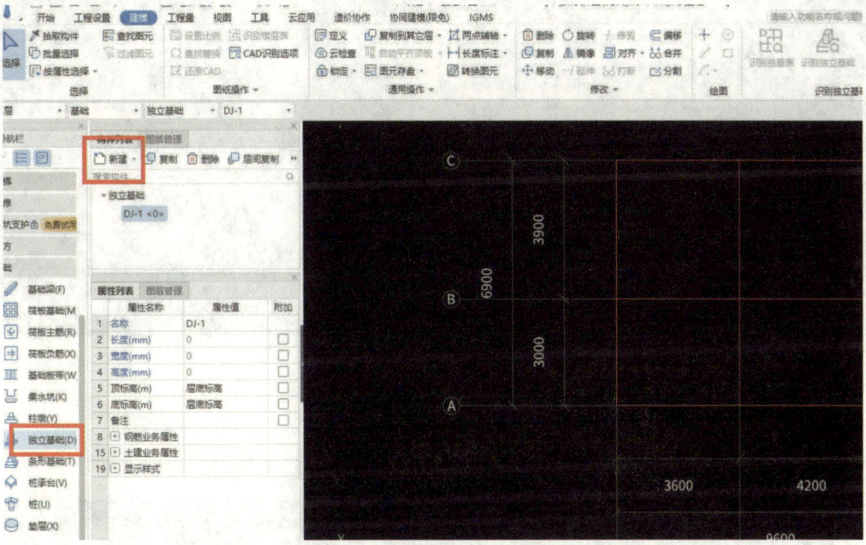

图2-3-2

2. 新建参数化独立基础，选择"独立基础阶型模型"，如图2-3-3所示。

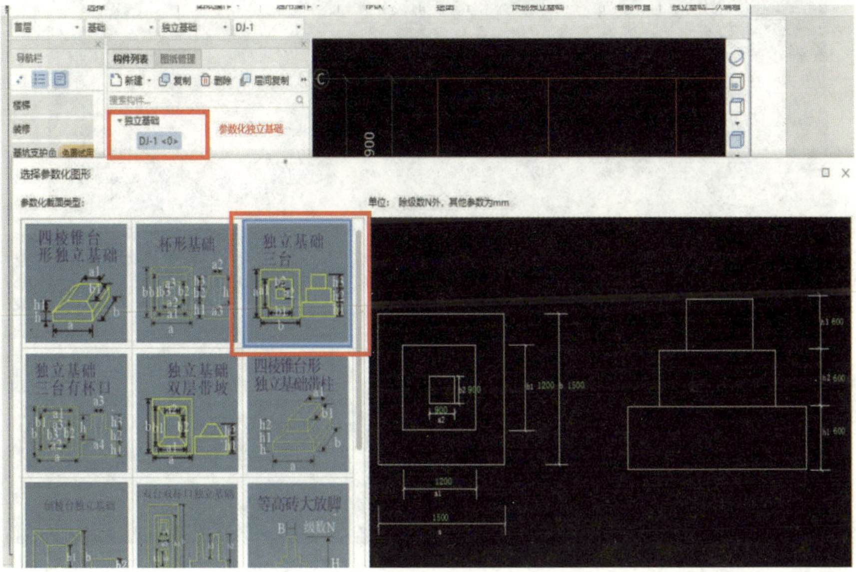

图2-3-3

3. 根据例题识读基础相关数据，输入a，a_1，b，b_1，h_1，h_1（因基础为两阶，第三阶高度尺寸为0），如图2-3-4所示。

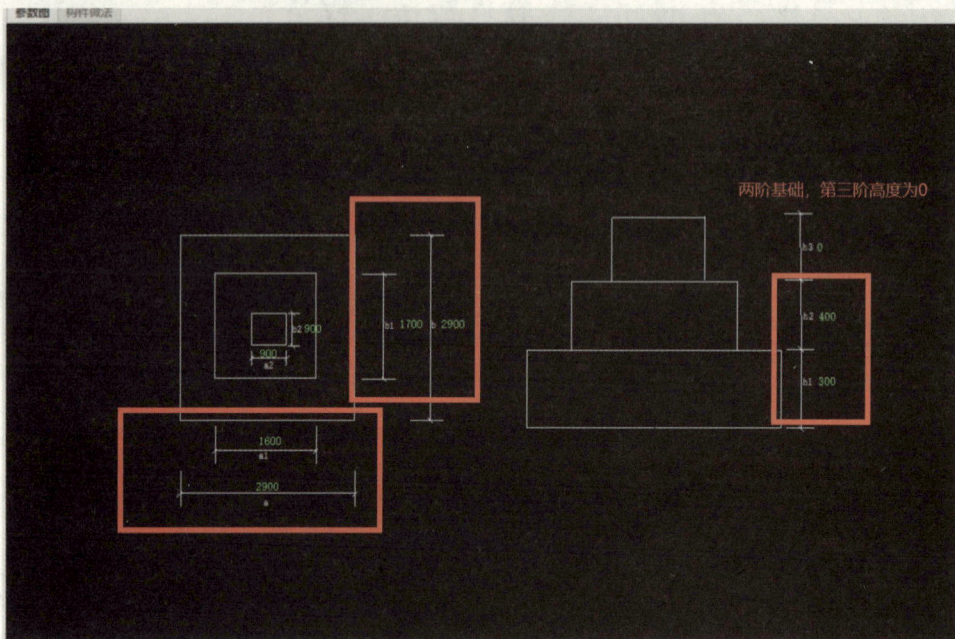

图2-3-4

4. 点击"动态观察"基础模型，如图2-3-5所示。

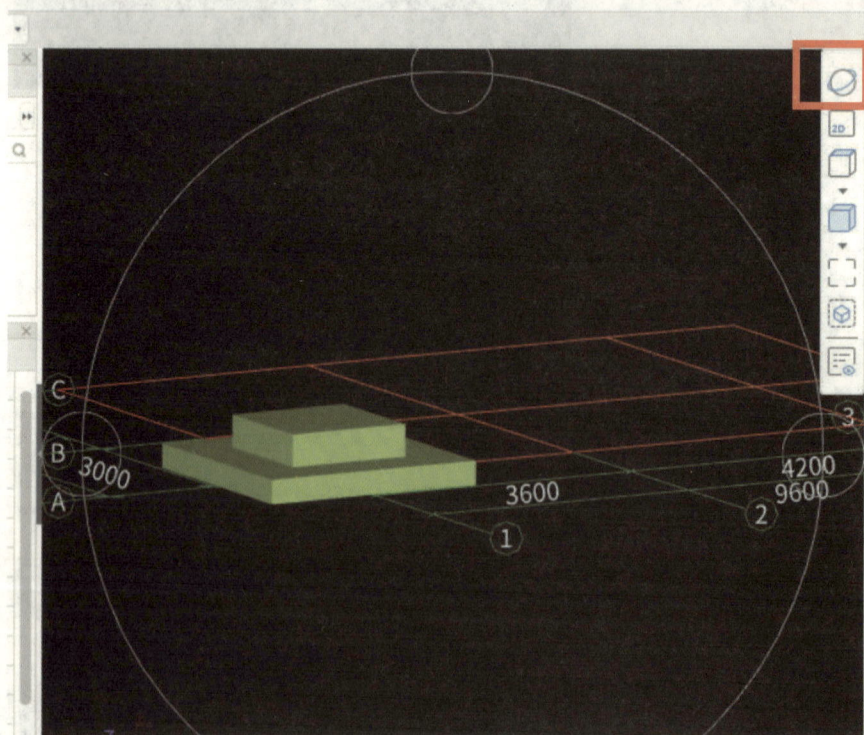

图2-3-5

5. 在工具栏，点击"汇总选中图元"，选中"基础模型"，如图2-3-6所示。

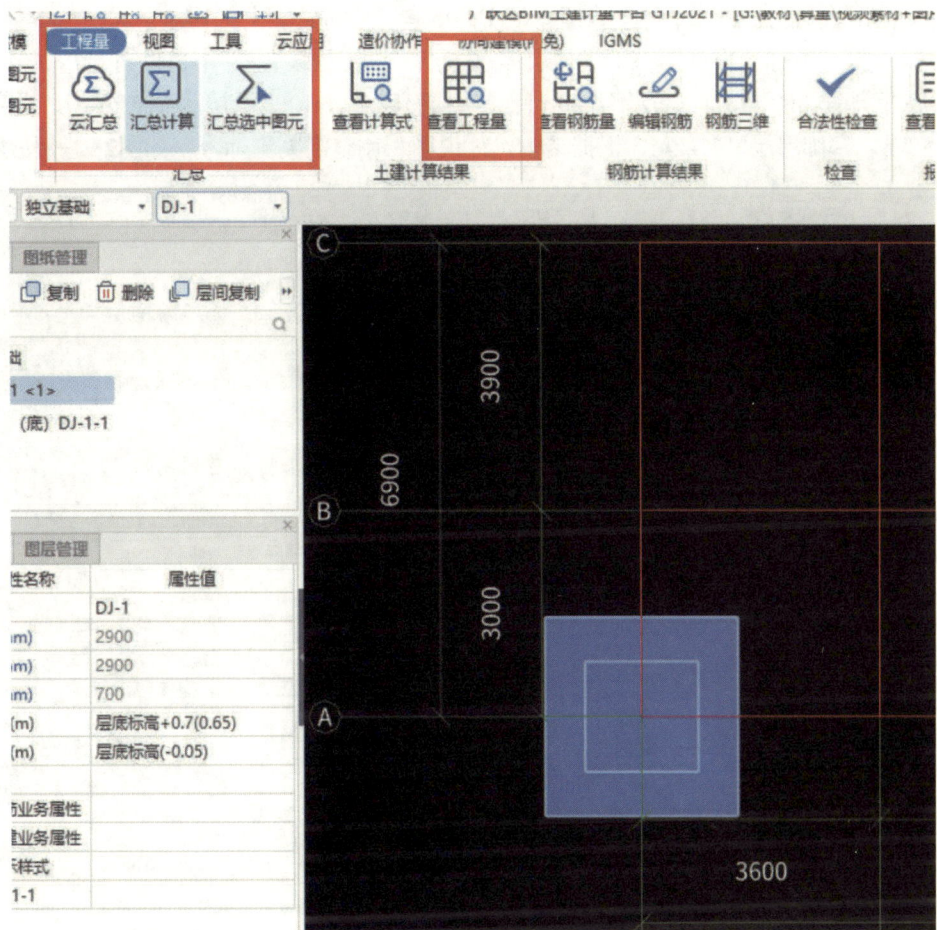

图2-3-6

6. 点击"查看工程量"（图2-3-7），将电算体积结果（保留两位小数）与手算结果（保留两位小数）进行比对，保持两者一致。

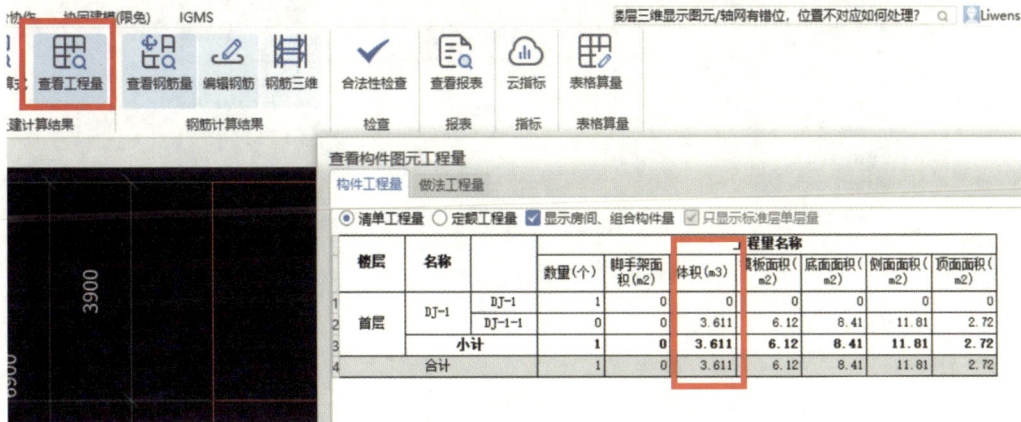

图2-3-7

二、案例应用软件校核工程量

1. 根据教材提供图纸，电算结施-08 DJ$_J$06单个基础混凝土工程量。

（1）打开软件，根据图纸识读楼层信息，点击"工程设置"→"楼层设置"→设置首层底标高-0.050 m、首层层高4.20 m、二层层高4.20 m、三层层高4.25 m、女儿墙层高1.50 m、基础层层高1.45 m，根据结构设计说明，调整混凝土标号，如图2-3-8所示。

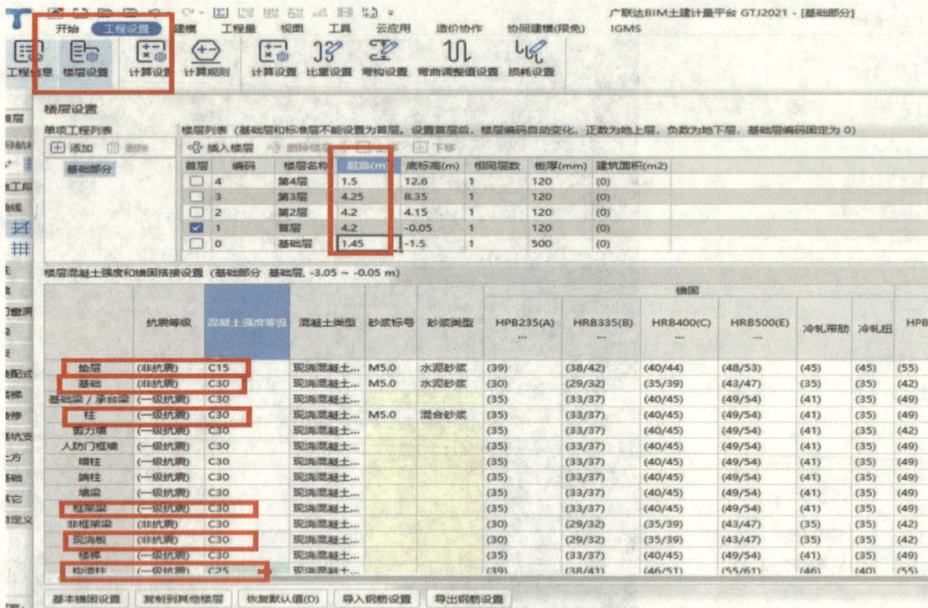

图2-3-8

（2）根据图纸识读轴网信息，新建正交轴网，下开间，如图2-3-9所示。

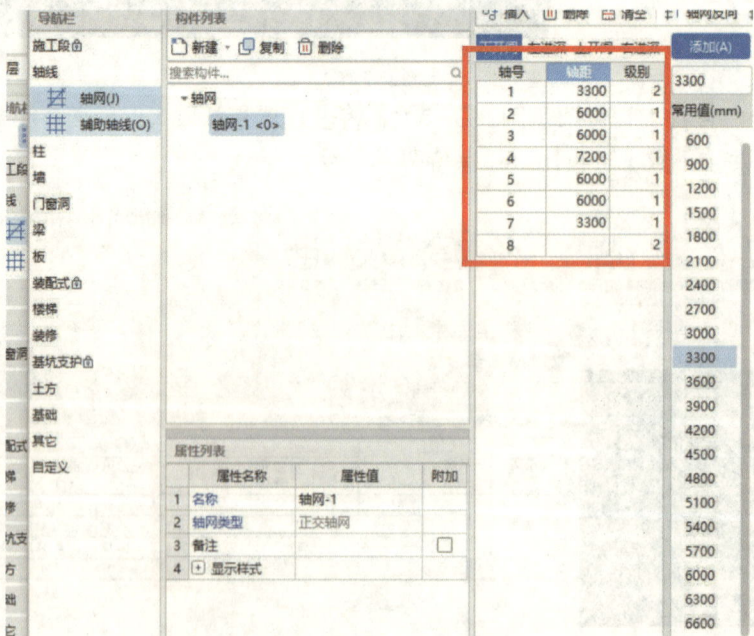

图2-3-9

（3）根据图纸识读轴网信息，输入左进深，数据关闭界面，如图2-3-10所示。

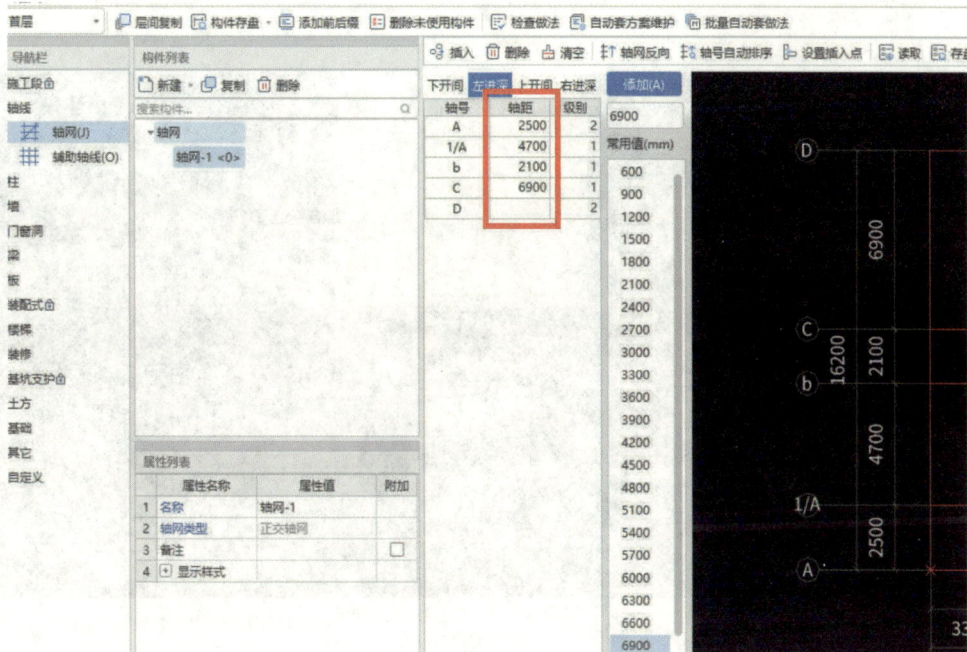

图2-3-10

（4）点击"基础"，下拉点击"独立基础"→新建"独立基础"→新建"参数化独立基础"单元，选择"独立基础阶型模型"，如图2-3-11所示。

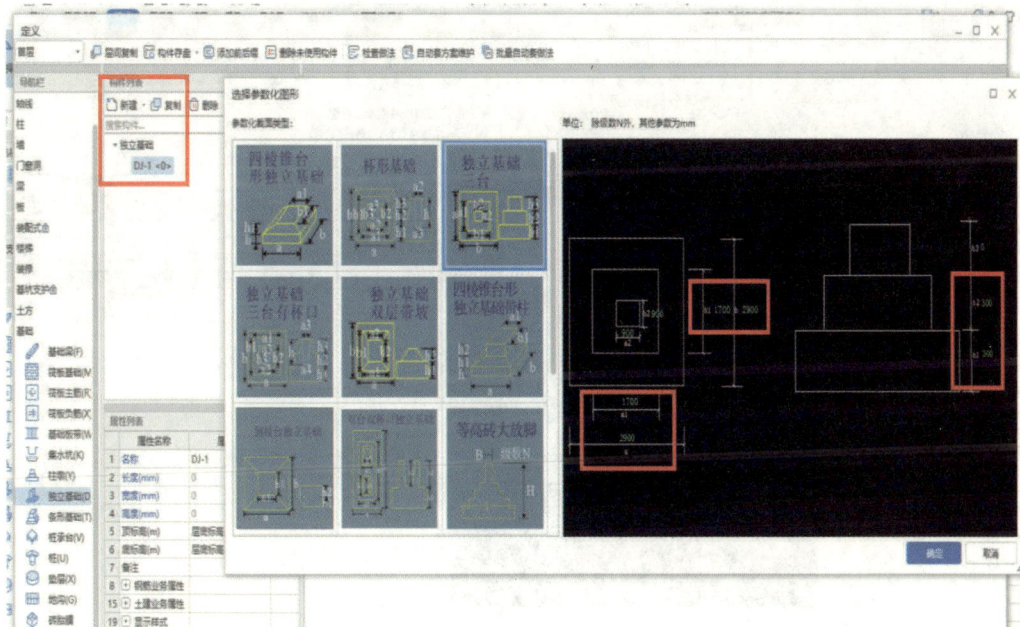

图2-3-11

（5）运用点布置，在指定位置绘制DJ$_{J06}$，并用查改标注修改基础偏心，如图2-3-12所示。

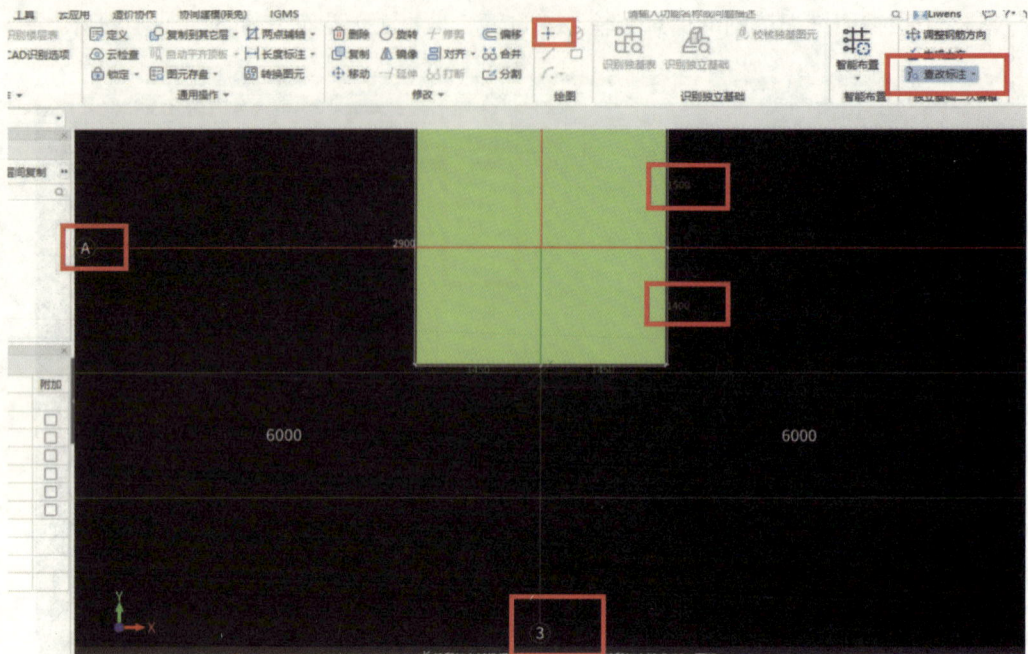

图2-3-12

（6）在工具栏下工程量界面，点击"汇总选中图元"，点击"查看工程量"，如图2-3-13所示，将电算体积结果（保留两位小数）与手算结果（保留两位小数）进行比对，使两者保持在允许误差范围。

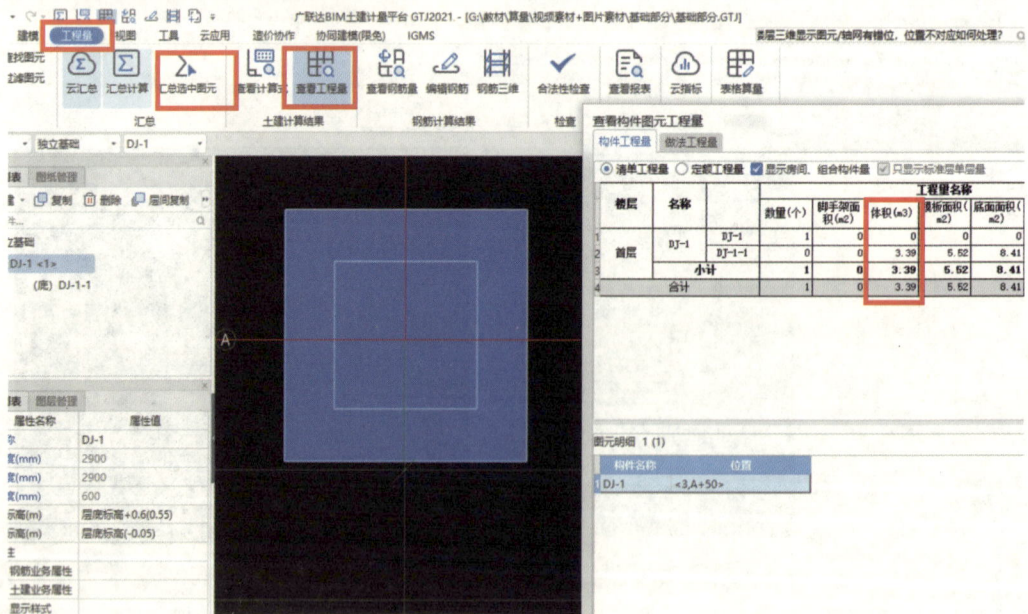

图2-3-13

（7）点击建模界面下，镜像命令，把③轴基础镜像到⑥轴，如图2-3-14所示。

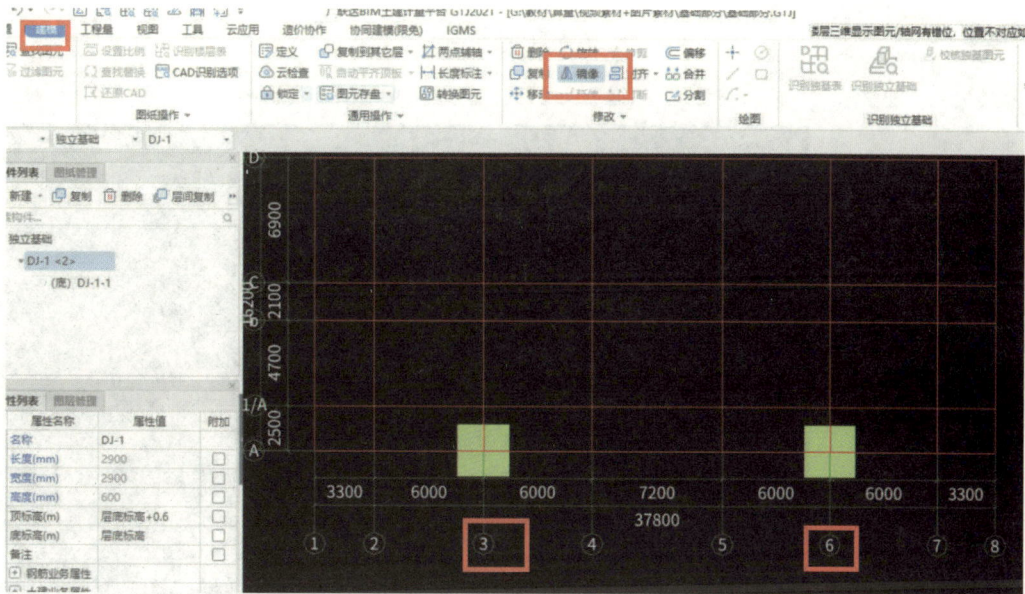

图2-3-14

2. 根据教材提供图纸，电算结施-08 DJ$_p$01单个基础工程量，如图2-3-15所示。

（1）点击基础，下拉点击"独立基础"→新建"独立基础"→新建"参数化独立基础"单元，选择独立基础阶型模型。

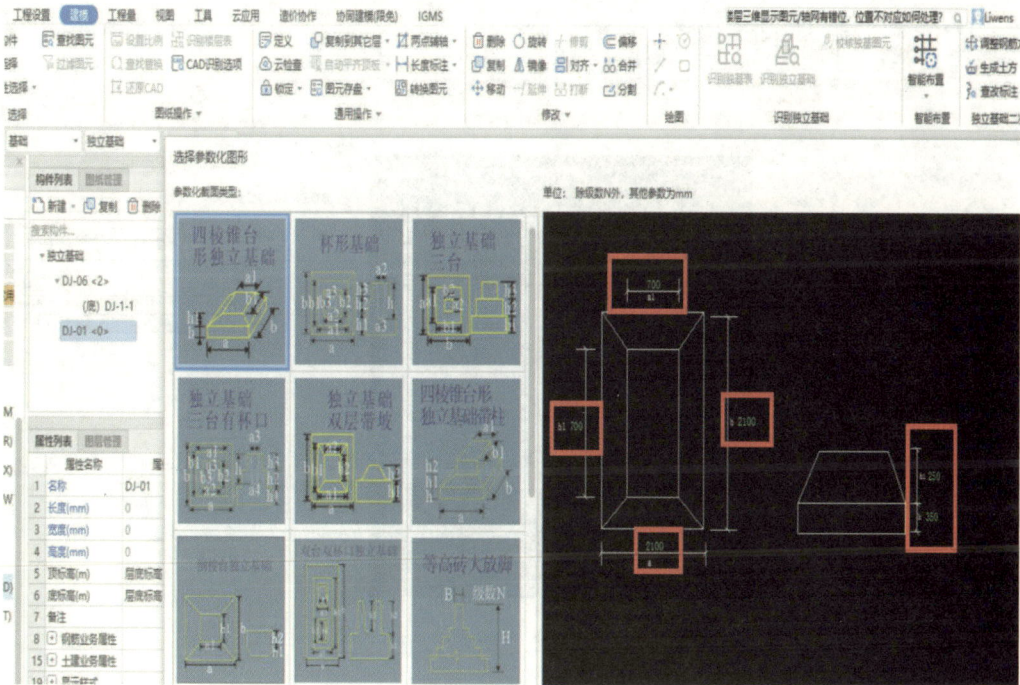

图2-3-15

（2）运用点布置，在指定位置绘制DJ$_p$01，并用查改标注修改基础偏心，如图2-3-16所示。

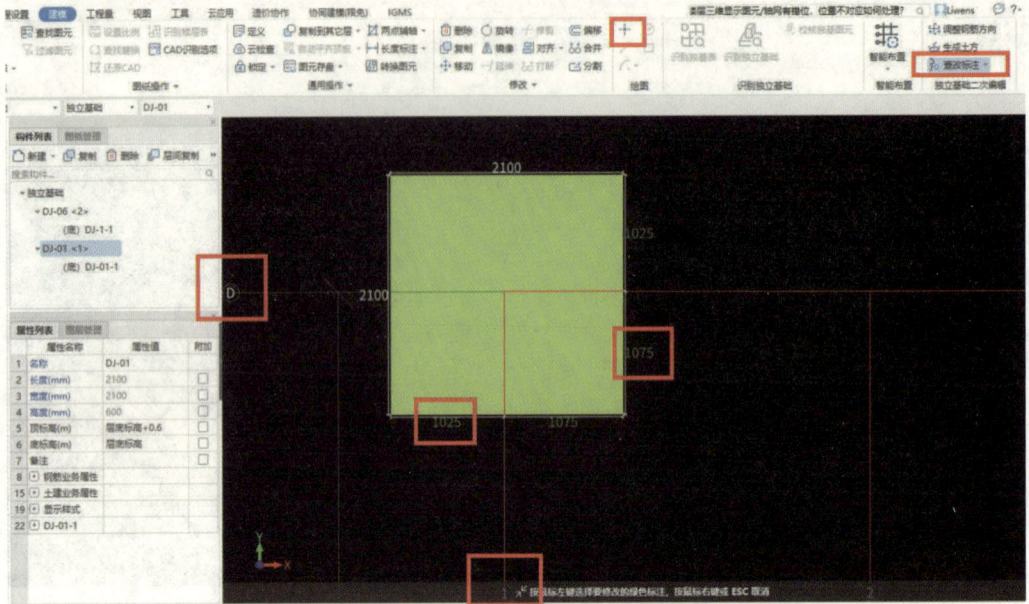

图2-3-16

（3）在工具栏下工程量界面，点击"汇总选中图元"，点击"查看工程量"，如图2-3-17所示，将电算体积结果（保留两位小数）与手算结果（保留两位小数）进行比对，保持两者一致。

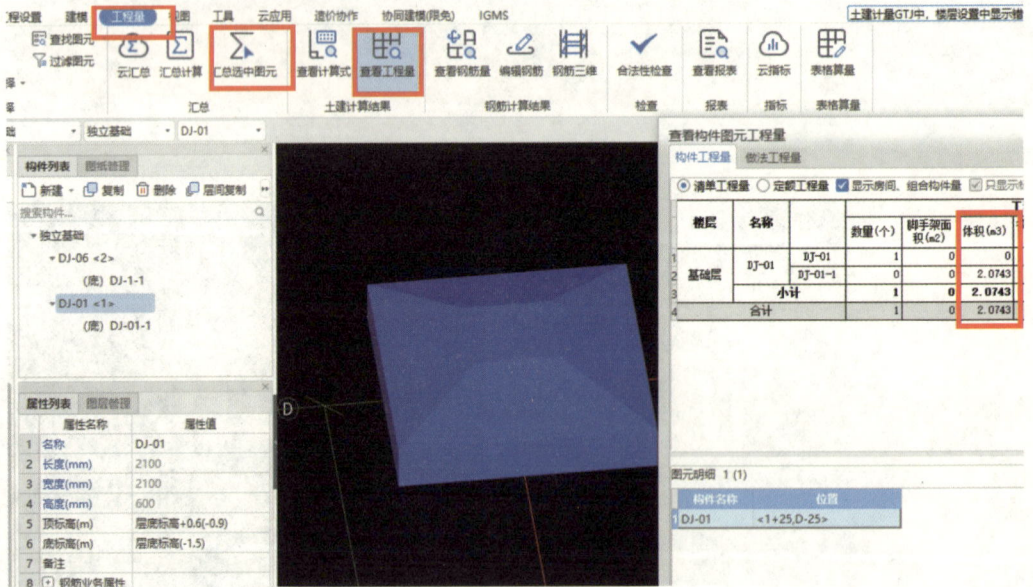

图2-3-17

（4）点击"建模"界面下，镜像命令，把①轴基础镜像到⑧轴（图2-3-18）。

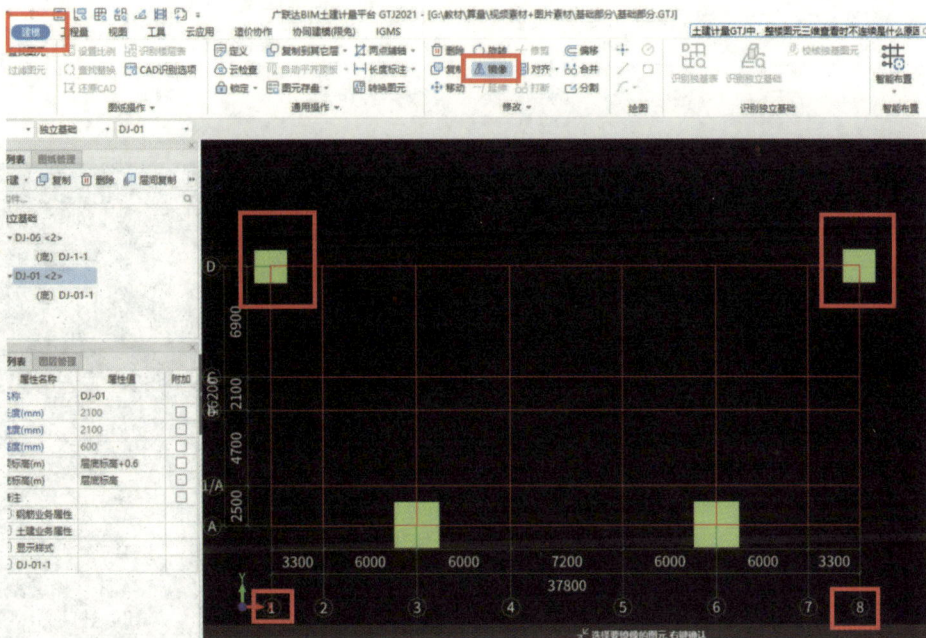

图2-3-18

3. 根据教材提供图纸，电算结施-07 BPB01单个基础工程量，如图2-3-19所示。

（1）点击基础，下拉点击"筏板基础"→新建"筏板基础"→厚度输入600 mm。

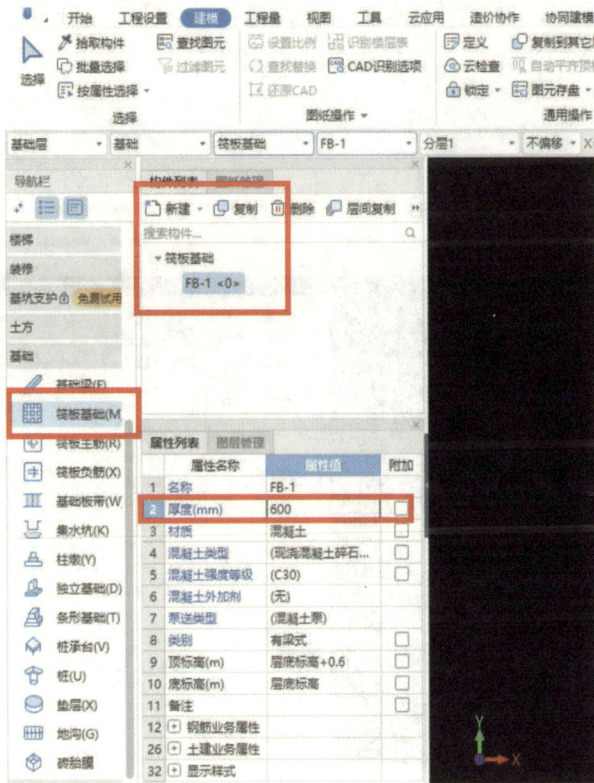

图2-3-19

（2）点击建模界面，运用直线，shift+左键，拾取点绘制筏板基础，如图2-3-20所示。

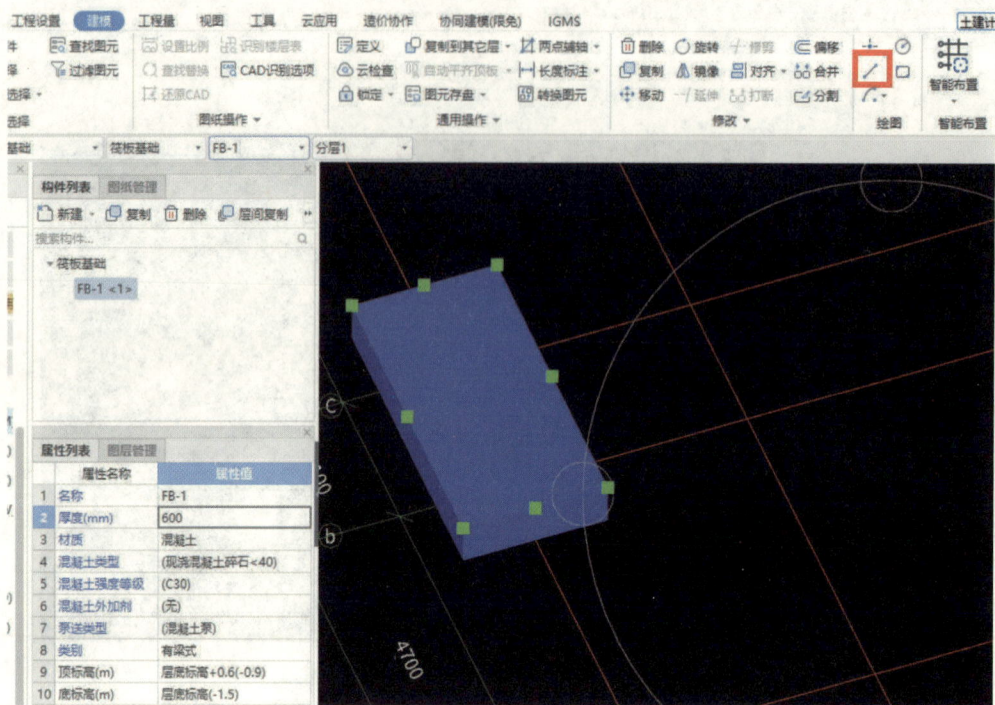

图2-3-20

（3）在工具栏工程量界面下，点击"汇总选中图元"，点击"查看工程量"图2-3-21，将电算体积结果（保留两位小数），与手算结果（保留两位小数）进行比对，保持两者一致。

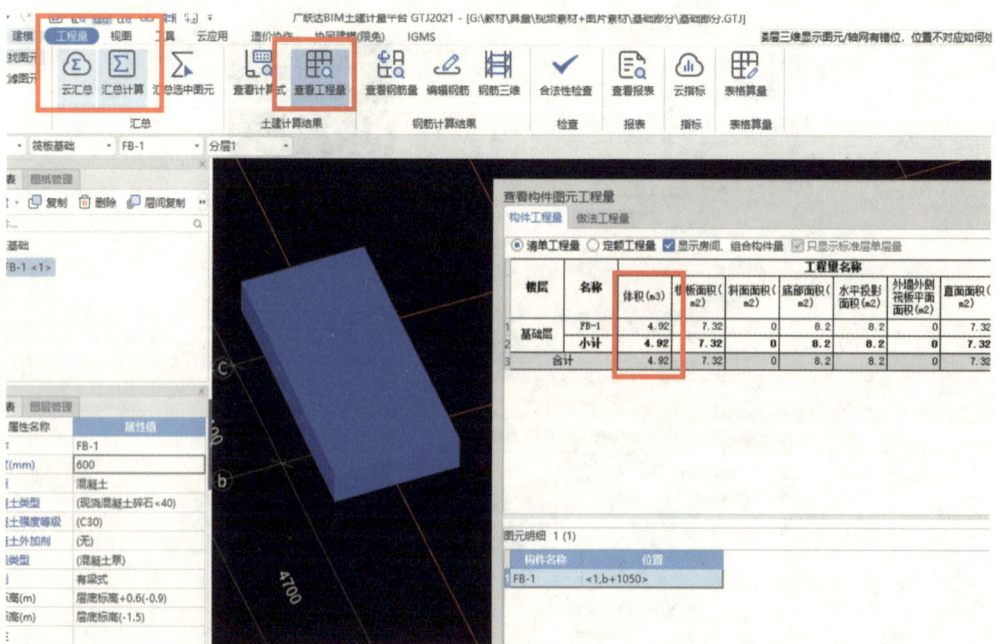

图2-3-21

三、拓展应用软件校核工程量（学生自主绘制模型，校对工程量）

1.根据教材提供图纸，电算结施-07 BPB04单个基础工程量。

2.根据教材提供图纸，电算结施-08 DJ$_j$04单个基础混凝土工程量。

3.根据教材提供图纸，电算结施-08 DJ$_p$02单个基础工程量。

四、完成任务笔记和项目评价表

任务笔记和项目评价表分别见表2-3-9、表2-3-10。

表2-3-9 任务笔记

混凝土基础工程量计算笔记			
班级：	组别：	组长：	组员：
任务	笔记内容		完成人及完成时间
	混凝土基础工程量计算规则的内容：		
	混凝土基础工程量手算计算的内容：		
	混凝土基础工程量软件操作步骤内容：		
优点：	缺点：		改进计划：

表2-3-10 项目评价表

评价项目	评价内容	评价标准	评价方式			
			自我评价	小组评价	教师评价	学生评价教师
职业素养	责任意识、任务完成度	5分：自觉遵守课堂、实训室纪律，出色完成知识掌握和运用的任务； 3分：能够遵守规章制度，较好地完成任务； 1分：遵守纪律，任务完成得不彻底				
	学习态度、敬业精神	5分：积极参与教学活动，全勤； 3分：对大部分知识感兴趣并能学习掌握，偶尔缺勤； 1分：只对小部分知识感兴趣，偶尔缺勤				
	团队合作、交流共享意识	5分：积极与同学合作交流，及时完成学习任务； 3分：与大部分同学分享交流，完成学习任务； 1分：喜欢独立思考，自主性较强，完成学习任务				
专业能力	基础知识掌握能力	5分：对本项目全部基础知识能掌握、理解； 3分：对本项目大部分基础知识能掌握、理解； 1分：对本项目感兴趣的基础知识能掌握、理解				
	知识运用能力	5分：本项目测试题正确率达100%； 4分：本项目测试题正确率90%以上； 3分：本项目测试题正确率80%以上； 2分：本项目测试题正确率70%以上； 1分：本项目测试题正确率60%以上				
	创新能力	对部分知识点产生新的理解，能提出创新性建议，能改进学习方式、方法（评分标准分别为5分、3分、1分）				
	学生姓名		综合评价得分			
	授课教师		日期			

项目4　混凝土柱工程量计算

项目描述

混凝土柱工程量计算是职教高考技能测试考纲中混凝土算量重点考核模块，也是BIM钢筋算量中的重点考核模块。根据《建设工程工程量清单计价规范》（GB 50500—2013）、《房屋建筑与装饰工程工程量计算规范》（GB 50854—2013）和《山东省建筑工程消耗量定额》（2016版）为依据来计算规则计算图纸中对应的工程量。

任务一　混凝土柱工程量计算规则的认识

一、清单计算模式

按照《房屋建筑与装饰工程工程量计算规范》（GB50854—2013）规定，现浇混凝土柱内容包括矩形柱、构造柱和异形柱，如表2-4-1所示。

表2-4-1　现浇混凝土柱（编号：010502）

项目编码	项目名称	项目特征	计量单位	工程量计算规则	工程内容
010502001	矩形柱	1.混凝土种类； 2.混凝土强度等级	m³	按设计图示尺寸以体积计算柱高。 1. 有梁板的柱高，应以自柱基上表面（或楼板上表面）至上一层楼板上表面之间的高度计算； 2. 无梁板的柱高，应以自柱基上表面（或楼板上表面）至柱帽下表面之间的高度计算； 3. 框架柱的高度，应以自柱基上表面至柱顶高度计算； 4. 构造柱按全高计算，嵌接墙体部分并入柱身体积计算； 5. 依附柱上的牛腿和升板的柱帽，并入柱身体积计算	1. 模板及支架（撑）制作、安装、拆除、堆放、运输及清理模内杂物、刷隔离剂等； 2. 混凝土制作、运输、浇筑、振捣、养护
010502002	构造柱				
010502003	异形柱	1.柱形状； 2.混凝土种类； 3.混凝土强度等级			

拓展补充：

首层柱高求解：

（1）有地下室情况；

（2）无地下室情况。

二、定额计算模式

按照《山东省建筑工程消耗量定额》（2016版）第五章内容规定：柱按图示断面尺寸乘以柱高以体积计算。柱高按下列规定确定。

（1）现浇混凝土柱与基础划分，以基础扩大面的顶面为分界线，以下为基础，以上为柱。框架柱的柱高，以自柱基上表面至柱顶高度计算。

（2）板的柱高，以自柱基上表面（或楼板上表面）至上一层楼板上表面之间的高度计算。

（3）无梁板的柱高，以自柱基上表面（或楼板上表面）至柱帽下表面之间的高度计算。

（4）构造柱按设计高度计算，与墙嵌接部分（马牙槎）的体积，按构造柱出槎长度的一半（有槎与无槎的平均值）乘以出槎宽度，再乘以构造柱柱高，并入构造柱体积计算。

（5）依附柱上的牛腿，并入柱体积内计算。

任务二　混凝土柱工程量的例题计算

一、例题展示

建筑物一层层高为3.9 m。图2-4-1中，现浇钢筋混凝土KZ断面为600 mm×600 mm，KL-1断面为300 mm×600 mm，KL-2断面为300 mm×500 mm，板厚为200 mm。计算图2-4-1中混凝土柱工程量。

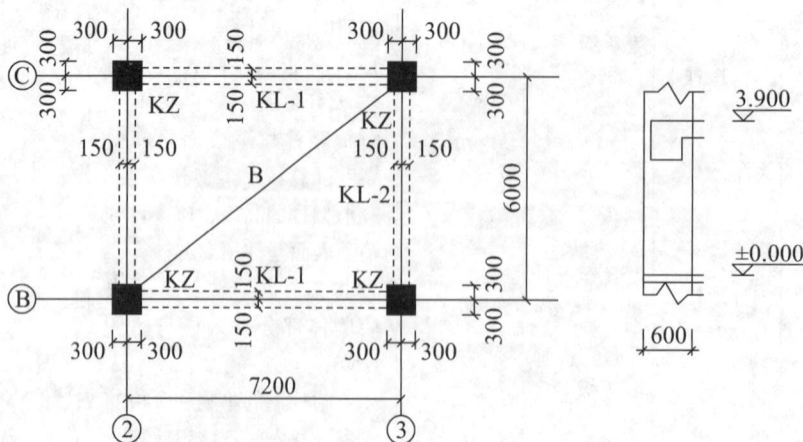

图2-4-1

表2-4-2 工程量计算表

序号	项目	计算过程	工程量	单位
1	H	3.90	3.90	m
2	S	$0.6 \times 0.6 = 0.36$	0.36	m^2
3	V	$3.9 \times 0.36 \times 4 \approx 5.62$	5.62	m^3

二、案例应用

根据教材提供图纸，求结施-09首层KZ10混凝土工程量，表2-4-3为工程量计算表。

表2-4-3 工程量计算表

序号	项目	计算过程	工程量	单位
1	H	$4.15 - (-0.9) = 5.05$	5.05	m
2	S	$3.14 \times 0.45 \times 0.45 \approx 0.64$	0.64	m^2
3	V	$5.05 \times 0.64 \times 2 \approx 6.46$	6.46	m^3

三、拓展应用

根据教材提供图纸，求结施-09、结施-10、结施-11图中，D轴交①②轴KZ4、KZ5'全柱高混凝土工程量，完成表2-4-4。

表2-4-4 工程量计算表

序号	项目	计算过程	工程量	单位
1	H_{KZ4}			
2	S_{KZ4}			
3	V_{KZ4}			
4	$H_{KZ5'}$			
5	$S_{KZ5'}$			
6	$V_{KZ5'}$			
7	V			

任务三　软件校核工程量

一、例题展示软件校核工程量

1. 打开软件，根据例题识读轴网，新建正交轴网，输入下开间7 200，如图2-4-2所示。

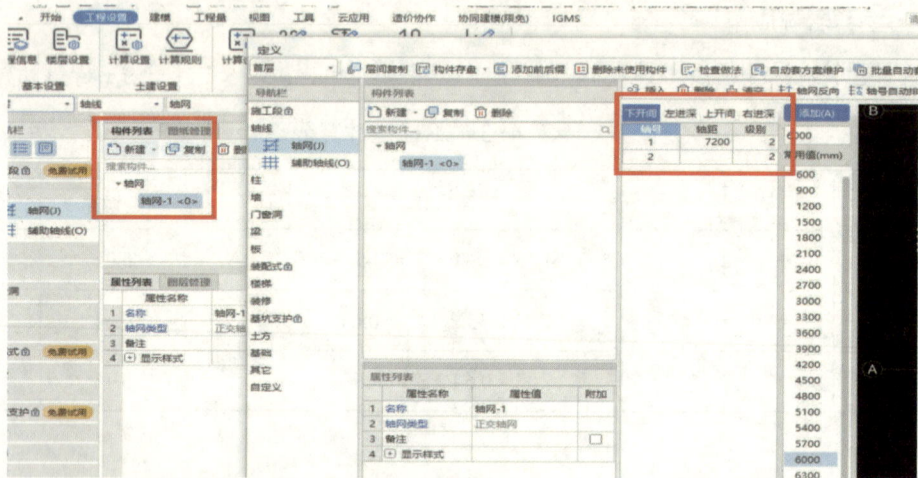

图2-4-2

2. 输入左进深6 000，关闭界面，如图2-4-3所示。

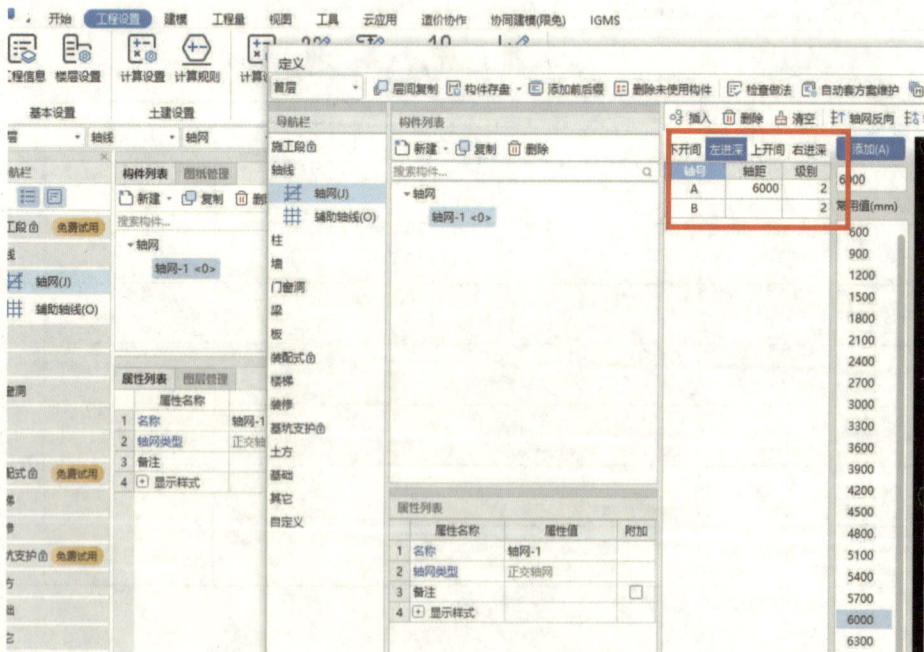

图2-4-3

3. 根据例题要求，点击"工程设置"→"楼层设置"→设置首层层高3.9 m，如图2-4-4所示。

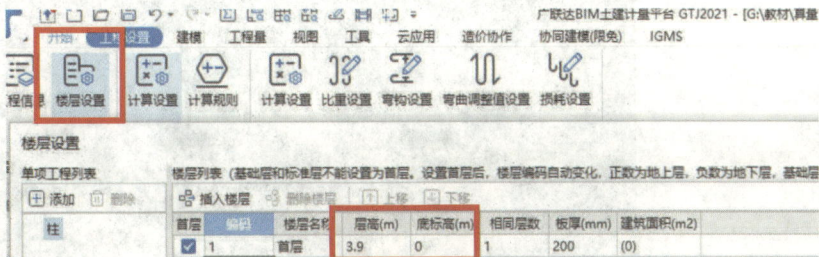

图2-4-4

4. 点击"柱"，下拉点击"柱"→"新建框架柱"，根据例题识读KZ截面尺寸600 mm×600 mm，输入指定位置，如图2-4-5所示。

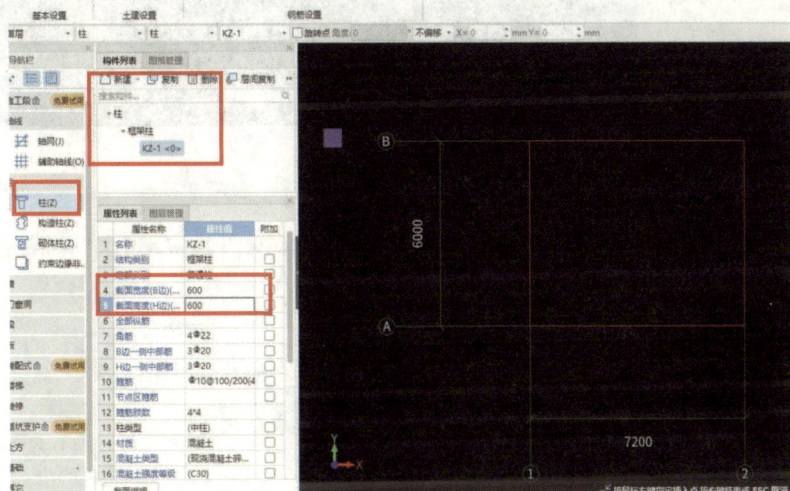

图2-4-5

5. 在建模界面，运用点，绘制所有KZ，如图2-4-6所示。

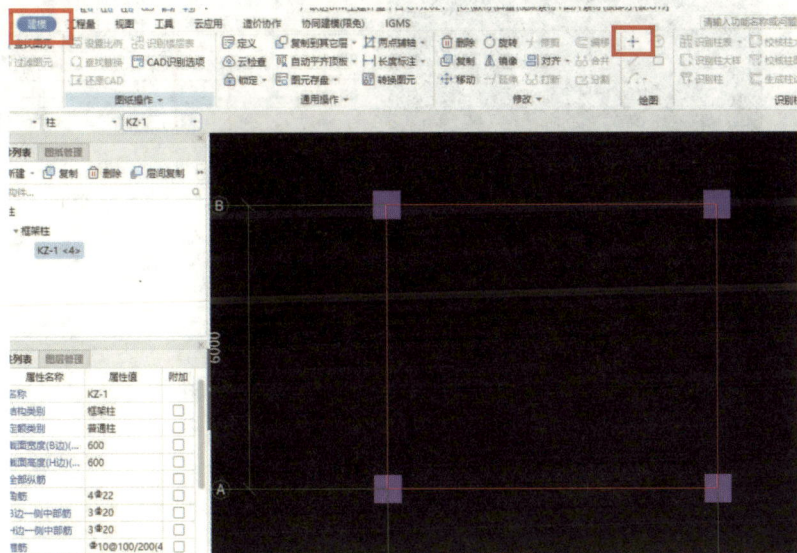

图2-4-6

6.动态观察柱模型，柱高3.9 m，如图2-4-7所示。

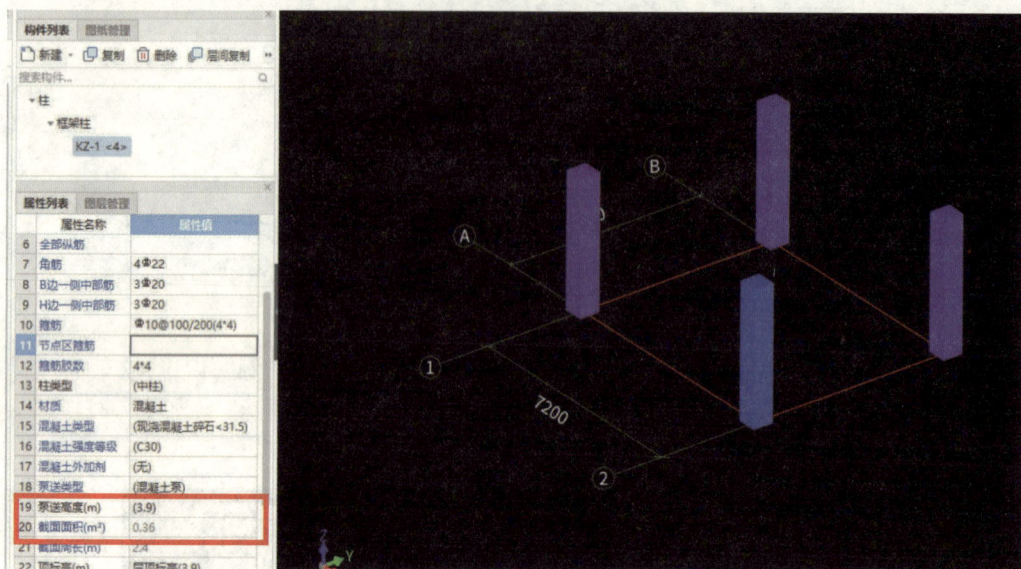

图2-4-7

7. 点击"汇总选中图元"，选中"柱模型"，点击"查看工程量"（图2-4-8），将电算体积结果（保留两位小数）与手算结果（保留两位小数）进行比对，保持两者一致。

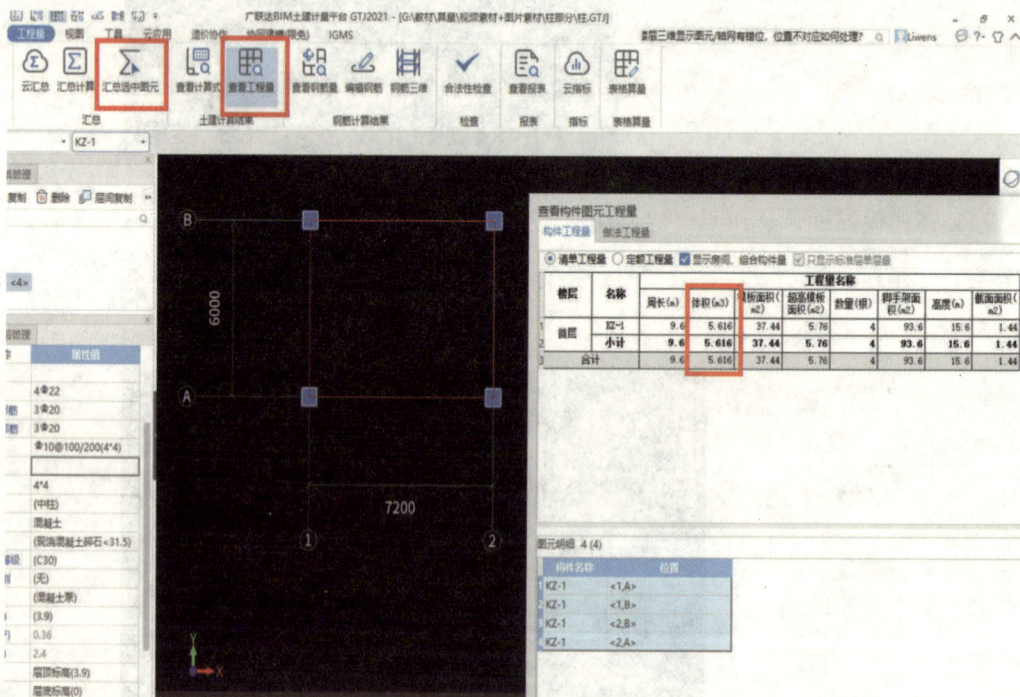

图2-4-8

二、案例应用软件校核工程量

根据教材提供图纸，电算结施-09首层KZ10混凝土工程量。

1.点击"基础"，下拉点击"独立基础"→新建"独立基础"→新建"参数化独立基础"单元，选择独立基础阶型模型，绘制DJ_{J07}在④、⑤-1/A轴上（图2-4-9）。

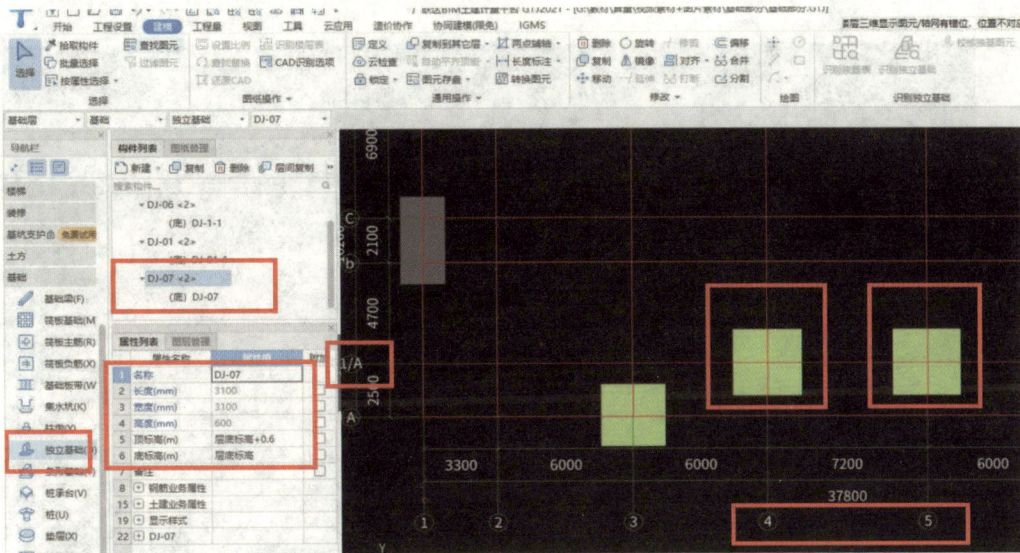

图2-4-9

2.点击"柱"，下拉点击"柱"→新建"圆形柱"，根据图纸识读KZ10半径450 mm，输入指定位置，如图2-4-10所示。

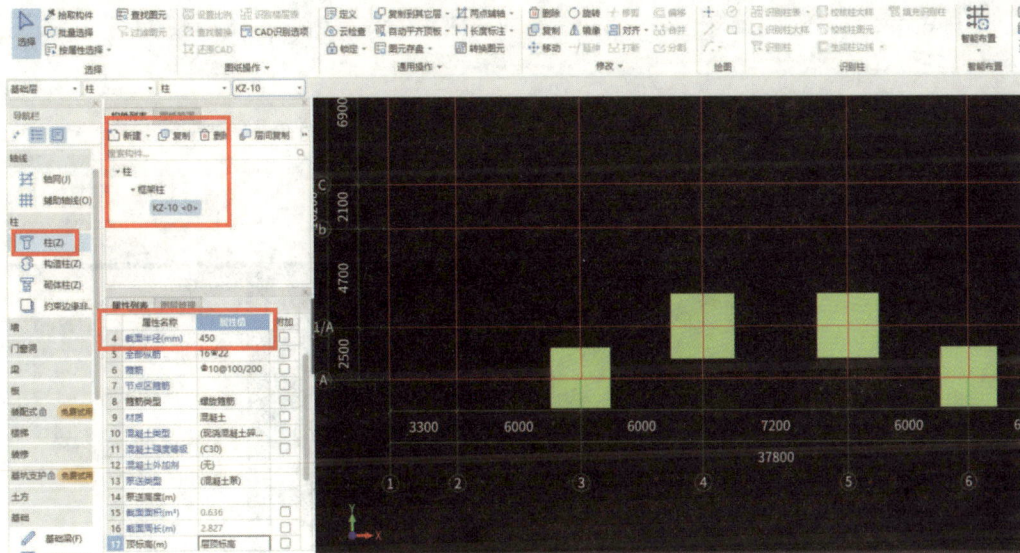

图2-4-10

3. 点击"建模"，在基础层运用点，绘制KZ10，如图2-4-11所示。

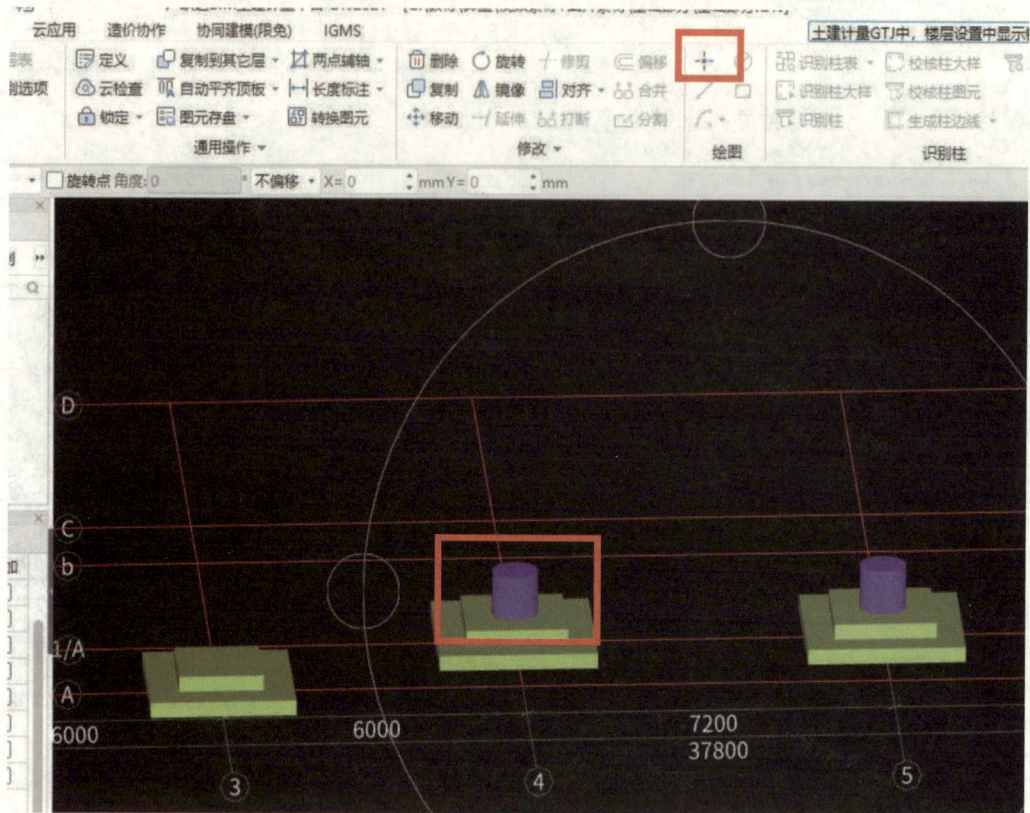

图2-4-11

4. 点击"建模"，选中KZ10，"复制到其他楼层"，选择"复制到首层"，如图2-4-12所示。

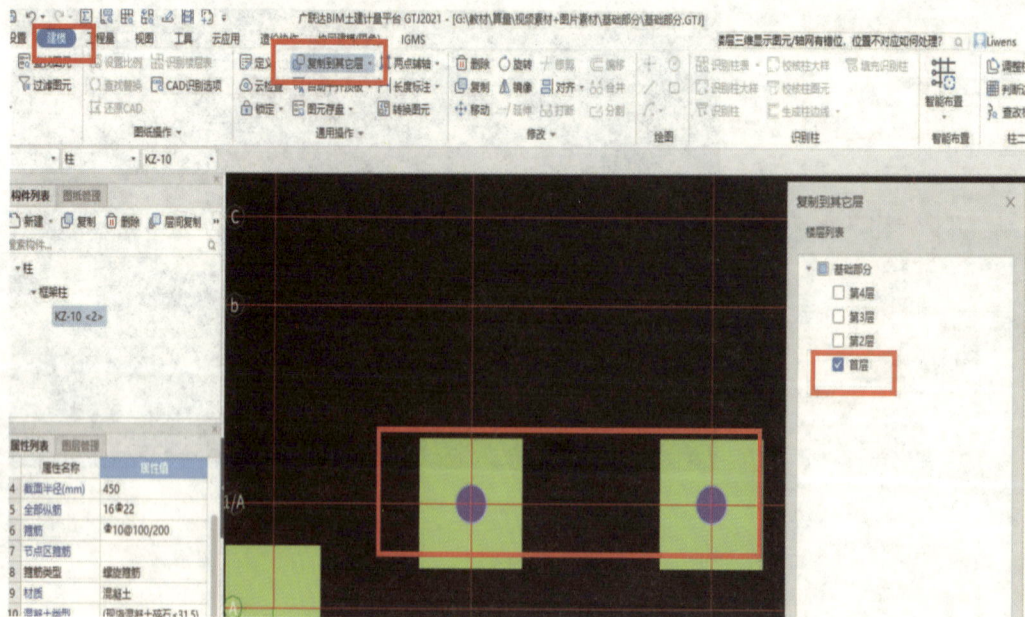

图2-4-12

5. 选择相邻楼层，动态观察柱模型，如图2-4-13所示。

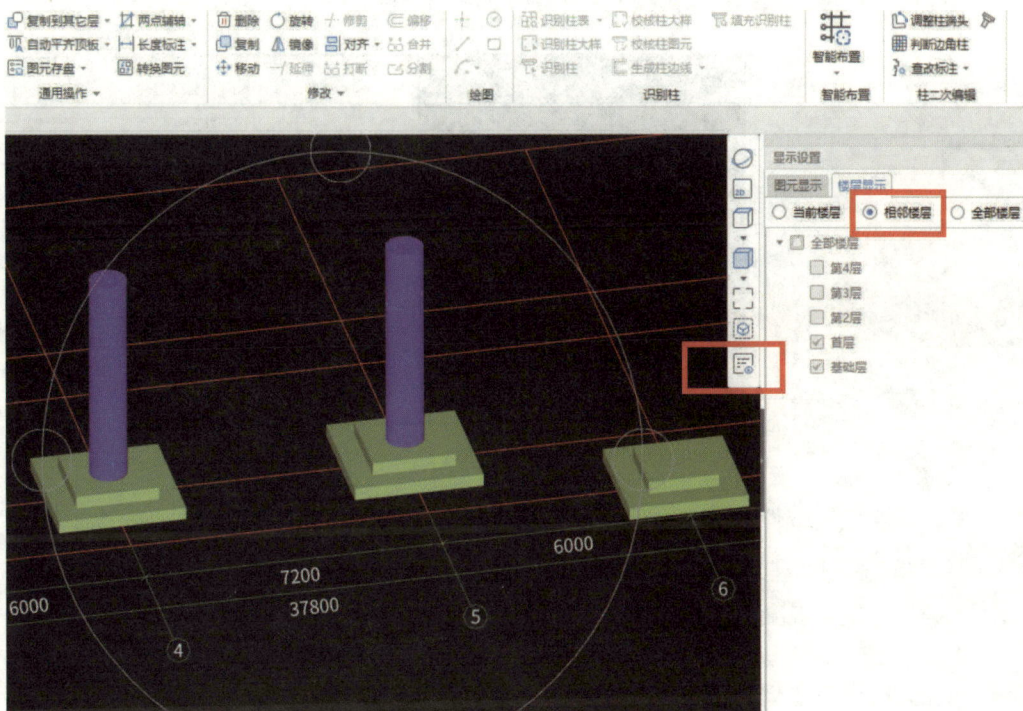

图2-4-13

6. 点击"汇总选中图元"，选"中柱模型"，点击"查看工程量"，如图2-4-14、图2-4-15所示，将首层、基础层柱电算体积之和结果（保留两位小数）与手算结果（保留两位小数）进行比对，保持两者一致且在允许误差范围内。

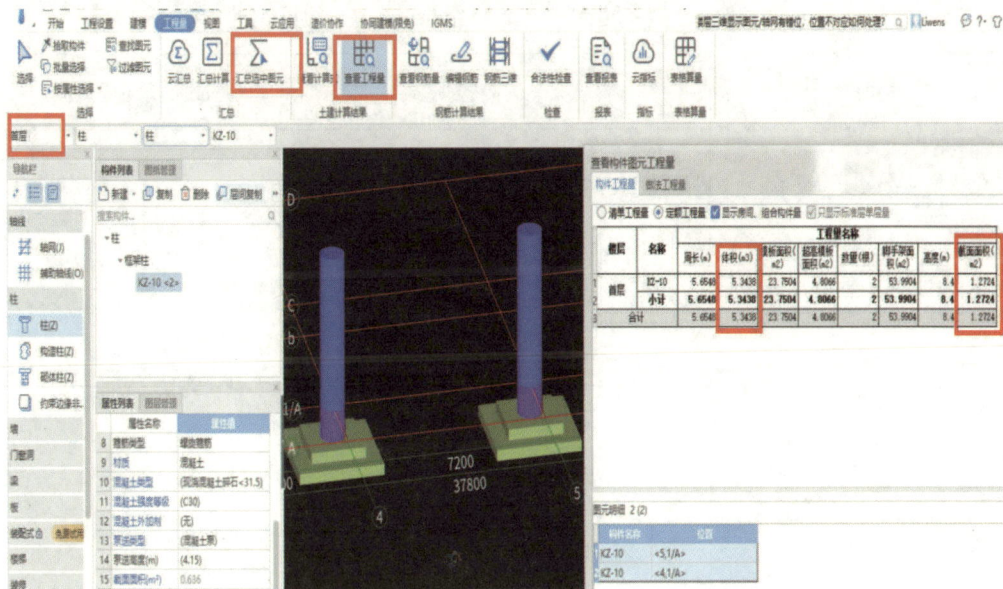

图2-4-14

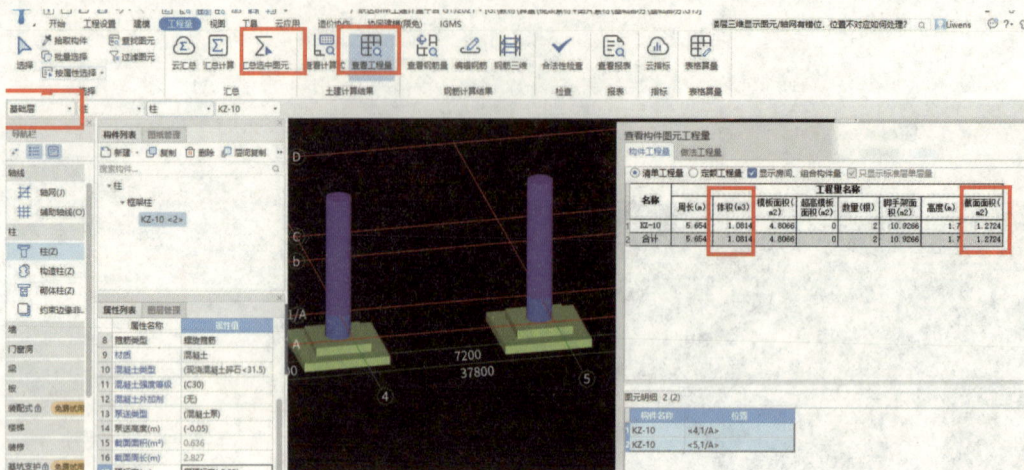

图2-4-15

三、拓展应用软件校核工程量（学生自主绘制模型，校对工程量）

根据教材提供图纸，电算结施-09、结施-10、结施-11图中，D轴交①②轴KZ4、KZ5'全柱高混凝土工程量。

四、完成任务笔记和项目评价表

任务笔记和项目评价表分别见表2-4-5、表2-4-6。

表2-4-5　任务笔记

混凝土柱工程量计算笔记		
班级：　　　组别：　　　组长：　　　组员：		
任务	笔记内容	完成人及完成时间
	混凝土柱工程量计算规则的内容：	
	混凝土柱工程量手算的内容：	

混凝土柱工程量计算笔记		
班级：　　　组别：　　　组长：　　　组员：		
任务	混凝土柱工程量软件操作步骤内容：	
优点：	缺点：	改进计划：

表2-4-6　项目评价表

评价项目	评价内容	评价标准	评价方式			
			自我评价	小组评价	教师评价	学生评价教师
职业素养	责任意识、任务完成度	5分：自觉遵守课堂、实训室纪律，出色完成知识掌握和运用的任务； 3分：能够遵守规章制度，较好地完成任务； 1分：遵守纪律，任务完成得不彻底				
	学习态度、敬业精神	5分：积极参与教学活动，全勤； 3分：对大部分知识感兴趣并能学习掌握，偶尔缺勤； 1分：只对小部分知识感兴趣，偶尔缺勤				
	团队合作、交流共享意识	5分：积极与同学合作交流，及时完成学习任务； 3分：与大部分同学分享交流，完成学习任务； 1分：喜欢独立思考，自主性较强，完成学习任务				

评价项目	评价内容	评价标准	评价方式			
			自我评价	小组评价	教师评价	学生评价教师
专业能力	基础知识掌握能力	5分：对本项目全部基础知识能掌握、理解； 3分：对本项目大部分基础知识能掌握、理解； 1分：对本项目感兴趣的基础知识能掌握、理解				
	知识运用能力	5分：本项目测试题正确率达100%； 4分：本项目测试题正确率90%以上； 3分：本项目测试题正确率80%以上； 2分：本项目测试题正确率70%以上； 1分：本项目测试题正确率60%以上				
创新能力		对部分知识点产生新的理解，能提出创新性建议，能改进学习方式、方法（评分标准分别为5分、3分、1分）				
学生姓名			综合评价得分			
授课教师			日期			

102

项目5 现浇混凝土梁工程量计算

项目描述

现浇混凝土梁工程量计算，以《建筑工程工程量清单计价规范》（GB 50500—2013）、《房屋建筑与装饰工程工程量计算规范》（GB 50854—2013）和《山东省建筑工程消耗量定额》（2016版）为依据来计算规则计算图纸中对应的工程量。

任务一 认识现浇混凝土梁工程量计算规则

一、清单计算模式

现浇混凝土梁工程量清单项目设置、项目特征描述的内容、计量单位、清单工程量计算规则及工作内容按《房屋建筑与装饰工程工程量计算规范》（GB50854—2013）中表E.3的规定执行，见表2-5-1。

表2-5-1 现浇混凝土梁（编号：010503）

项目编码	项目名称	项目特征	计量单位	工程量计算规则	工程内容
010503001	基础梁			按设计图示尺寸以体积计算。伸入墙内的梁头、梁垫并入梁体积内。梁长：1. 梁与柱连接时，梁长算至柱侧面；2. 主梁与次梁连接时，次梁长算至主梁侧面	1. 模板及支架（撑）制作、安装、拆除、堆放、运输及清理模内杂物、刷隔离剂等；2. 混凝土制作、运输、浇筑、振捣、养护
010503002	矩形梁				
010503003	异形梁	1. 混凝土种类；2. 混凝土强度等级	m³		
010503004	圈梁				
010503005	过梁				
010503006	弧形、拱形梁				

二、定额计算模式

《山东省建筑工程消耗量定额》（2016版）第五章内容规定如下。

梁混凝土定额工程量：梁按图示断面尺寸乘以梁长以体积计算。

梁长及梁高则按下列规定确定。

（1）梁与柱连接时，梁长算至柱侧面。

（2）主梁与次梁连接时，次梁长算至主梁侧面。伸入墙体内的梁头、梁垫体积并入梁体积内计算。

（3）过梁长度按设计规定计算，设计无规定时，按门窗洞口宽度，两端各加250 mm计算。

（4）房间与阳台连通，洞口上坪与圈梁连成一体的混凝土梁，按过梁的计算规则计算工程量，执行单梁子目。

（5）圈梁与梁连接时，圈梁体积应扣除伸入圈梁内的梁体积。圈梁与构造柱连接时，圈梁长度算至构造柱侧面。构造柱有马牙槎时，圈梁长度算至构造柱主断面的侧面。基础圈梁，按圈梁计算。

（6）在圈梁部位挑出外墙的混凝土梁，以外墙外边线为界限，挑出部分按图示尺寸以体积计算。

（7）梁（单梁、框架梁、圈梁、过梁）与板整体现浇时，梁高算至板底。

任务二　现浇混凝土梁工程量的例题计算

一、例题展示

建筑物一层层高为3.9 m，图2-5-1中，现浇钢筋混凝土KZ断面为600 mm×600 mm，KL-1断面为300 mm×600 mm，KL-2断面为300 mm×500 mm，板厚为200 mm。试用清单与定额工程量计算规则计算KL-1、KL-2的混凝土工程量。

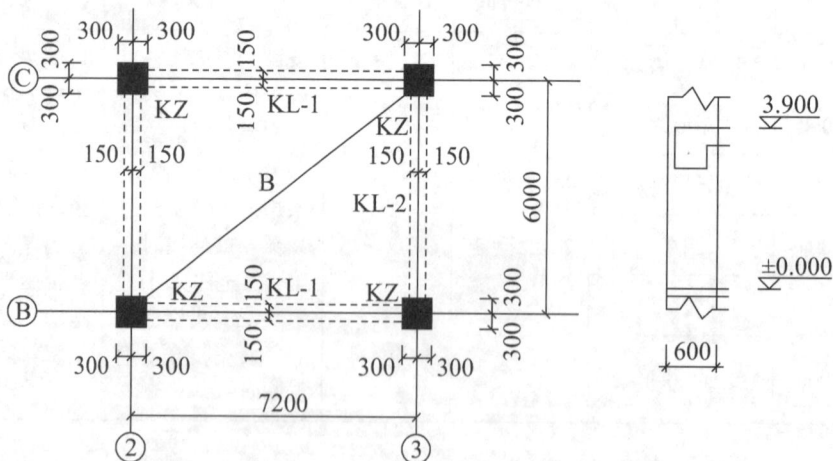

图2-5-1

【分析】为了计算现浇板，在计算框架梁混凝土工程量时，习惯将截面尺寸中的梁高扣减相应板的厚度。

本项目清单工程量计算规则，同定额工程量计算规则。表2-5-2为工程量计算表。

表2-5-2 工程量计算表

序号	项目	计算过程	工程量	单位
1	S_1	$0.3 \times (0.6-0.2)=0.12$	0.12	m²
2	S_2	$0.3 \times (0.5-0.2)=0.09$	0.09	m²
3	L_1	$7.2-0.6=6.6$	6.6	m
4	L_2	$6-0.6=5.4$	5.4	m
5	V_{KL1}	$S_1 \times L_1=0.12 \times 6.6 \times 2 \approx 1.58$	1.58	m³
6	V_{KL2}	$S_2 \times L_2=0.09 \times 5.4 \times 2 \approx 0.97$	0.97	m³

二、案例应用

1. 根据教材提供图纸，用定额和清单计量，分别计算一层顶梁配筋图中⑧轴KL18的混凝土工程量。

【分析】为了计算现浇板，在计算框架梁混凝土工程量时，习惯将截面尺寸中的梁高扣减相应板的厚度。

本项目清单工程量计算规则，同定额工程量计算规则。表2-5-3为工程量计算表。

表2-5-3 工程量计算表

序号	项目	计算过程	工程量	单位
1	S_1	$0.30 \times (0.6-0.12)=0.14$	0.14	m²
2	S_2	$0.30 \times (0.6-0.1)=0.15$	0.15	m²
3	S_3	$0.30 \times (0.6-0.12)=0.14$	0.14	m²
4	L_1	$2.5+4.7-0.3-0.3=6.6$	6.6	m
5	L_2	$2.1-0.25-0.25=1.6$	1.6	m
6	L_3	$3.55+3.35-0.3-0.3=6.3$	6.3	m
7	V_1	$S_1 \times L_1=0.14 \times 6.6 \approx 0.92$	0.92	m³
8	V_2	$S_2 \times L_2=0.15 \times 1.6 \approx 0.24$	0.24	m³
9	V_3	$S_3 \times L_3=0.14 \times 6.3 \approx 0.89$	0.89	m³
10	V	$V_1+V_2+V_3=0.92+0.24+0.89=2.05$	2.05	m³

2. 根据教材提供图纸，用定额和清单计价，分别计算一层顶梁配筋图中A轴上KL4的混凝土工程量。

【分析】由图纸可知，KL4由两段组成，分别为平直段与弧形段，两段的截面形状均为矩形梁，截面尺寸为梁的宽度乘以梁高扣减相应板厚，而弧形段的梁长为四分之一圆周长。

本项目清单工程量计算规则，同定额工程量计算规则。表2-5-4为工程量计算表。

表2-5-4　工程量计算表

序号	项目	计算过程	工程量	单位
1	S_1	$0.30 \times (0.5-0.15) =0.11$	0.11	m²
2	S_2	$0.30 \times (0.5-0.15) =0.11$	0.11	m²
3	L_1	$6-2.5-0.25=3.25$	3.25	m
4	L_2	$\frac{1}{4} \times (3.14 \times 2.35^2) -0.45=3.89$	3.89	m
5	V_1	$S_1 \times L_1=0.11 \times 3.25 \approx 0.36$	0.36	m³
6	V_2	$S_2 \times L_2=0.11 \times 3.89 \approx 0.43$	0.43	m³
7	V	$V_1+V_2=0.36+0.43=0.79$	0.79	m³

3. 根据教材提供图纸，用定额和清单计价，分别计算结施-14二层顶梁配筋图中，KL16的混凝土工程量。

【分析】为了计算现浇板，在计算框架梁混凝土工程量时，习惯将截面尺寸中的梁高扣减相应板的厚度。如果框架梁的两侧板厚不一致，需要扣减板厚的平均值。

本项目清单工程量计算规则，同定额工程量计算规则。

表2-5-5　工程量计算表

序号	项目	计算过程	工程量	单位
1	S_1	$0.3 \times \left(0.6-\frac{0.12+0.15}{2}\right) =0.14$	0.14	m²
2	S_2	$0.3 \times (0.6-0.1) =0.15$	0.15	m²
3	S_3	$0.3 \times \left(0.6-\frac{0.12+0.15}{2}\right) =0.14$	0.14	m²
4	L_1	$2.5+4.7-0.25-0.2=6.75$	6.75	m
5	L_2	$2.1-0.25-0.25=1.6$	1.6	m

（续表）

序号	项目	计算过程	工程量	单位
6	L_3	3.55+3.35−0.25−0.2=6.45	6.45	m
7	V_1	$S_1 \times L_1$=0.14 × 6.75≈0.95	0.95	m³
8	V_2	$S_2 \times L_2$=0.15 × 1.6≈0.24	0.24	m³
9	V_3	$S_3 \times L_3$=0.14 × 6.45≈0.90	0.90	m³
10	V	$V_1+V_2+V_3$=0.95+0.24+0.90=2.09	2.09	m³

三、拓展应用

根据教材提供图纸，用清单计算规则，计算结施-15顶层顶梁配筋图中，WKL9的混凝土工程量。

表2-5-6　工程量计算表

序号	项目	计算过程	工程量	单位
1				
2				
3				
4				
5				
6				
7				
…				

任务三 软件校核工程量

一、例题展示软件校核工程量

1. 打开软件，打开项目4，柱工程，点击梁，下拉菜单点击"梁"→新建"矩形梁"→选择"楼层框架梁"，根据例题识读KL1截面尺寸，输入指定位置，如图2-5-2所示。

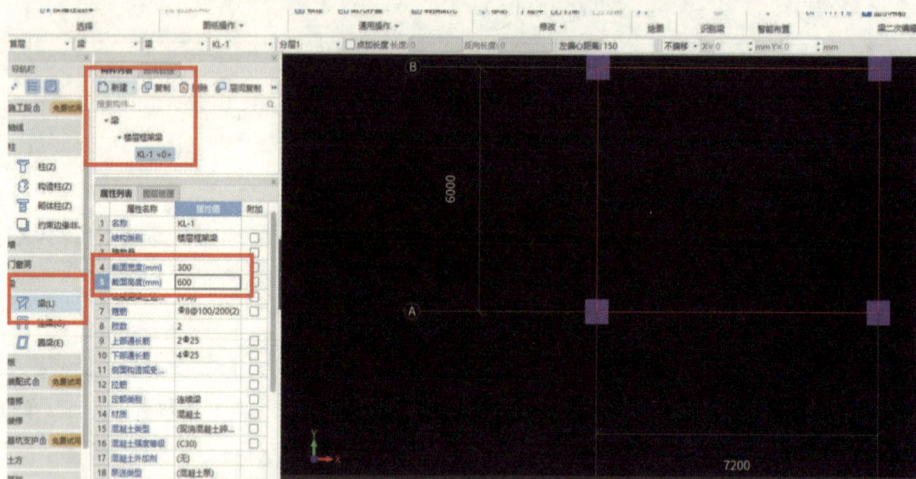

图2-5-2

2. 在建模界面，用直线绘制KL1，如图2-5-3所示。

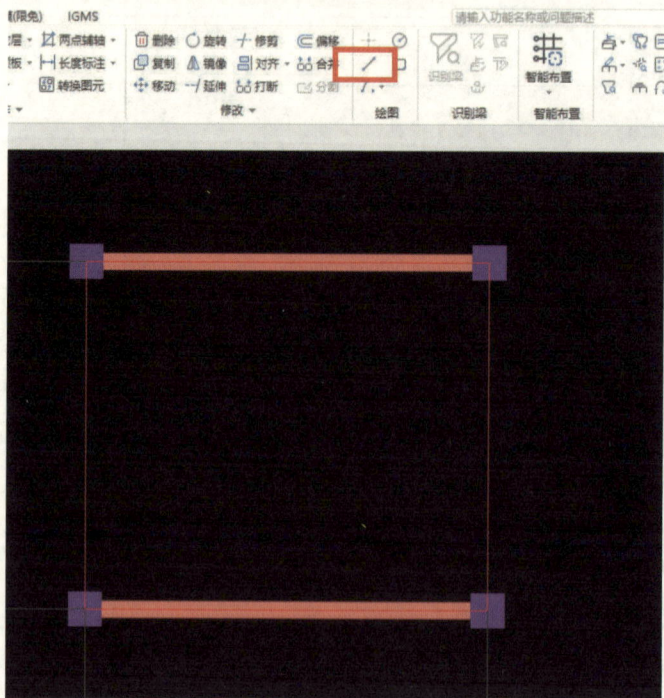

图2-5-3

3. 同步骤2，新建矩形梁，根据例题识读KL2截面尺寸，输入指定位置，在建模界面，用直线绘制KL2，如图2-5-4所示。

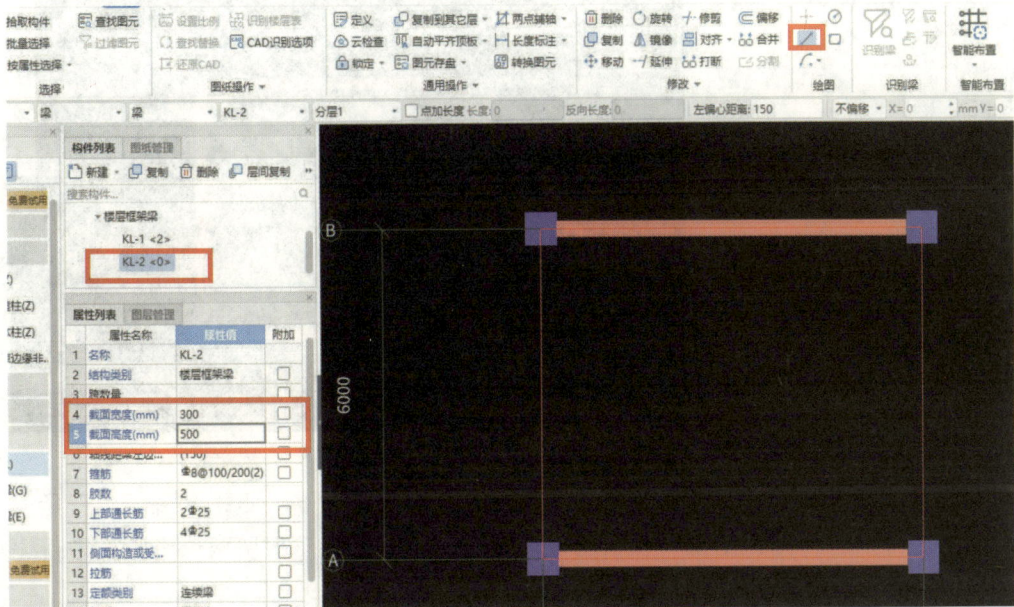

图2-5-4

4. 动态观察梁模型，KL1，KL2截面尺寸不同，如图2-5-5所示。

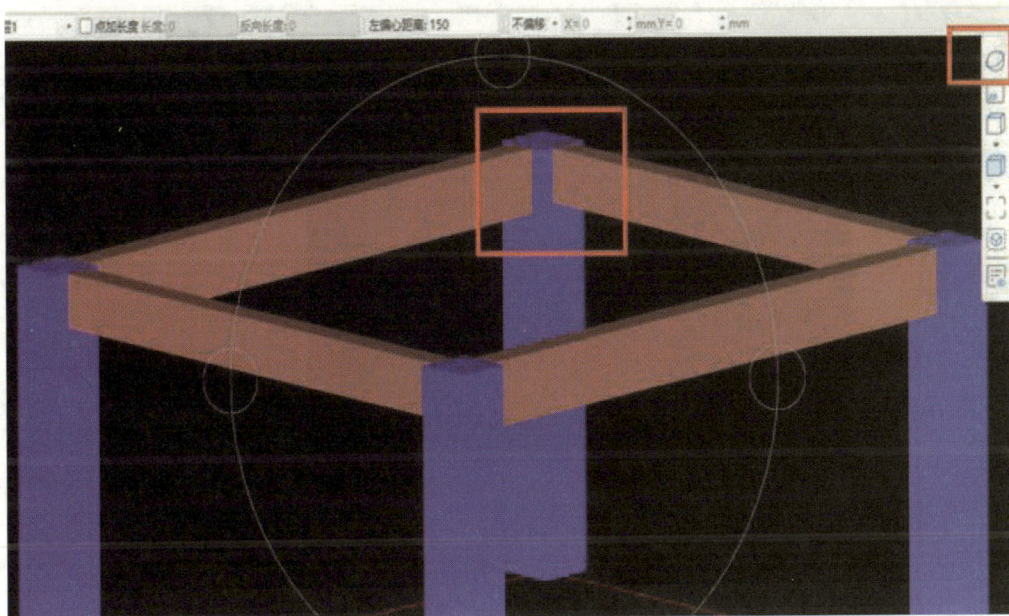

图2-5-5

5. 点击"板"，下拉点击"现浇板"→"新建现浇板"，根据例题识读板厚200 mm，输入指定位置，如图2-5-6所示。（为了计算现浇板，在计算框架梁混凝土工程量时，习惯将截面尺寸中的梁高扣减相应板的厚度，在此先把现浇板绘制完成。）

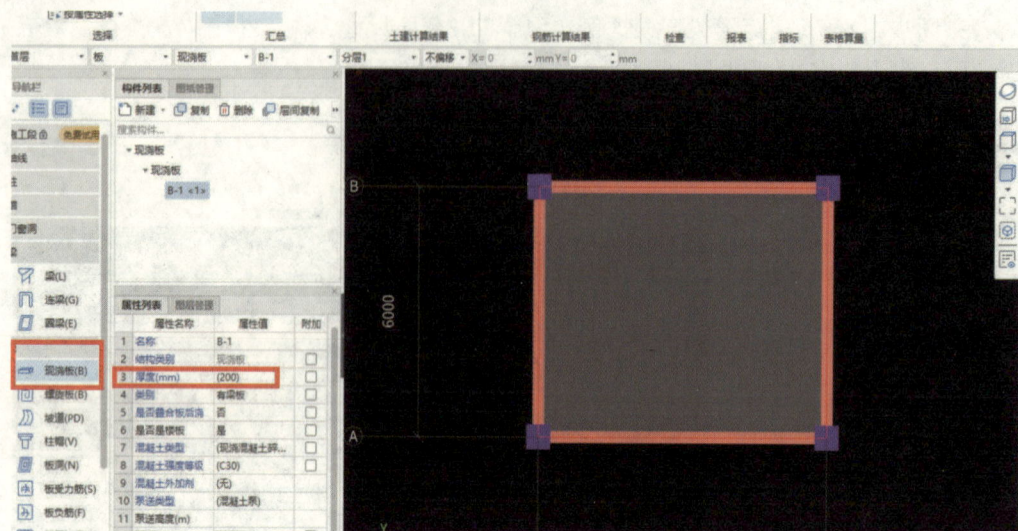

图2-5-6

6. 在工具栏，点击"汇总选中图元"，选中"梁模型"，点击"查看工程量"（图2-5-7），将体积结果（保留两位小数）与手算结果（保留两位小数）进行比对，保持两者一致。

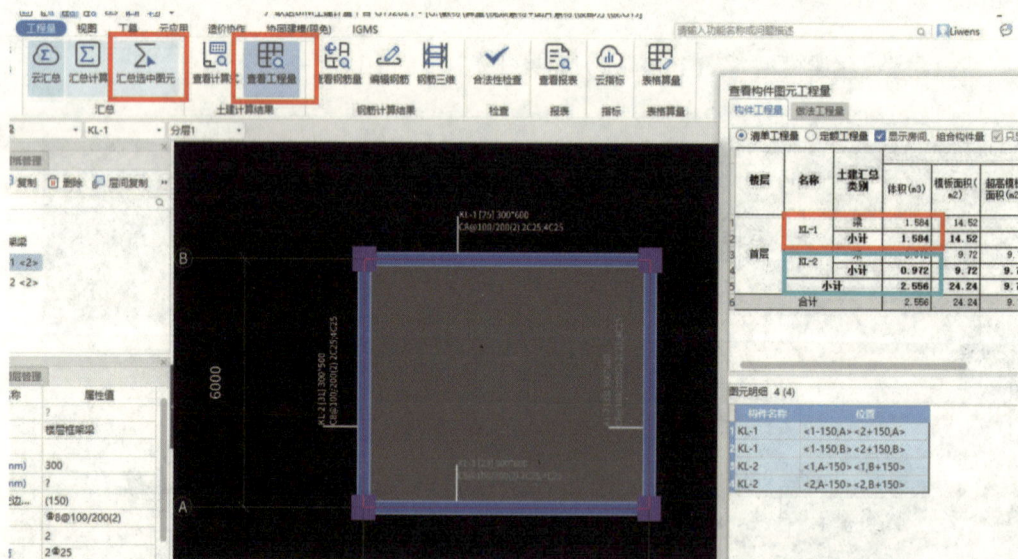

图2-5-7

二、案例应用软件校核工程量

1. 根据教材提供图纸，电算一层顶梁配筋图中⑧轴KL18的混凝土工程量。

（1）根据前边学习，绘制⑦、⑧轴上，完整的首层柱模型，并绘制首层顶板才能计算首层顶梁，如图2-5-8所示。

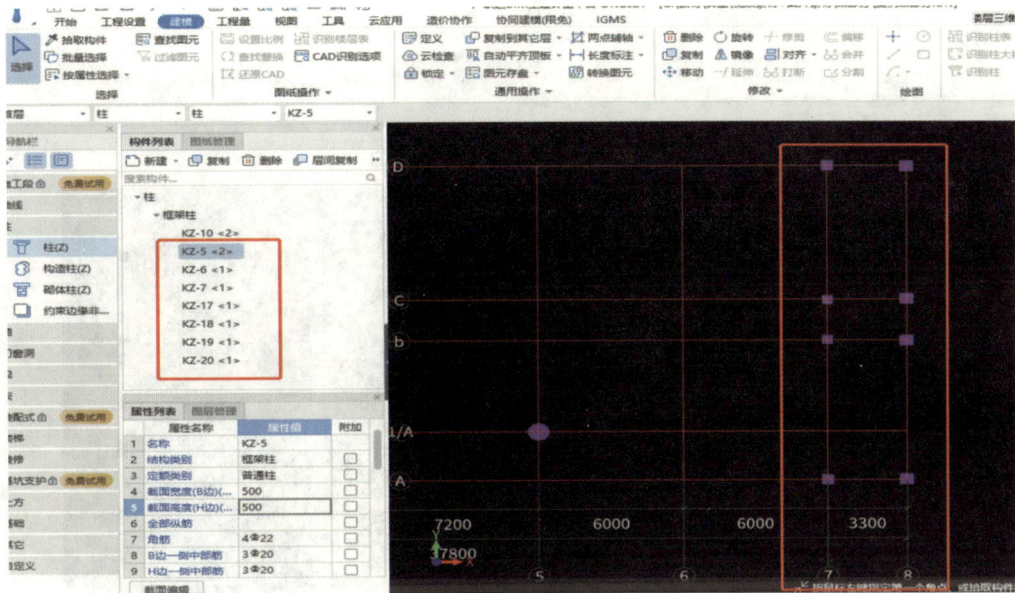

图2-5-8

（2）点击"梁"，下拉点击"梁"→"新建矩形梁"→选择"楼层框架梁"，根据例题识读KL18截面尺寸，输入指定位置，直线绘制⑧轴KL18，并用对齐命令，梁外边对齐柱外边线，如图2-5-9所示。

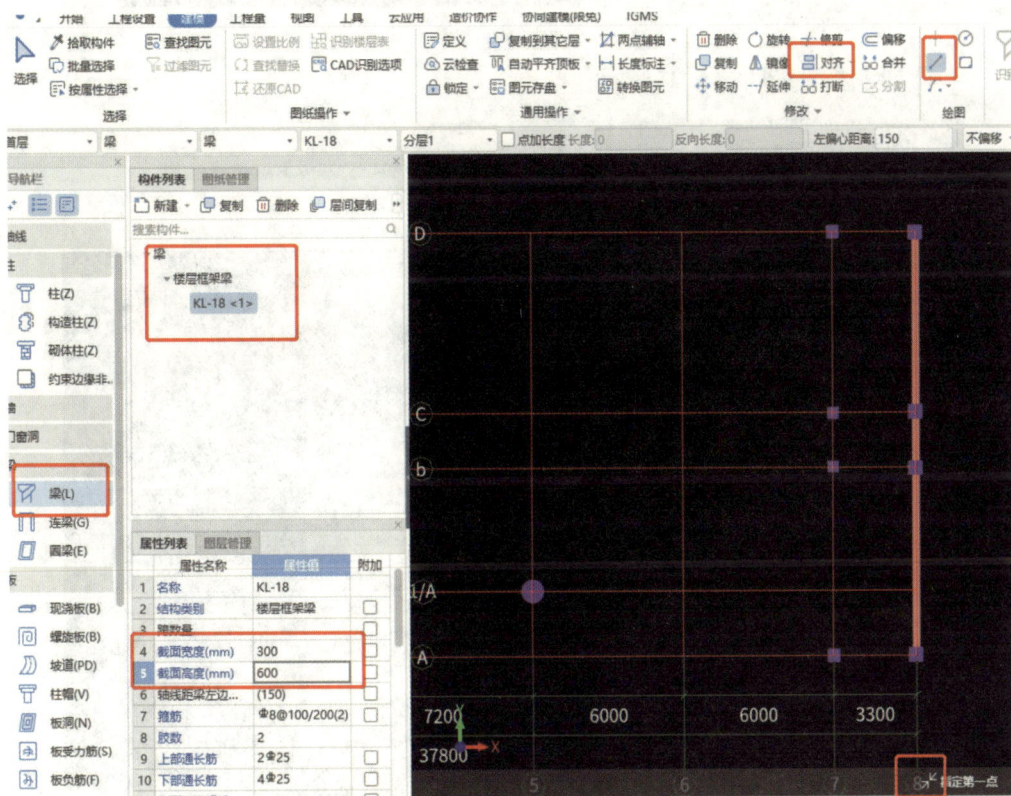

图2-5-9

（3）绘制其他位置梁，如图2-5-10所示。

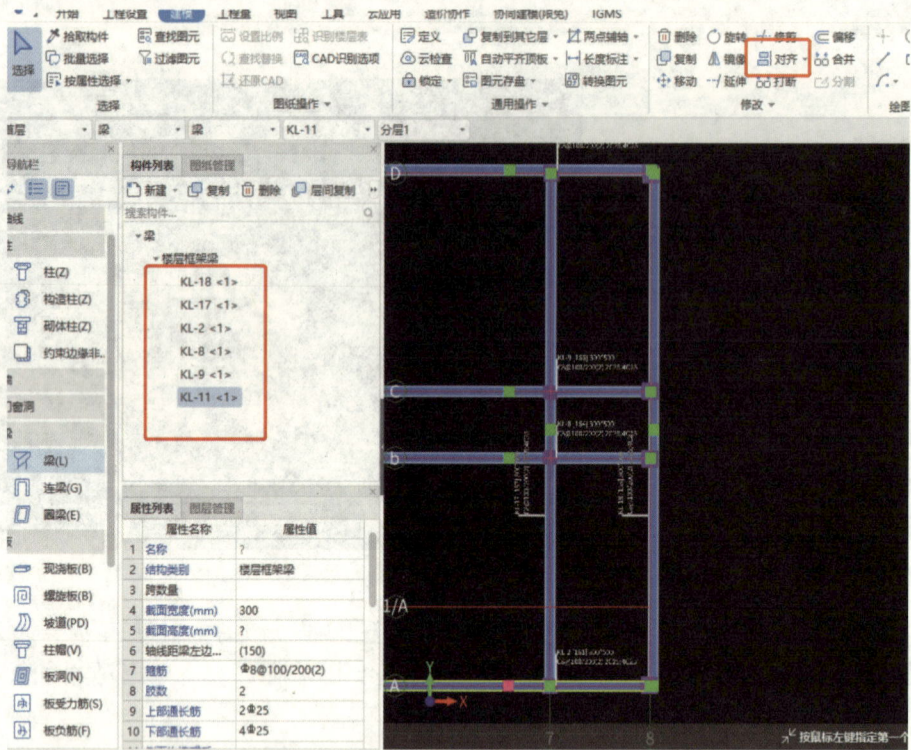

图2-5-10

（4）绘制板，如图2-5-11所示。

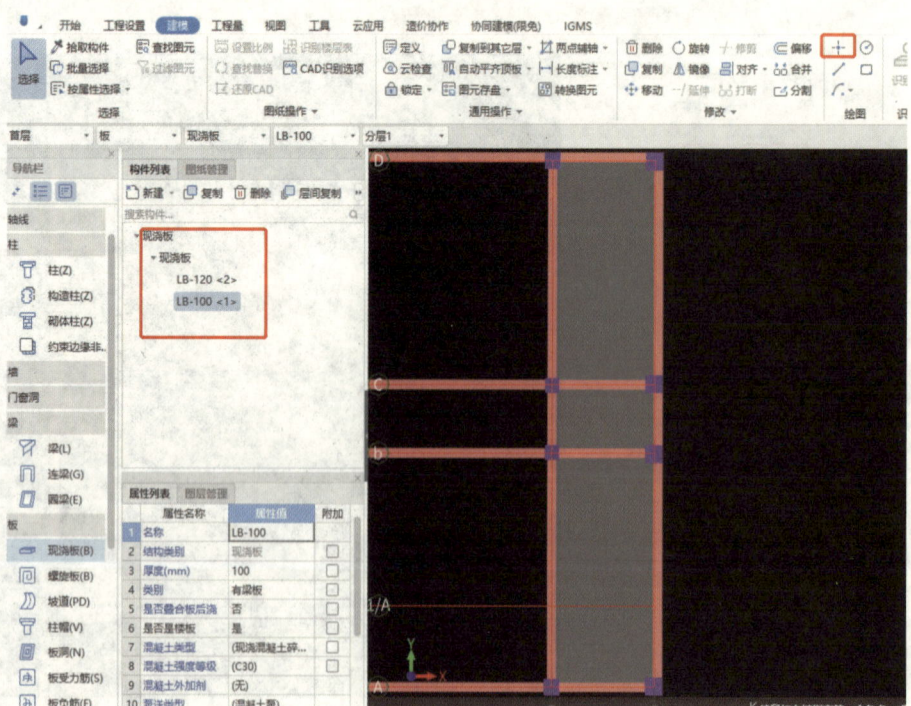

图2-5-11

（5）点击"汇总选中图元"，选中"梁模型"，点击"查看工程量"（图2-5-12），将电算体积结果（保留两位小数）与手算结果（保留两位小数）进行比对，保持两者一致且在允许误差范围内。

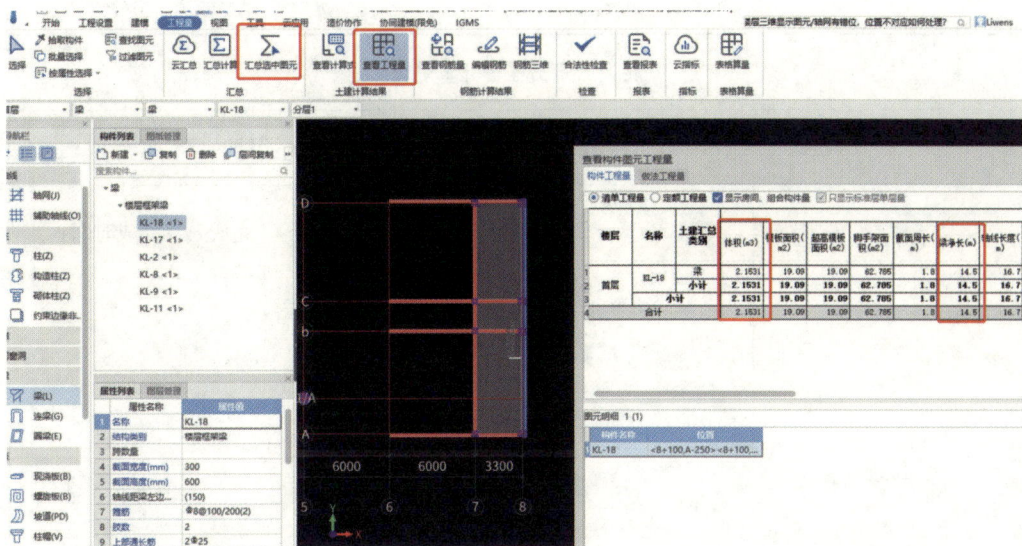

图2-5-12

三、拓展应用软件校核工程量（学生自主绘制模型，校对工程量）

1. 根据教材提供图纸，用软件绘制并计算一层顶梁配筋图中A轴上KL4的混凝土工程量。

2. 根据教材提供图纸，电算结施-14二层顶梁配筋图中，KL16的混凝土工程量。

3. 根据教材提供图纸，电算结施-15顶层顶梁配筋图中，WKL9的混凝土工程量。

四、完成任务笔记和项目评价表

任务笔记和项目评价表分别见表2-5-7、表2-5-8。

表2-5-7　任务笔记

混凝土梁工程量计算笔记			
班级：	组别：	组长：	组员：
任务	笔记内容		完成人及完成时间
	混凝土梁工程量计算规则内容：		
	混凝土梁工程量手算计算内容：		
	混凝土梁工程量软件操作步骤内容：		
	优点：	缺点：	改进计划：

表2-5-8 项目评价表

评价项目	评价内容	评价标准	评价方式			
			自我评价	小组评价	教师评价	学生评价教师
职业素养	责任意识、任务完成度	5分：自觉遵守课堂、实训室纪律，出色完成知识掌握和运用的任务； 3分：能够遵守规章制度，较好地完成任务； 1分：遵守纪律，任务完成得不彻底				
	学习态度、敬业精神	5分：积极参与教学活动，全勤； 3分：对大部分知识感兴趣并能学习掌握，偶尔缺勤； 1分：只对小部分知识感兴趣，偶尔缺勤				
	团队合作、交流共享意识	5分：积极与同学合作交流，及时完成学习任务； 3分：与大部分同学分享交流，完成学习任务； 1分：喜欢独立思考，自主性较强，完成学习任务				
专业能力	基础知识掌握能力	5分：对本项目全部基础知识能掌握、理解； 3分：对本项目大部分基础知识能掌握、理解； 1分：对本项目感兴趣的基础知识能掌握、理解				
	知识运用能力	5分：本项目测试题正确率达100%； 4分：本项目测试题正确率90%以上； 3分：本项目测试题正确率80%以上； 2分：本项目测试题正确率70%以上； 1分：本项目测试题正确率60%以上				
创新能力		对部分知识点产生新的理解，能提出创新性建议，能改进学习方式、方法（评分标准分别为5分、3分、1分）				
学生姓名			综合评价得分			
授课教师			日期			

项目6   混凝土板工程量计算

项目描述

混凝土板工程计算，以《建筑工程工程量清单计价规范》（GB 50500—2013）和《房屋建筑与装饰工程工程量计算规范》（GB 50854—2013）为标准，参照《山东省建筑工程消耗量定额》（2016版）来计算规则计算图纸中对应工程量。

任务一   混凝土板工程量计算规则的认识

一、清单计算模式

按照《房屋建筑与装饰工程工程量计算规范》（GB50854—2013）规定，现浇混凝土板内容包括垫层、带形基础、独立基础、满堂基础、桩承台基础、设备基础，如表2-6-1所示。

表2-6-1   现浇混凝土板（编号：010505）

项目编码	项目名称	项目特征	计量单位	工程量计算规则	工程内容
010505001	有梁板	1. 混凝土种类； 2. 混凝土强度等级	m³	按设计图示尺寸以体积计算，不扣除单个面积≤0.3m²的柱、垛以及孔洞所占体积 压形钢板混凝土楼板扣除构件内压形钢板所占体积 有梁板（包括主、次梁与板）按梁、板体积之和计算，无梁板按板和柱帽体积之和计算，各类板伸入墙内的板头并入板体积内，薄壳板对的肋、基梁并入薄壳体积内计算	1. 模板及支架（撑）制作、安装、拆除、堆放、运输及清理模内杂物、刷隔离剂等；
010505002	无梁板				
010505003	平板				
010505004	拱板				
010505005	薄壳板				
010505006	栏板				
010505007	天沟（檐沟）、挑檐版			按设计图示尺寸以体积计算	
010505008	雨蓬、悬挑板、阳台板			按设计图示尺寸以墙外部分体积计算（包括伸出墙外的牛腿和雨篷反挑檐的体积）	

（续表）

项目编码	项目名称	项目特征	计量单位	工程量计算规则	工程内容
010505009	空心板		m³	按设计图示尺寸以体积计算。空心板（GBF高强薄壁蜂巢芯板等）应扣除空心部分体积	2.混凝土制作、运输、浇筑、振捣、养护
010505010	其他板			按设计图示尺寸以体积计算	

注：现浇挑檐、天沟板、雨蓬、阳台与板（包括屋面板、楼板）连接时，以外墙外边线为分界线；与圈梁（包括其他梁）连接时，以梁外边线为分界线。外边线以外为挑檐、天沟、雨蓬或阳台

回顾练习：

板下梁高度计算：（　　　　　　　　　　　）。

二、定额计算模式

按照《山东省建筑工程消耗量定额》（2016版）第五章内容规定：

板按图示面积乘以板厚以体积计算。其中：

（1）有梁板包括主、次梁及板，工程量按梁、板体积之和计算。

（2）无梁板按板和柱帽体积之和计算。

（3）平板按板图示体积计算。伸入墙内的板头、平板边沿的翻檐，均并入平板体积内计算。

（4）轻型框剪墙支撑的板按现浇混凝土平板的计算规则，以体积计算。

（5）斜屋面板按板断面积乘以斜长，有梁时，梁板合并计算。屋脊处加厚混凝土已包括在混凝土消耗量内，不单独计算。

（6）预制混凝土板补现浇板缝，40 mm<板底缝宽≤100 mm时，按小型构件计算；板底缝宽>100 mm，按平板计算。

（7）坡屋面顶板，按斜板计算。屋脊处八字脚的加厚混凝土（素混凝土）已包括在消耗量内，不单独计算。若屋脊处八字脚的加厚混凝土配置钢筋作梁使用，应按设计尺寸并入斜板工程量内计算。

（8）现浇挑檐与板（包括屋面板）连接时，以外墙外边线为界限，与圈梁（包括其他梁）连接时，以梁外边线为界限。外边线以外为挑檐。

（9）叠合箱、蜂巢芯混凝土楼板扣除构件内叠合箱、蜂巢芯所占体积，按有梁板相应规则计算。

任务二　混凝土板工程量的例题计算

一、例题展示

建筑物一层层高为3.9 m。下图中现浇钢筋混凝土KZ断面为600 mm×600 mm，

KL-1断面为300 mm×600 mm，KL-2断面为300 mm×500 mm，板厚为200 mm。计算图2-6-1中混凝土板工程量。表2-6-2为工程量计算表。

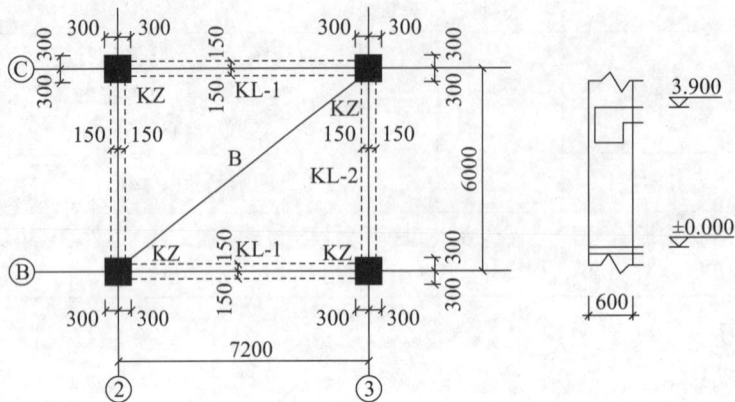

图2-6-1

表2-6-2　工程量计算表

序号	项目	计算过程	工程量	单位
1	H	0.20	0.20	m
2	$S_{柱}$	$0.45 \times 0.45 = 0.20 < 0.30$	0.20	m^2
3	$S_{板}$	（7.2+0.15×2）×（6+0.15×2）=47.25	47.25	m^2
4	V	$S_{板} \times H = 47.25 \times 0.20 = 9.45$	9.45	m^3

二、案例应用

教材提供图纸，求结施-16 轴线1-2交轴线⑦-⑧ LB1混凝土工程量，如表2-6-3所示。

表2-6-3　工程量计算表

序号	项目	计算过程	工程量	单位
1	H_1	0.12	0.12	m
2	L_1	3.30+0.25=3.55	3.55	m
3	L_2	0.25+2.5+3.85+0.85+0.1=7.55	7.55	m
4	S_{KZ1}	$0.55 \times 0.55 \approx 0.30 \leqslant 0.30$	0.30	m^2
5	V	$L_1 \times L_2 \times H_1 = 3.55 \times 7.55 \times 0.12 \approx 3.22$	3.22	m^3

三、拓展应用

根据教材提供图纸，求结施-16卫生间阴影部分混凝土工程量，完成表2-6-4。

表2-6-4 工程量计算表

序号	项目	计算过程	工程量	单位
1				
2				
3				
4				
5				
...				

任务三 软件校核工程量

一、例题展示软件校核工程量

1. 打开软件，打开项目5，梁工程，点击"板"，下拉点击"板"→"新建现浇板"，根据例题识读板厚200 mm，输入指定位置，如图2-6-2所示。

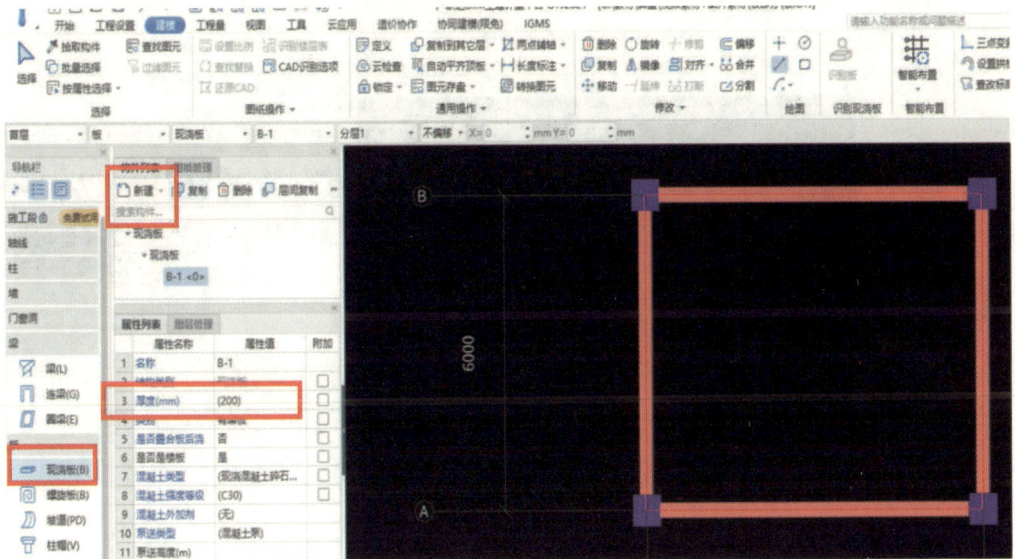

图2-6-2

2. 在建模界面，用直线或者矩形绘制板，如图2-6-3所示。

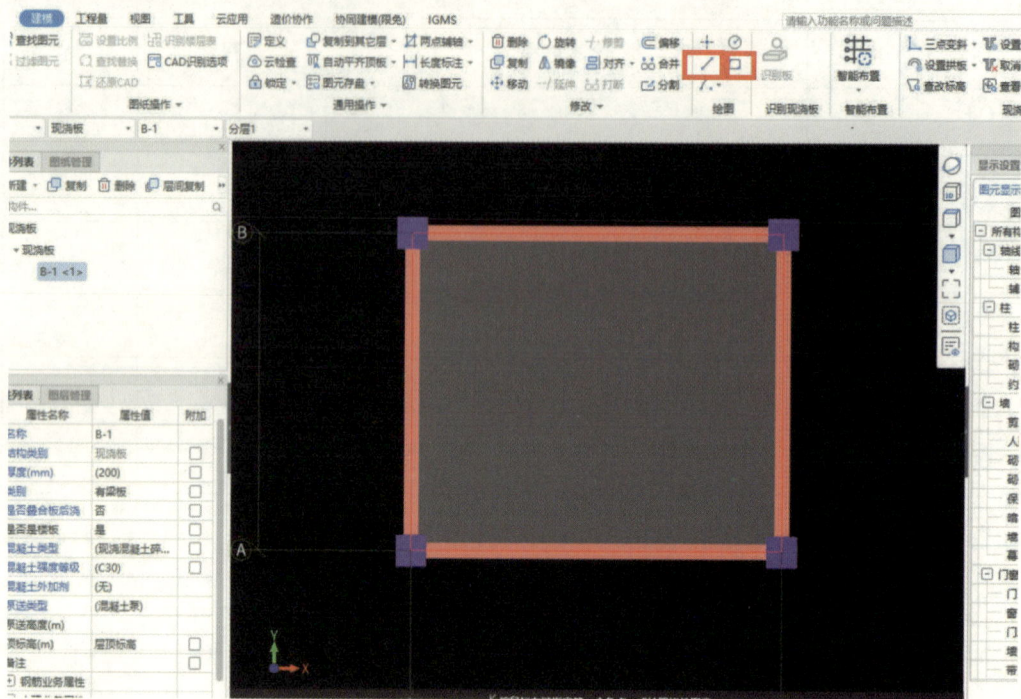

图2-6-3

3. 在工具栏，点击"汇总选中图元"，选中板模型，点击"查看定额工程量"（图2-6-4），将电算体积结果（保留两位小数）与手算结果（保留两位小数）进行比对，保持两者一致。

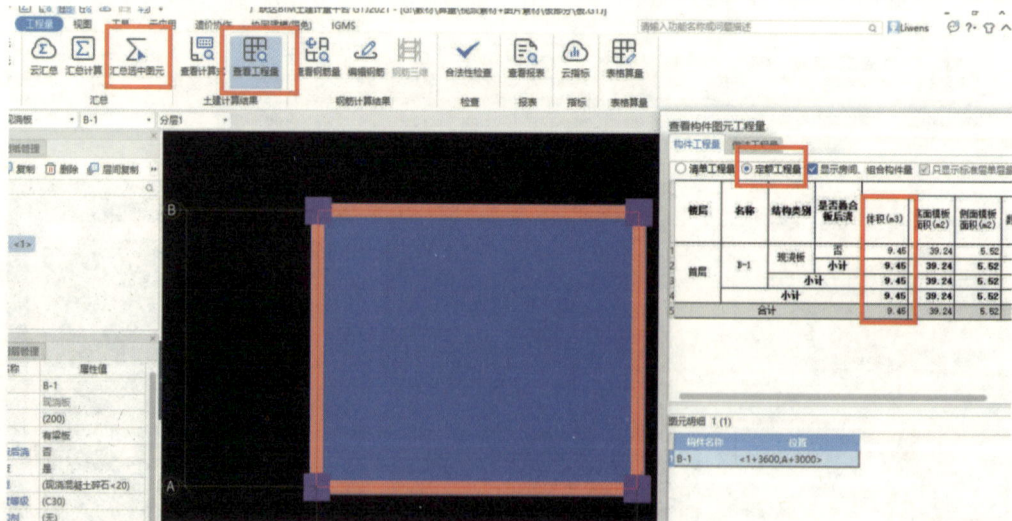

图2-6-4

二、案例应用软件校核工程量

教材提供图纸，电算结施-16 A-B交轴线⑦-⑧LB1混凝土工程量。

1. 打开软件，打开项目5，梁工程，点击 A–B 交轴线⑦–⑧ LB1板，如图2-6-5
所示。

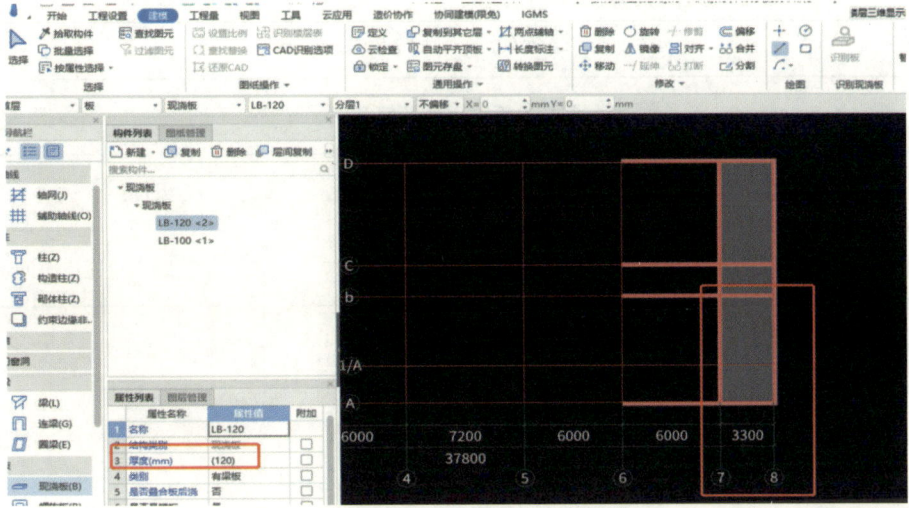

图2-6-5

2. 点击"汇总选中图元"，选中板模型，点击"查看工程量"（图2-6-6），将
电算体积结果（保留两位小数）与手算结果（保留两位小数）进行比对，使两者保持
一致且在允许误差范围内。

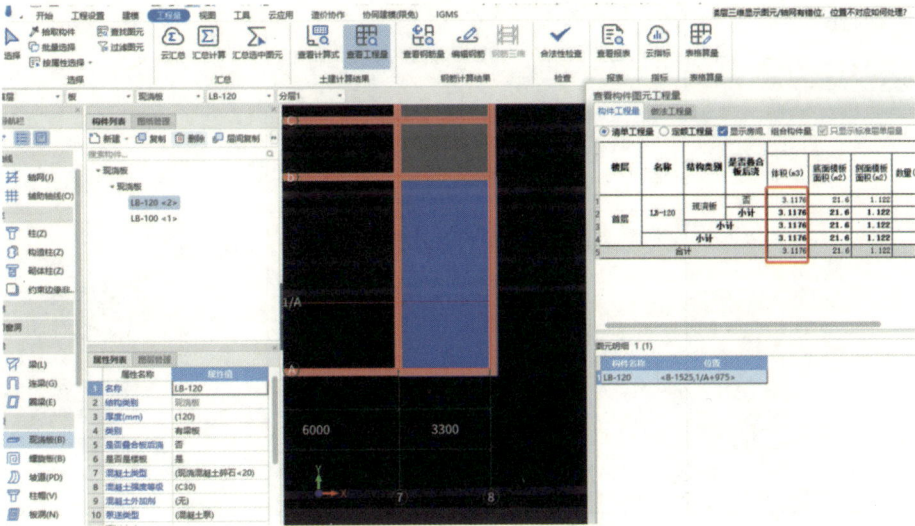

图2-6-6

三、拓展应用软件校核工程量（学生自主绘制模型，校对工程量）

根据教材提供图纸，电算结施-16卫生间阴影部分混凝土工程量。

四、完成任务笔记和项目评价表

任务笔记和项目评价表分别见表2-6-5、表2-6-6。

表2-6-5　任务笔记

混凝土板工程量计算笔记			
班级：	组别：	组长：	组员：
任务		笔记内容	完成人及完成时间
		混凝土板工程量计算规则内容：	
		混凝土板工程量手算计算内容：	
		混凝土板工程量软件操作步骤内容：	
优点：		缺点：	改进计划：

表2-6-6 项目评价表

评价项目	评价内容	评价标准	评价方式			
			自我评价	小组评价	教师评价	学生评价教师
职业素养	责任意识、任务完成度	5分：自觉遵守课堂、实训室纪律，出色完成知识掌握和运用的任务； 3分：能够遵守规章制度，较好地完成任务； 1分：遵守纪律，任务完成得不彻底				
	学习态度、敬业精神	5分：积极参与教学活动，全勤； 3分：对大部分知识感兴趣并能学习掌握，偶尔缺勤； 1分：只对小部分知识感兴趣，偶尔缺勤				
	团队合作、交流共享意识	5分：积极与同学合作交流，及时完成学习任务； 3分：与大部分同学分享交流，完成学习任务； 1分：喜欢独立思考，自主性较强，完成学习任务				
专业能力	基础知识掌握能力	5分：对本项目全部基础知识能掌握、理解； 3分：对本项目大部分基础知识能掌握、理解； 1分：对本项目感兴趣的基础知识能掌握、理解				
	知识运用能力	5分：本项目测试题正确率达100%； 4分：本项目测试题正确率90%以上； 3分：本项目测试题正确率80%以上； 2分：本项目测试题正确率70%以上； 1分：本项目测试题正确率60%以上				
创新能力		对部分知识点产生新的理解，能提出创新性建议，能改进学习方式、方法（评分标准分别为5分、3分、1分）				
学生姓名			综合评价得分			
授课教师			日期			

模块三
"1+X"工程造价数字化应用（初级）

项目1　框架柱建模与计量

项目描述

"1+X"工程造价数字化应用（初级）闯关练习清单规则选择"房屋建筑与装饰工程计量规范计算规则（2013–考试专用）"，"1+X"认证考试是北京规则，定额规则、清单库和定额库均选无。本项目对应闯关5训练模式。

任务一　任务实施

一、框架柱的属性定义

1. 在"导航栏"中单击"柱"→"柱"，在构件列表中，单击"新建"→根据图纸"新建矩形柱/圆形柱"，如图3-1-1所示。

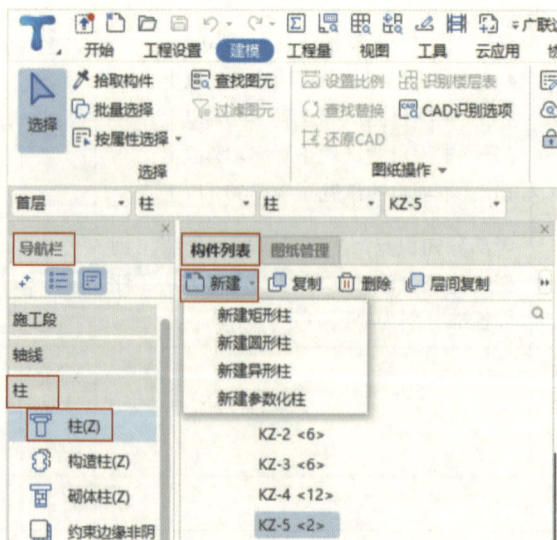

图3-1-1

2. 结合图纸中柱的信息，在属性列表中输入相应的属性值，如图3-1-2例题1所示。如果是变截面柱，截面半径的输入格式为"柱顶截面半径/柱底截面半径"。

例题1　已知KZ3的尺寸和配筋信息如图3-1-2所示，高度：从层底到层顶，完成KZ3的属性设置，如图3-1-3所示。

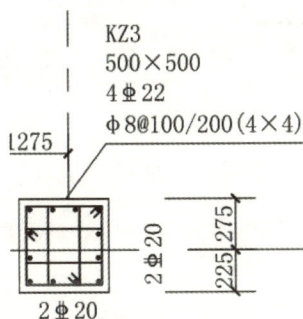

图3-1-2

图3-1-3

例题2　已知KZ2的尺寸和配筋信息如表3-1-1所示，完成KZ2的属性设置，如图3-1-4所示。

表3-1-1　柱列表

柱号	标高	圆柱直径D	全部纵筋	箍筋类型号	箍筋
KZ2	层底-层顶	850	8Φ22	7（4×4）	Φ10@100/200

图3-1-4

二、框架柱的绘制方法

1. 居中柱的绘制方法——点绘制。

在构件列表中切换到对应的柱子，单击绘图选项卡中"点"，用鼠标捕捉轴线的交点，直接单击鼠标左键即可，如图3-1-5所示。

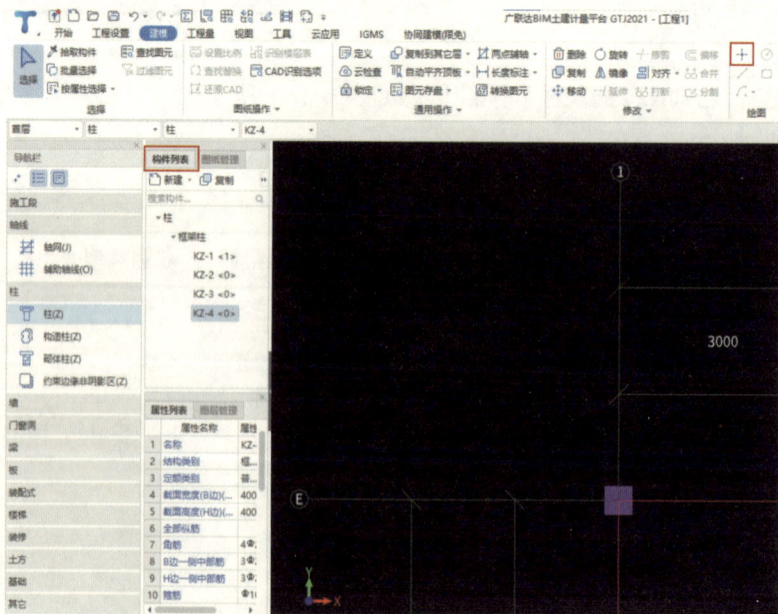

图3-1-5

2. 偏心柱的绘制方法。

（1）Ctrl键+鼠标左键。

在构件列表中切换到对应的柱子，单击绘图选项卡中的"点"，用鼠标捕捉轴线的交点，按住"Ctrl键+鼠标左键"，单击鼠标左键选择需要修改的绿色数据，修改完成后回车即可，如图3-1-6所示。

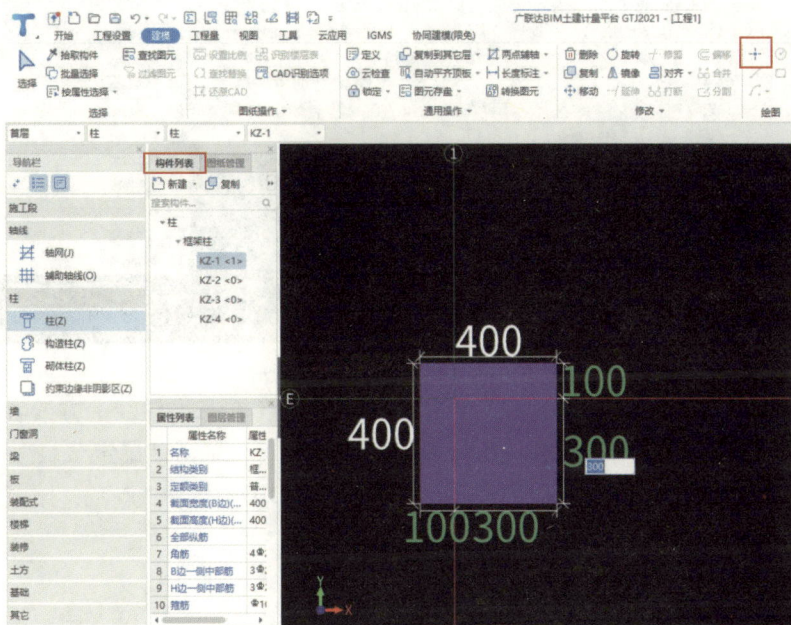

图3-1-6

（2）居中绘制后，在"选择"的命令下，单击鼠标左键选中绘制好的柱子，单击鼠标右键，选择"查改标注"，如图3-1-7所示，单击鼠标左键选择需要修改的绿色数据，修改完成后回车即可。

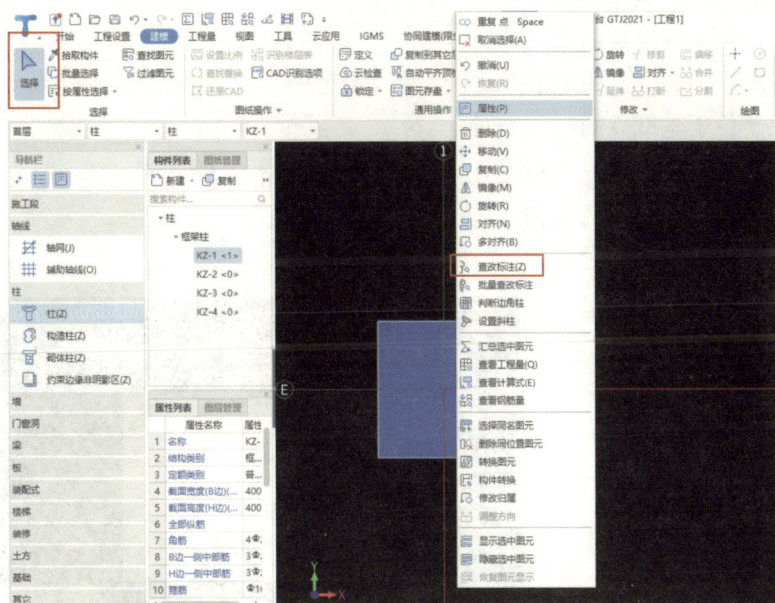

图3-1-7

3. 不在轴线交点上的柱绘制方法。

（1）添加辅助轴线。

a. 在"导航栏"中单击"轴线"→"辅助轴线"，在通用操作选项卡中选择"平行辅轴"，如图3-1-8所示。

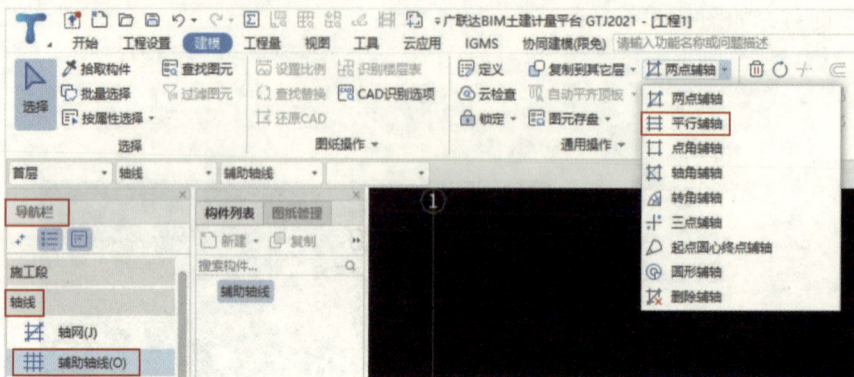

图3-1-8

b. 按鼠标左键选择"基准轴线"，输入偏移距离（在基准轴线上方或者右侧，偏移距离为+，在基准轴线下方或者左侧，偏移距离为-），单击"确定"。

c. 在构件列表中切换到对应的柱子，单击绘图选项卡中的"点"，用鼠标捕捉轴线或辅助轴线的交点，直接单击鼠标左键即可。

（2）Shift键+鼠标左键。

在构件列表中切换到对应的柱子，单击绘图选项卡中的"点"，用鼠标捕捉"基准点"，按住"Shift键+鼠标左键"，在弹出的对话框中输入偏移值，单击"确定"，如图3-1-9所示。

注意：

a. 当柱子位于基准点的右上方时，X为+，Y为+；

b. 当柱子位于基准点的左上方时，X为-，Y为+；

c. 当柱子位于基准点的左下方时，X为-，Y为-；

d. 当柱子位于基准点的右下方时，X为+，Y为-；

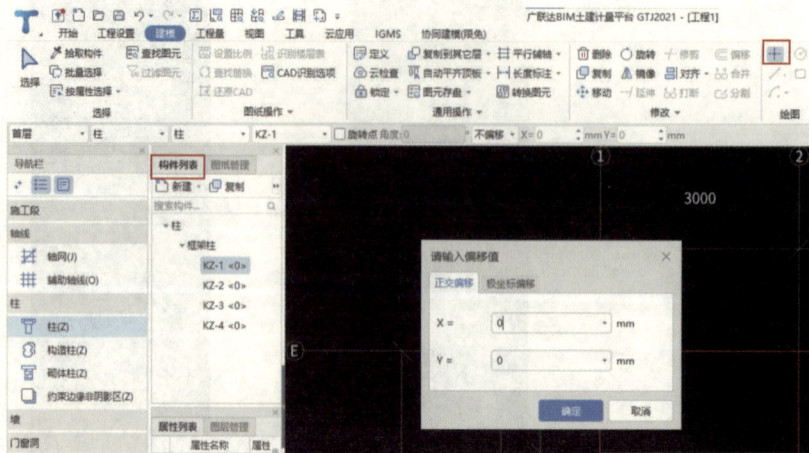

图3-1-9

4. 批量绘制柱的方法。

（1）智能布置。

当图中某区域轴线相交处的柱都相同时，可采用"智能布置"的方法来绘制柱。

a. 在构件列表中切换到对应的柱子，在智能布置选项卡中单击"智能布置"，选择"轴线"，如图3-1-10所示。

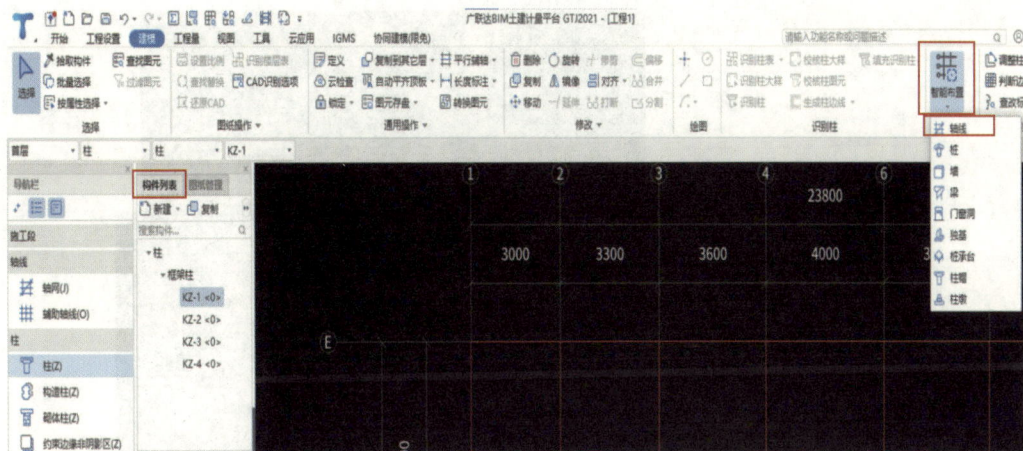

图3-1-10

b. 按住鼠标左键选择对应的区域，即可生成对应的柱子，如图3-1-11所示。

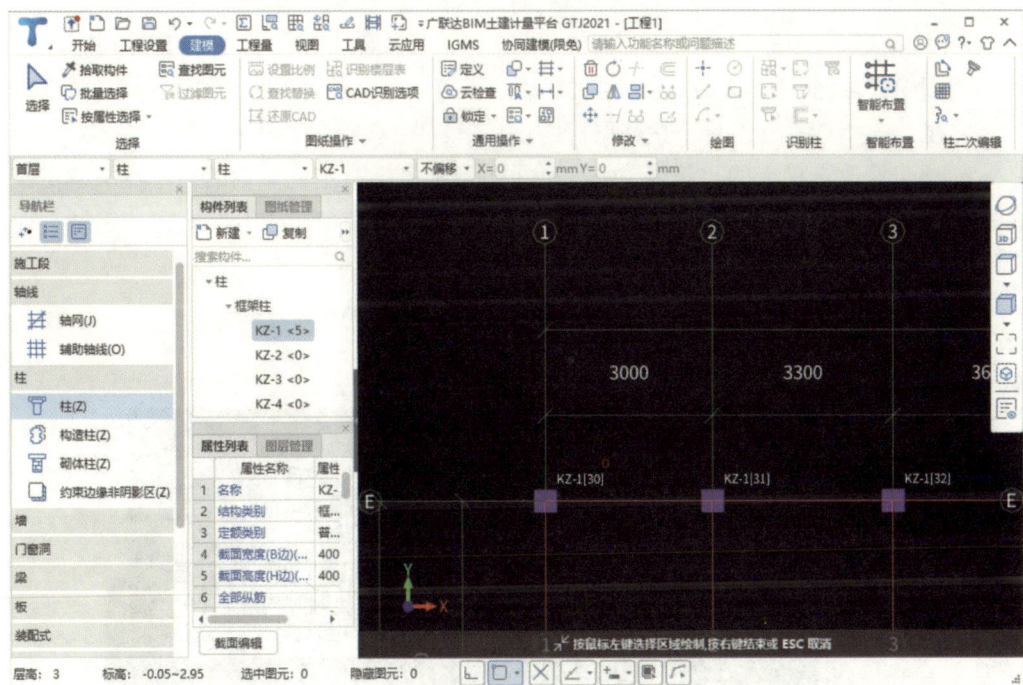

图3-1-11

（2）复制。

当图中区域1的柱和区域2的柱都相同时，可采用"复制"的方法来绘制柱。

a. 在"选择"的命令下，按住鼠标左键拉框选中区域1的柱子；

b. 单击修改选项卡的"复制"命令→单击鼠标左键指定参考点→单击鼠标左键指定插入点（可多次指定），单击鼠标右键完成绘制，如图3-1-12所示。

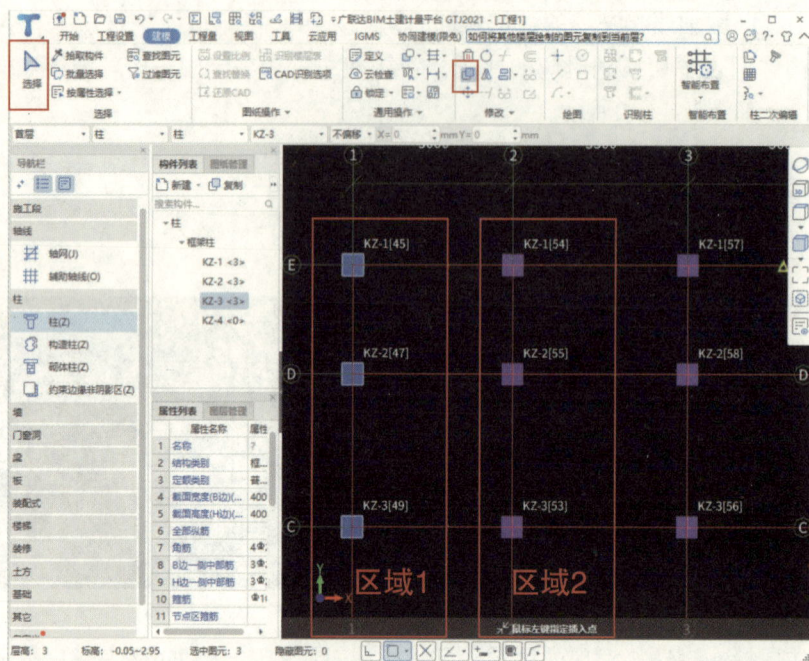

图3-1-12

（3）镜像。

当图中区域1的柱和区域2的柱左右对称时，可采用"镜像"的方法来绘制柱。

a. 在"选择"的命令下，按住鼠标左键拉框选中区域1的柱子；

b. 单击修改选项卡的"镜像"命令→单击鼠标左键指定镜像轴的第一点→单击鼠标左键指定镜像轴的第二点，在弹出的"提示"对话框中单击"否"，完成绘制，如图3-1-13所示。

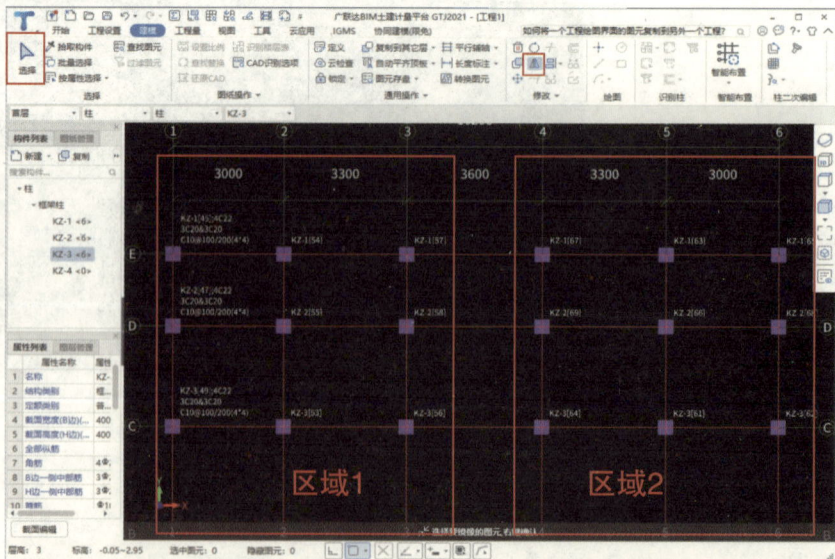

图3-1-13

任务二 案例应用

一、题目要求

[闯关练习]【初级】首层柱建模与计量

试卷：【初级】首层柱建模与计量（共1道题，共计100.0分）

一、实操题（共1道题，共100分）

1、1加X 初级学练 首层柱的定义与绘制

附件：

1号办公楼(首层柱阶段).GTJ 下载

1号办公楼结构图.dwg 下载

1号办公楼建筑图.dwg 下载

作答任务：

识读附件图纸（结施、建施）中首层柱构件，并结合提供的阶段模型完成首层柱构件（钢筋、土建）的定义与绘制；

作答要求：

1）绘制范围明确：仅绘制首层框架柱即可，梯柱、构造柱、及非框架柱均不在计算范围内；

2）阶段工程中的工程信息、楼层信息、计算规则、比重设置、弯钩设置、弯曲调整值设置、损耗设置，均不需要做任何修改；

图3-1-14

二、题目分析

1. 绘制范围。

阶段模型中已经新建了首层所有的框架柱，完成了属性设置和部分柱的绘制，如图3-1-15所示。本题中我们只需要结合1号办公楼结构图——柱墙结构平面图，将剩余的KZ1~KZ6绘制到相应的位置。

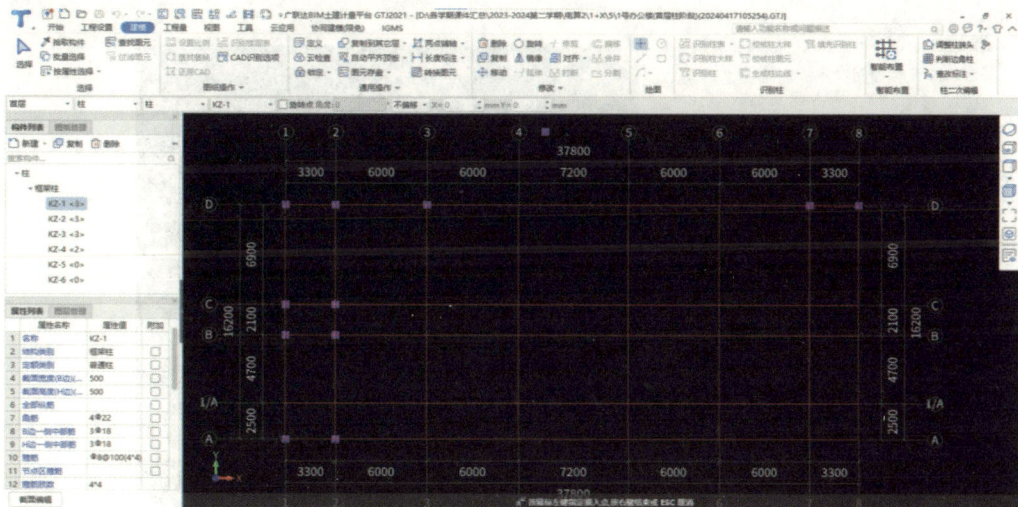

图3-1-15

2. 技巧。

a. ③轴上的区域1柱、④轴上的区域2柱都相同，如图3-1-10所示，采用复制的方法。

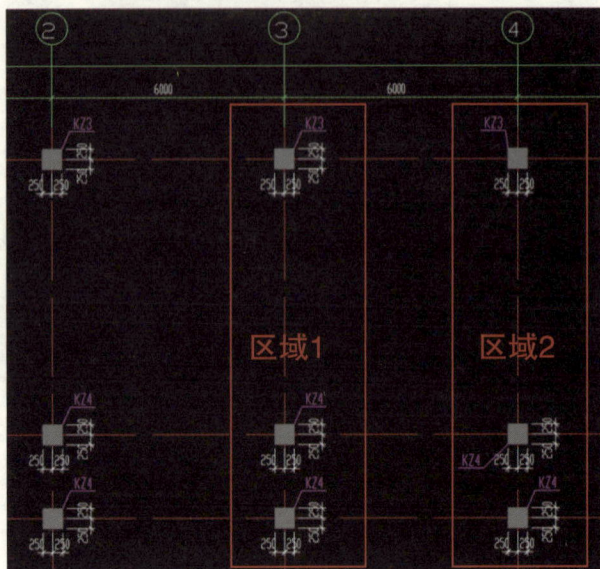

图3-1-16

b. ①~④轴上的柱和⑤~⑧轴上的柱是左右对称的，采用镜像的方法。

c. KZ5和KZ6是偏心柱，采用"Ctrl键+鼠标左键"绘制。

三、操作步骤

1. 在构件列表中切换到KZ4，用鼠标捕捉③轴和ⓒ轴的交点，单击鼠标左键，完成KZ4的绘制，用同样的方法完成③轴和Ⓑ轴上的KZ4，如图3-1-17所示。

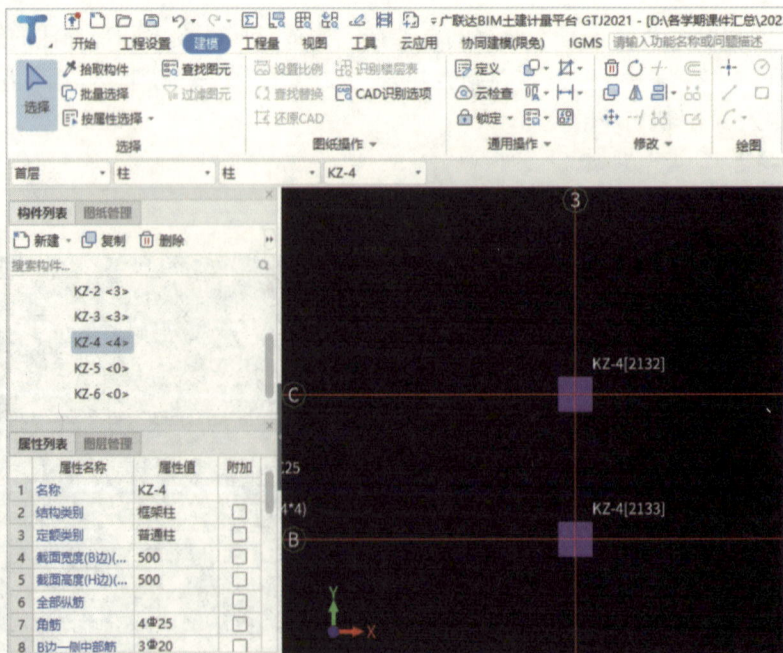

图3-1-17

2. 在"选择"的命令下，按住鼠标左键拉框选中区域1的柱子；单击修改选项卡的"复制"命令→单击鼠标左键指定"③轴和Ⓓ轴的交点"为参考点→单击鼠标左键指定"④轴和Ⓓ轴的交点"为插入点，单击鼠标右键完成绘制，如图3-1-18所示。

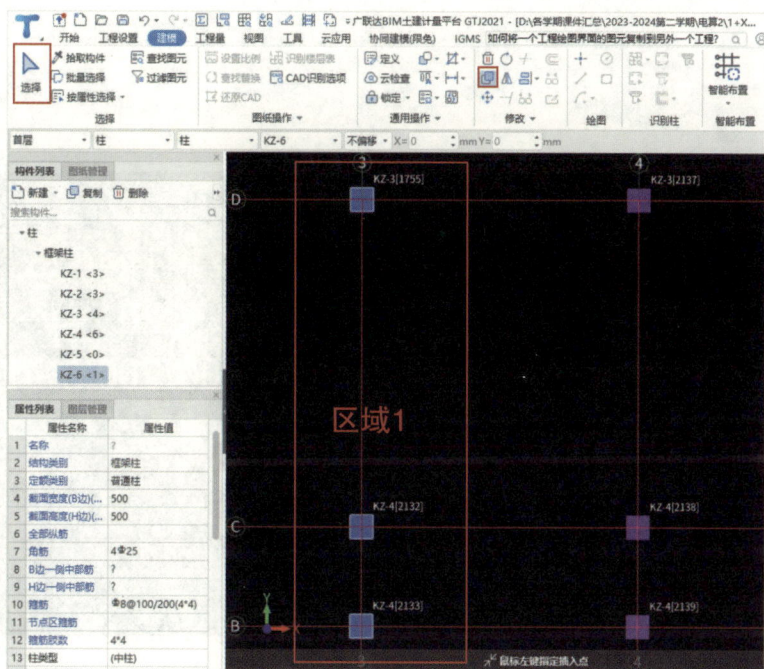

图3-1-18

3. 在构件列表中切换到KZ6，用鼠标捕捉③轴和Ⓐ轴的交点，按住"Ctrl键+鼠标左键"，单击鼠标左键选择需要修改的绿色数据，修改为如图3-1-19所示尺寸，单击鼠标右键完成KZ6的绘制。

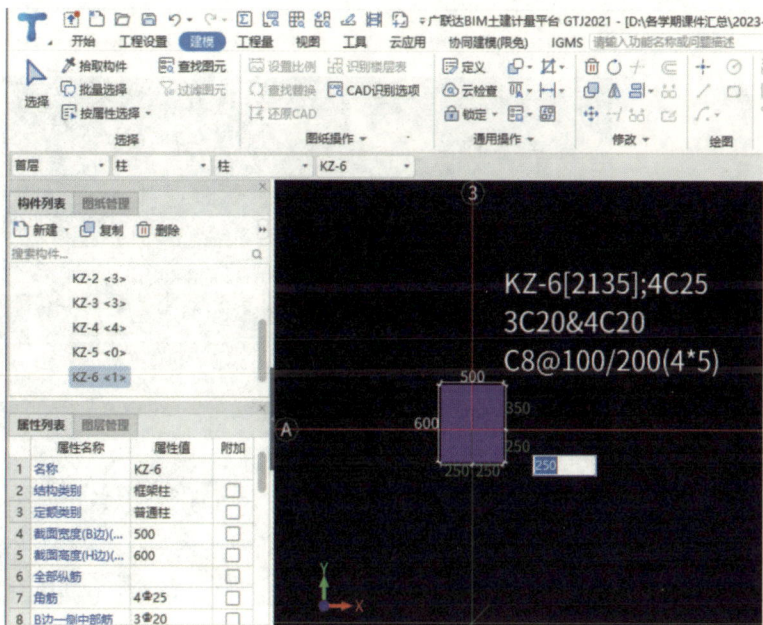

图3-1-19

4. 在构件列表中切换到KZ5，用鼠标捕捉④轴和①/A轴的交点，按住"Ctrl键+鼠标左键"，单击鼠标左键选择需要修改的绿色数据，修改为如图3-1-20所示尺寸，单击鼠标右键完成KZ5的绘制。

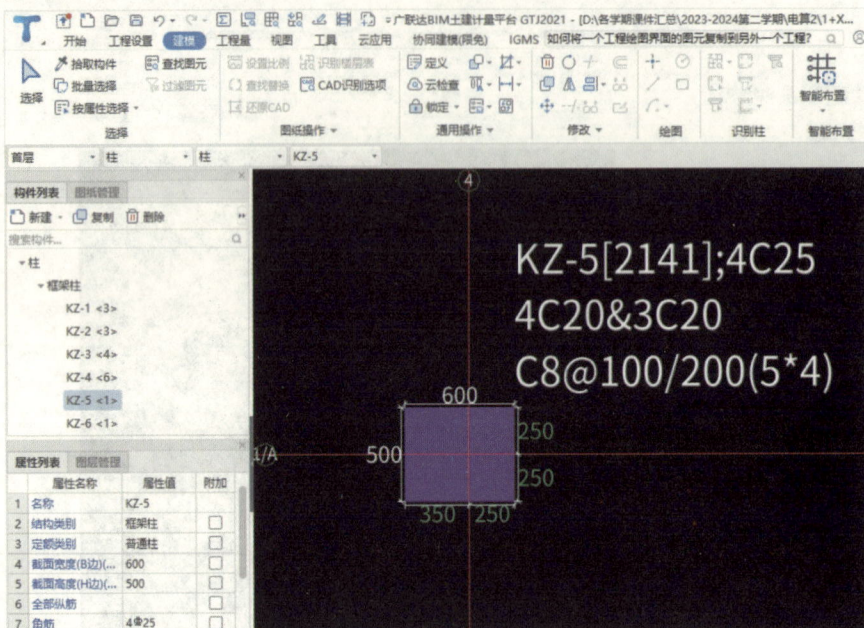

图3-1-20

5. 在"选择"的命令下，按住鼠标左键两次拉框选中区域1和区域2的柱子，如图3-1-21所示。

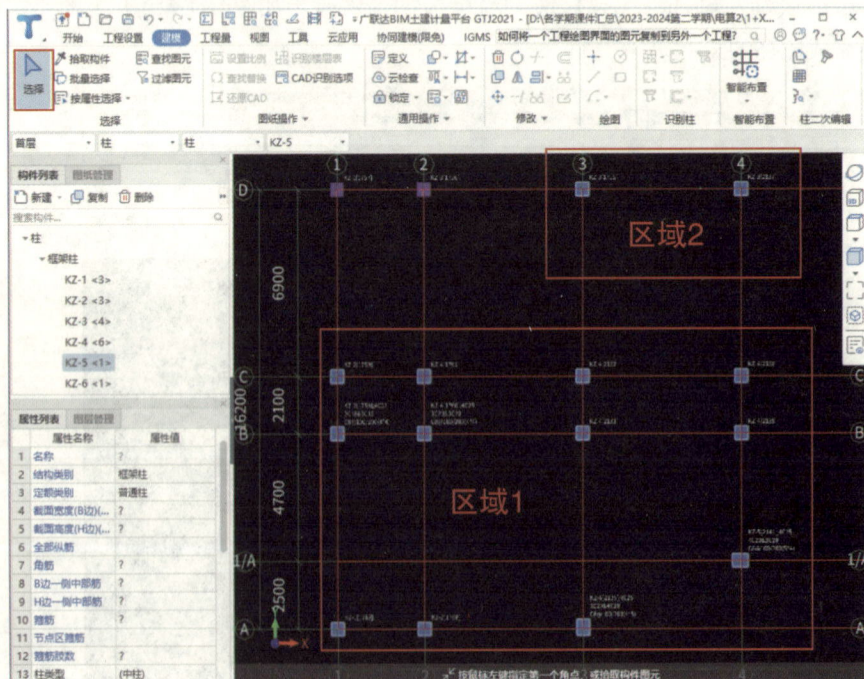

图3-1-21

6. 单击修改选项卡的"镜像"命令→单击鼠标左键指定"Ⓓ轴上④轴和⑤轴间的中点"为镜像轴的第一点→单击鼠标左键指定"Ⓒ轴上④轴和⑤轴间的中点"为镜像轴的第二点，在弹出的"提示"对话框中单击"否"，完成绘制，如图3-1-22所示。

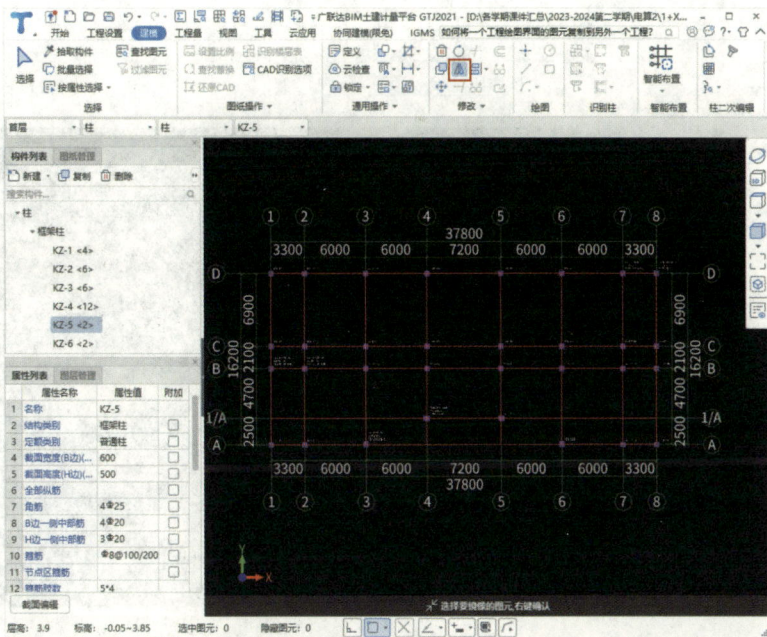

图3-1-22

7. 在"工程量"的页签栏下，单击"汇总计算"，单击"确定"，如图3-1-23所示。汇总计算完成后，单击"确定"。

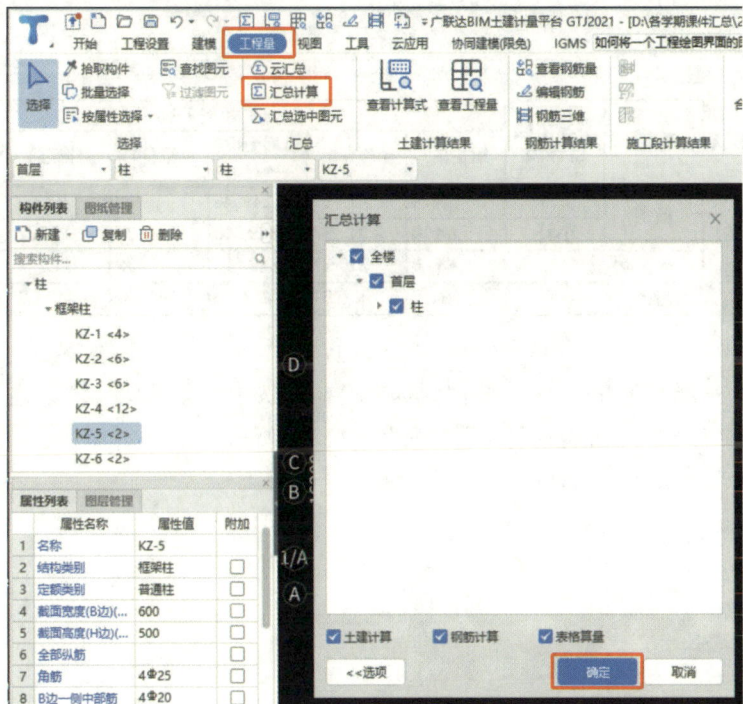

图3-1-23

8. 在"选择"的命令下，按住鼠标左键拉框选中首层的所有框架柱，单击"土建计算结果"选项卡中的"查看工程量"，如图3-1-24所示。

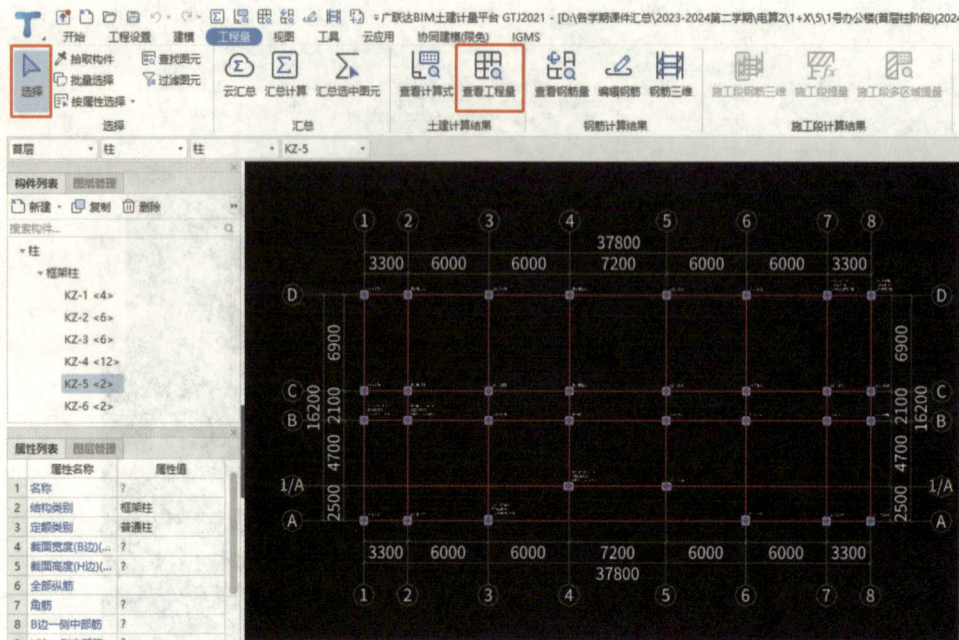

图3-1-24

9. 核对首层框架柱的土建工程量，如图3-1-25所示。

查看构件图元工程量

构件工程量	做法工程量

○ 清单工程量　○ 定额工程量　☑ 显示房间、组合构件量　☑ 只显示标准层单层量　□ 显示施工段归类

	截面形状	楼层	混凝土强度等级	工程量名称					
				周长(m)	体积(m3)	模板面积(m2)	数量(根)	高度(m)	截面面积(m2)
1	矩形柱	首层	C30	64.8	31.57	249.48	32	123.2	8.2
2			小计	64.8	31.57	249.48	32	123.2	8.2
3		小计		64.8	31.57	249.48	32	123.2	8.2
4		合计		64.8	31.57	249.48	32	123.2	8.2

图3-1-25

10. 在"选择"的命令下，按住鼠标左键拉框选中首层的所有框架柱，单击钢筋计算结果选项卡中的"查看钢筋量"，如图3-1-26所示。

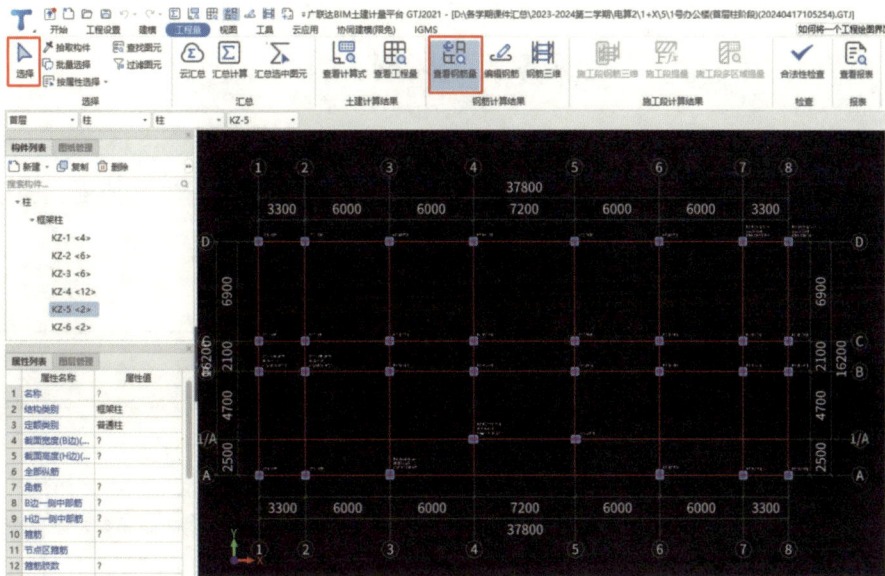

图3-1-26

11. 核对首层框架柱的钢筋工程量，如图3-1-27所示。

查看钢筋量

☐ 导出到Excel ☐ 显示施工段归类

钢筋总重量（Kg）：8251.816

楼层名称	构件名称	钢筋总重量（kg）	HRB400					
			8	18	20	22	25	合计
1	KZ-1[1743]	247.011	78.975	110.856		57.18		247.011
2	KZ-1[1757]	247.011	78.975	110.856		57.18		247.011
3	KZ-1[1769]	247.011	78.975	110.856		57.18		247.011
4	KZ-1[2147]	247.011	78.975	110.856		57.18		247.011
5	KZ-2[1758]	222.711	54.675	110.856		57.18		222.711
6	KZ-2[1759]	222.711	54.675	110.856		57.18		222.711
7	KZ-2[1768]	222.711	54.675	110.856		57.18		222.711
8	KZ-2[2148]	222.711	54.675	110.856		57.18		222.711
9	KZ-2[2151]	222.711	54.675	110.856		57.18		222.711
10	KZ-2[2153]	222.711	54.675	110.856		57.18		222.711
11	KZ-3[1735]	241.559	54.783	110.856			75.92	241.559
12	KZ-3[1755]	241.559	54.783	110.856			75.92	241.559
13	KZ-3[1756]	241.559	54.783	110.856			75.92	241.559
14	KZ-3[2137]	241.559	54.783	110.856			75.92	241.559
15	KZ-3[2155]	241.559	54.783	110.856			75.92	241.559
16	KZ-3[2156]	241.559	54.783	110.856			75.92	241.559
17	首层	KZ-4[1760]	270.251	54.783		139.548		75.92	270.251
18	KZ-4[1761]	270.251	54.783		139.548		75.92	270.251
19	KZ-4[2132]	271.555	55.863		139.692		76	271.555
20	KZ-4[2133]	271.555	55.863		139.692		76	271.555
21	KZ-4[2138]	271.555	55.863		139.692		76	271.555
22	KZ-4[2139]	271.555	55.863		139.692		76	271.555
23	KZ-4[2143]	271.555	55.863		139.692		76	271.555
24	KZ-4[2145]	271.555	55.863		139.692		76	271.555
25	KZ-4[2146]	270.251	54.783		139.548		75.92	270.251
26	KZ-4[2149]	271.555	55.863		139.692		76	271.555
27	KZ-4[2150]	271.555	55.863		139.692		76	271.555
28	KZ-4[2152]	270.251	54.783		139.548		75.92	270.251
29	KZ-5[2141]	306.177	67.203		162.974		76	306.177
30	KZ-5[2144]	306.177	67.203		162.974		76	306.177
31	KZ-6[2135]	306.177	67.203		162.974		76	306.177
32	KZ-6[2154]	306.177	67.203		162.974		76	306.177
33	合计：	8251.816	1907.496	1773.696	2327.624	571.8	1671.2	8251.816

图3-1-27

任务三　拓展提高

　　根据教材提供图纸，求首层框架柱的混凝土和钢筋工程量，并完成任务笔记和项目评价表。任务笔记和项目评价表分别见表3-1-2、表3-1-3。

表3-1-2　任务笔记

框架柱建模与计量笔记			
班级：	组别：	组长：	组员：
任务	笔记内容	完成人及完成时间	
	框架柱绘制步骤内容：		
	框架柱钢筋输入内容：		
优点：	缺点：	改进计划：	

表3-1-3 项目评价表

评价项目	评价内容	评价标准	评价方式			
			自我评价	小组评价	教师评价	学生评价教师
职业素养	责任意识、任务完成度	5分:自觉遵守课堂、实训室纪律,出色完成知识掌握和运用的任务; 3分:能够遵守规章制度,较好地完成任务; 1分:遵守纪律,任务完成得不彻底				
	学习态度、敬业精神	5分:积极参与教学活动,全勤; 3分:对大部分知识感兴趣并能学习掌握,偶尔缺勤; 1分:只对小部分知识感兴趣,偶尔缺勤				
	团队合作、交流共享意识	5分:积极与同学合作交流,及时完成学习任务; 3分:与大部分同学分享交流,完成学习任务; 1分:喜欢独立思考,自主性较强,完成学习任务				
专业能力	基础知识掌握能力	5分:对本项目全部基础知识能掌握、理解; 3分:对本项目大部分基础知识能掌握、理解; 1分:对本项目感兴趣的基础知识能掌握、理解				
	知识运用能力	5分:本项目测试题正确率达100%; 4分:本项目测试题正确率90%以上; 3分:本项目测试题正确率80%以上; 2分:本项目测试题正确率70%以上; 1分:本项目测试题正确率60%以上				
创新能力		对部分知识点产生新的理解,能提出创新性建议,能改进学习方式、方法(评分标准分别为5分、3分、1分)				
学生姓名			综合评价得分			
授课教师			日期			

项目2　剪力墙构件的建模与计量

项目描述

"1+X"工程造价数字化应用（初级）闯关练习清单规则选择"房屋建筑与装饰工程计量规范计算规则（2013-考试专用）"，"1+X"认证考试是北京规则，定额规则、清单库和定额库均选无。本项目对应闯关6训练模式。

任务一　任务实施

剪力墙的属性定义。

1. 在"导航栏"中单击"墙"→"剪力墙"，在构件列表中单击"新建"→根据图纸信息选择"新建内墙/新建外墙/新建异形墙/新建参数化墙"，如图3-2-1所示。

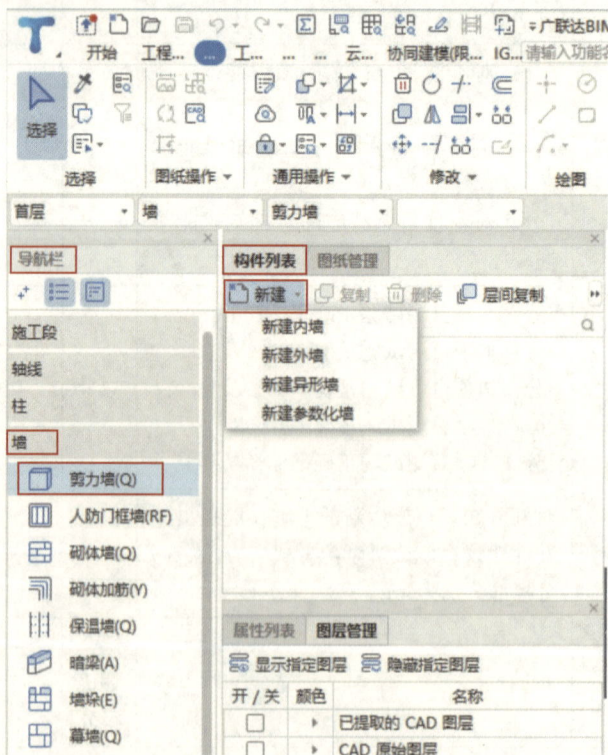

图3-2-1

2. 结合图纸中剪力墙的信息，在属性列表中输入相应的属性值，如例题1所示。

例题1　已知剪力墙Q1为外墙，Q1250的尺寸和配筋信息如图3-2-2所示，拉筋为梅花布置，首层标高为-0.1～3.8，完成首层Q1的属性设置，如图3-2-3、图3-2-4、图3-2-5所示。

剪力墙身表

编号	标高	墙厚	水平分布筋	垂直分布筋	拉筋
Q1(2排)	-0.100～7.700	250	Φ12@200	Φ12@200	Φ8@600
	7.700～15.500	250	Φ10@200	Φ10@200	Φ6@600

图3-2-2

	属性名称	属性值	附加
1	名称	Q1	
2	厚度(mm)	250	
3	轴线距左墙皮...	(125)	
4	水平分布钢筋	(2)Φ12@200	
5	垂直分布钢筋	(2)Φ12@200	
6	拉筋	Φ8@600*600	
7	材质	预拌混凝土	
8	混凝土类型	(预拌砼)	
9	混凝土强度等级	(C30)	
10	混凝土外加剂	(无)	
11	泵送类型	(混凝土泵)	
12	泵送高度(m)		
13	内/外墙标志	(外墙)	✓
14	类别	混凝土墙	
15	起点顶标高(m)	层顶标高	
16	终点顶标高(m)	层顶标高	
17	起点底标高(m)	层底标高	
18	终点底标高(m)	层底标高	
19	备注		

		属性值	附加
20	⊟ 钢筋业务属性		
21	其它钢筋		
22	保护层厚...	(15)	
23	汇总信息	(剪力墙)	
24	压墙筋		
25	纵筋构造	设置插筋	
26	插筋信息		
27	水平钢筋...	否	
28	水平分布...	不计入	
29	抗震等级	(一级抗震)	
30	锚固搭接	按默认锚固搭接计算	
31	计算设置	按默认计算设置计算	
32	节点设置	按默认节点设置计算...	
33	搭接设置	按默认搭接设置计算	
34	⊞ 土建业务属性		
42	⊞ 显示样式		

图3-2-3

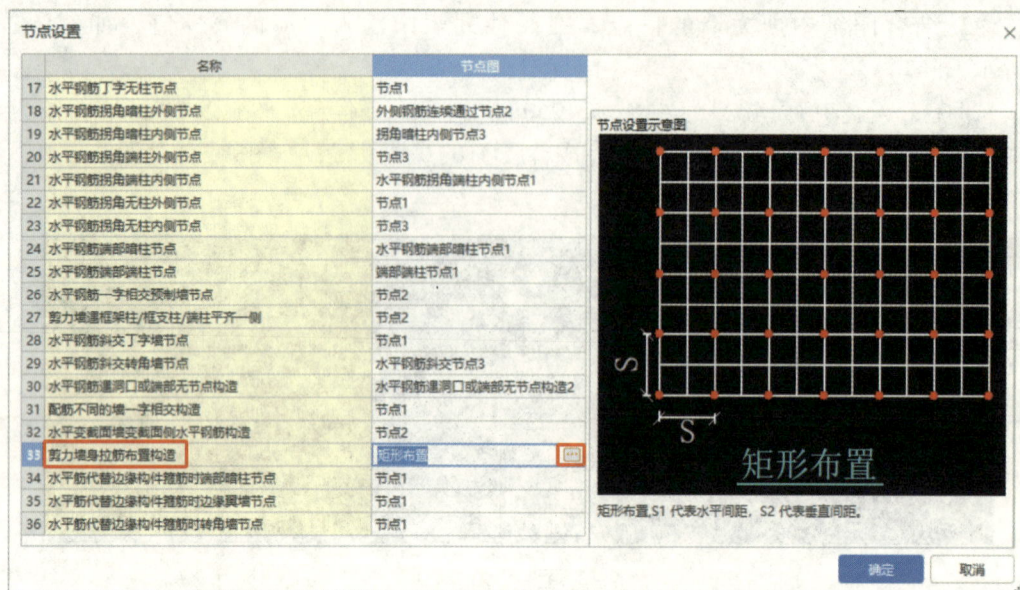

图3-2-4

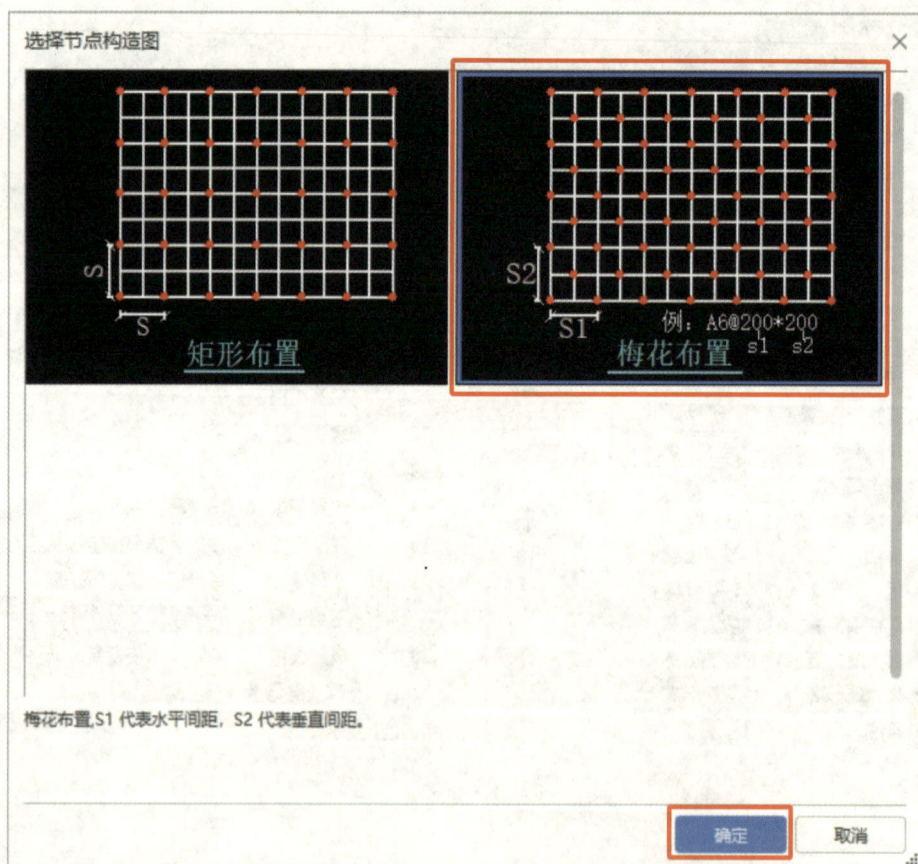

图3-2-5

任务二 案例应用

一、题目要求

[闯关练习]1加X 学练实操 第二题

试卷：1加X 学练实操 第二题 （共1道题，共计100.0分）

一、实操题 （共1道题，共100分）

1、1加X 初级学练 首层暗柱、剪力墙、连梁、墙洞 构件绘制

附件：

1号办公楼建筑图.dwg　　下载

1号办公楼(首层暗柱、剪力墙、连梁、洞口阶段).GTJ　　下载

1号办公楼结构图.dwg　　下载

作答任务：

识读附件图纸（结施、建施）中首层剪力墙相关构件（墙身、墙柱、墙梁），并结合提供的阶段模型完成首层暗柱、剪力墙、连梁、墙洞构件（钢筋、土建）的定义与绘制；

作答要求：

1）绘制范围明确：在提供阶段模型的基础上，绘制首层暗柱、剪力墙、连梁、墙洞构件即可；

2）阶段工程中的工程信息、楼层信息、计算规则、比重设置、弯钩设置、弯曲调整值设置、损耗设置，均不需做任何修改；

图3-2-6

二、题目分析

1. 绘制范围。

结合1号办公楼结构图——柱墙结构平面图，将首层剪力墙绘制到相应的位置，暗柱、连梁和墙洞暂时不考虑。

2. 技巧。

本题采用CAD识别的方法先识别剪力墙墙身表，再识别剪力墙构件。

三、操作步骤

1. 在"导航栏"中单击"墙"→"剪力墙"，在"图纸管理"中单击"添加图纸"→选择"1号办公楼结构图"，单击打开，完成添加，如图3-2-7所示。

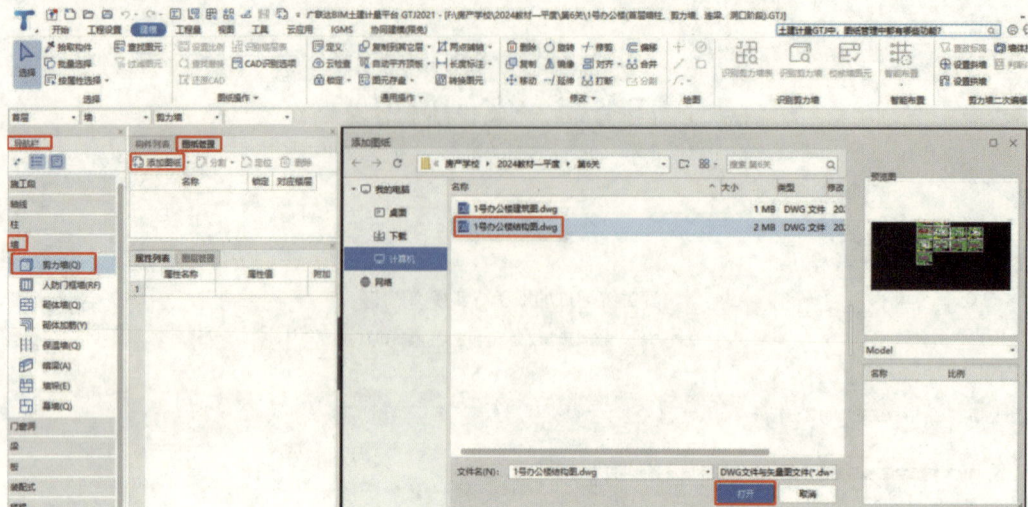

图3-2-7

2. 单击"分割"→手动分割，按住鼠标左键拉框选中"柱墙结构平面图"，右键确认，弹出"手动分割"对话框（图3-2-8），鼠标左键单击图纸名称，单击 ⋯ 选择对应楼层为"首层"（图3-2-9），单击确定，完成图纸分割。

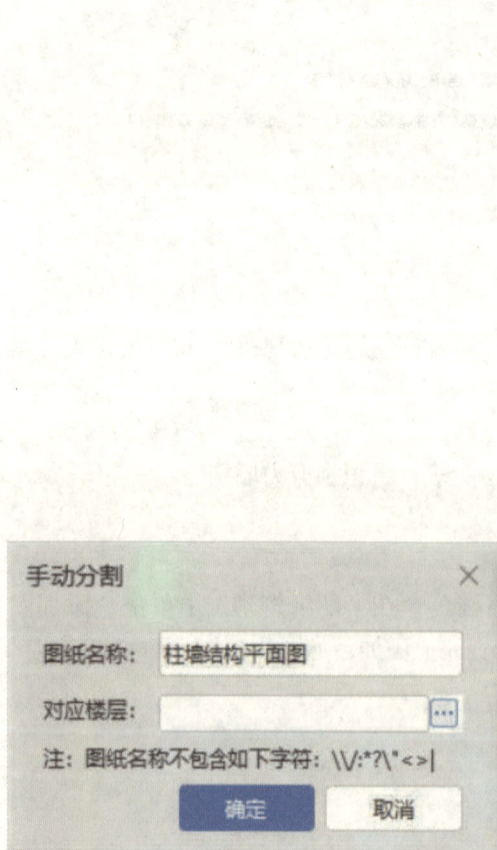

图3-2-9

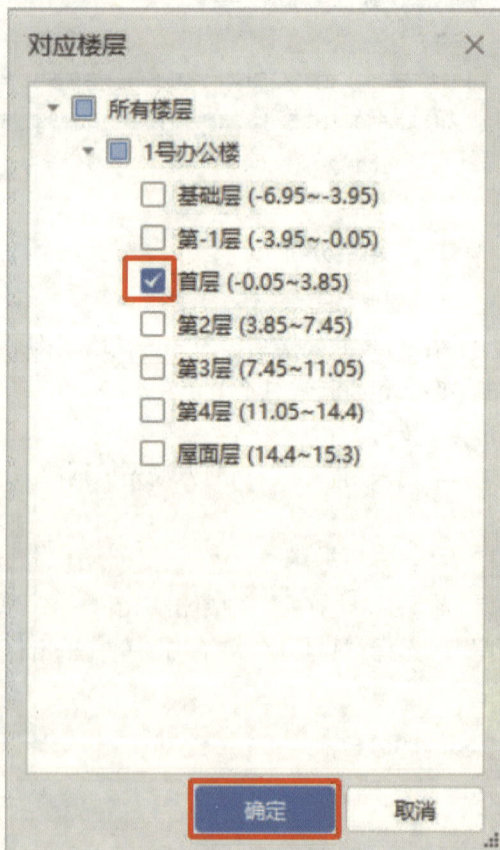

图3-2-8

3. 按住鼠标左键双击"图纸管理"中分割好的"柱墙结构平面图"，检查原始
CAD图的轴网和软件中的轴网不重合之处，单击"定位"→鼠标左键单击原始CAD图
①轴和Ⓐ轴的交点（如图3-2-10所示点1）→鼠标左键单击软件中已经提取的轴网中
①轴和Ⓐ轴的交点（如图3-2-10所示点2），使轴网重合。

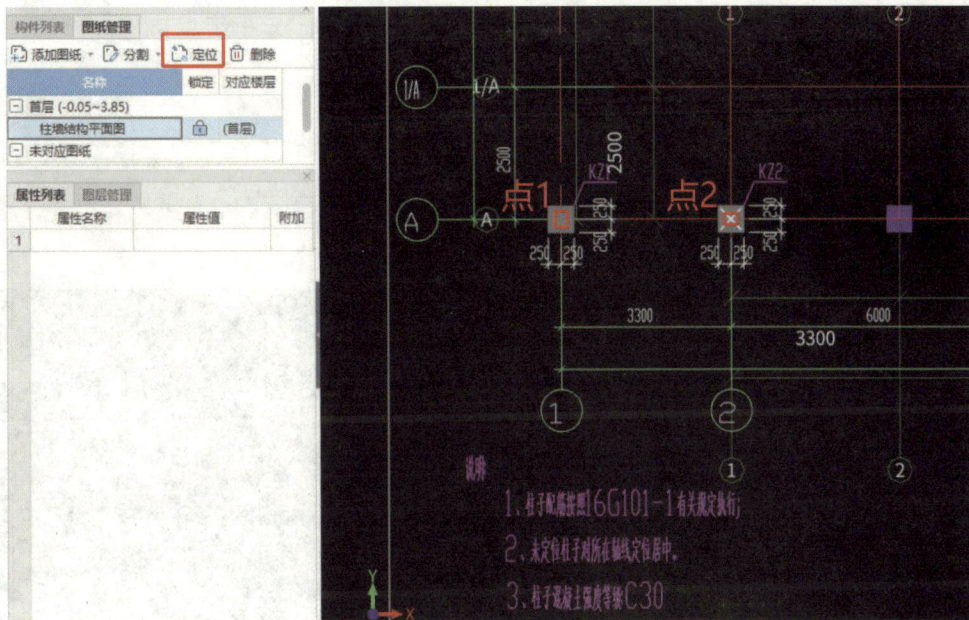

图3-2-10

4. 单击"分割"→手动分割，按住鼠标左键拉框选中"剪力墙表"，右键确认，
弹出"手动分割"对话框，图纸名称：剪力墙表，单击 ⋯ 选择对应楼层为"首层"，
单击确定，完成图纸分割，如图3-2-11所示。

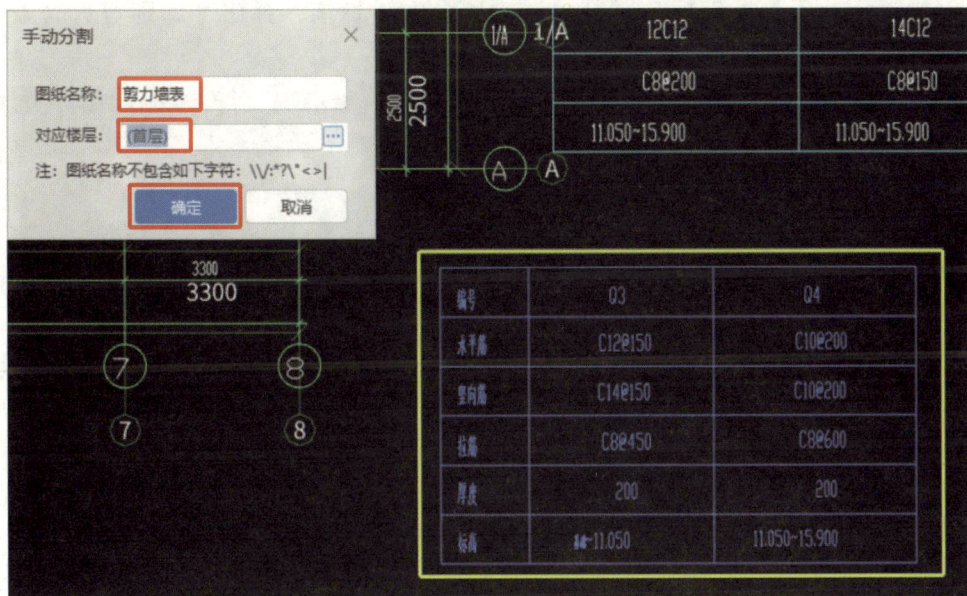

图3-2-11

5. 按住鼠标左键双击“图纸管理”中分割好的“剪力墙表”，在“图纸管理”中，单击“剪力墙表”后面的“锁定”符号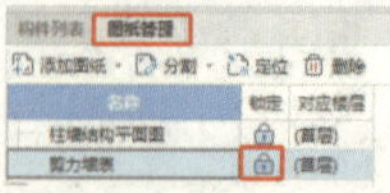，按住鼠标左键框选“剪力墙表”，在修改选项卡中单击“旋转”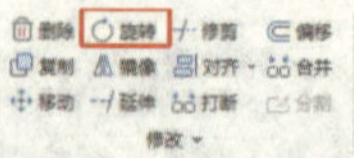，先单击点1，再单击点2，如图3-2-12所示。

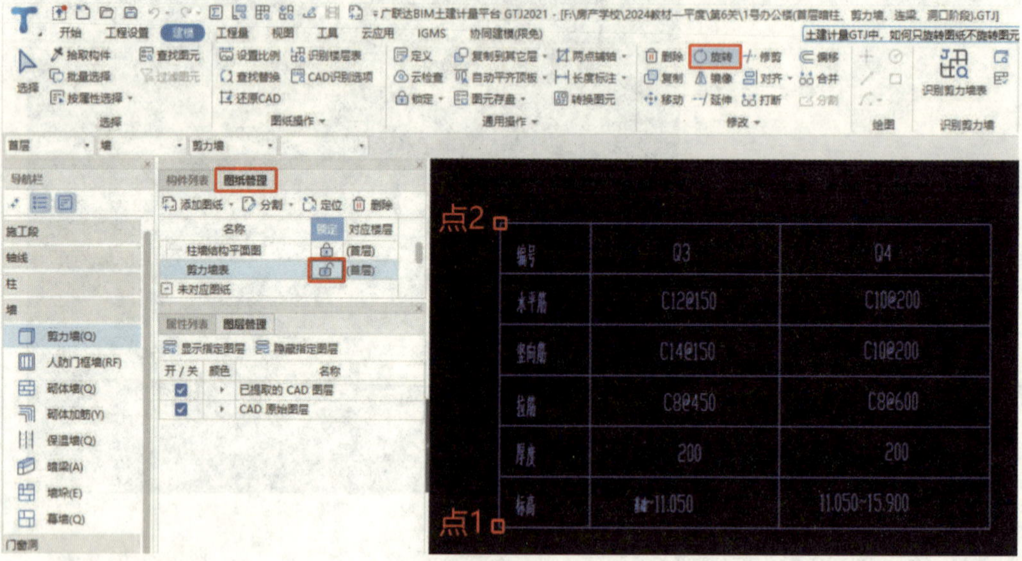
点2
点1
编号
Q3
Q4
水平筋
C12@150
C10@200
竖向筋
C14@150
C10@200
拉筋
C8@450
C8@600
厚度
200
200
标高
11.050~15.900

图3-2-12

6. 在“建模”的页签栏下，选择识别剪力墙选项卡中的“识别剪力墙表”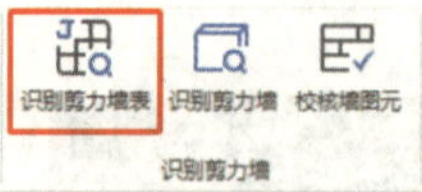，左键框选“剪力墙表”，右键确认，弹出“识别剪力墙表”对话框，检查核对剪力墙的信息，选中最后一行，单击删除行，单击识别，如图3-2-16所示。

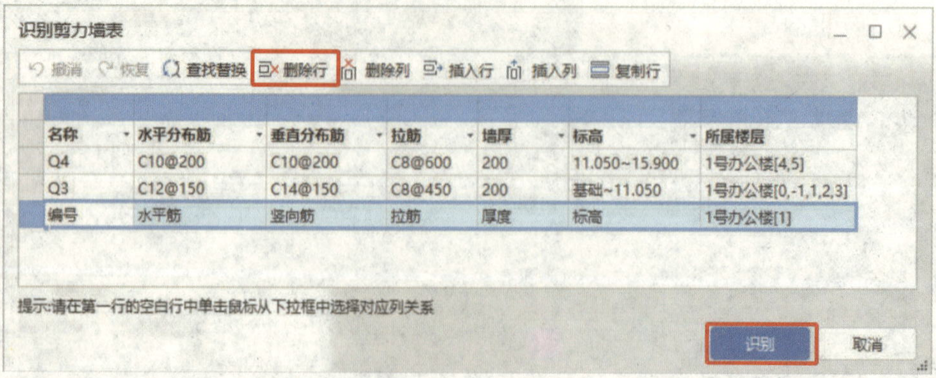
识别剪力墙表
撤消
恢复
查找替换
删除行
删除列
插入行
插入列
复制行
名称
水平分布筋
垂直分布筋
拉筋
墙厚
标高
所属楼层
Q4
C10@200
C10@200
C8@600
200
11.050~15.900
1号办公楼[4,5]
Q3
C12@150
C14@150
C8@450
200
基础~11.050
1号办公楼[0,-1,1,2,3]
编号
水平筋
竖向筋
拉筋
厚度
标高
1号办公楼[1]
提示:请在第一行的空白行中单击鼠标从下拉框中选择对应列关系
识别
取消

图3-2-13

7. 在"图纸管理"中，单击鼠标左键双击"柱墙结构平面图"，在识别剪力墙选项卡中单击"识别剪力墙"，如图3-2-14所示。

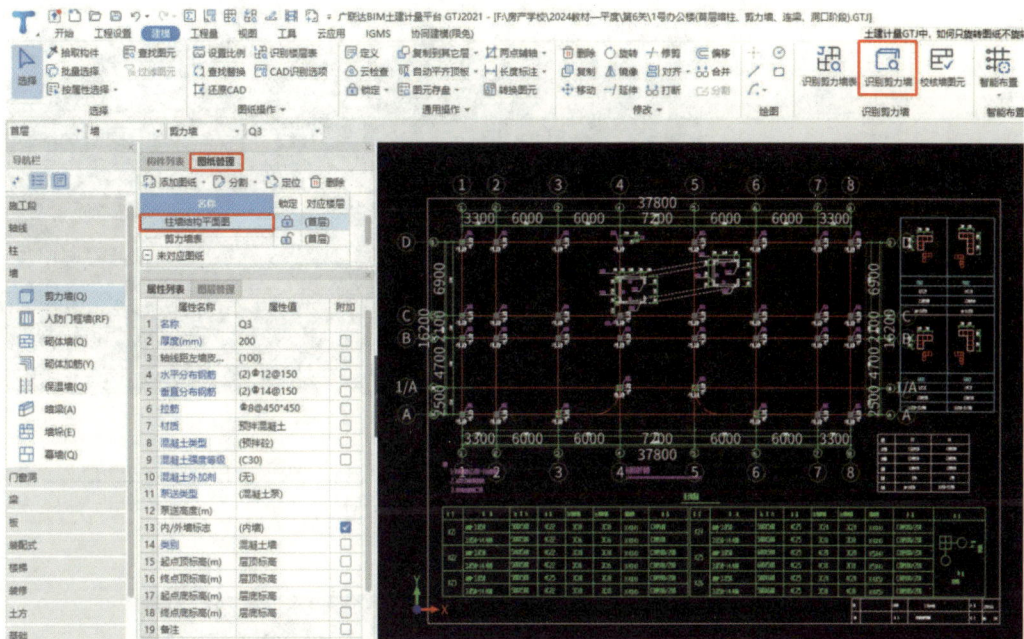

图3-2-14

8. 单击"提取剪力墙边线"，按住鼠标左键选中所有剪力墙边线，切换到"单图元选择"，如图3-2-15所示，单击鼠标左键选择不是剪力墙边线的图元，以及不需要在本层识别的剪力墙边线，整理完成后如图3-2-16所示，单击鼠标右键，完成剪力墙边线提取。

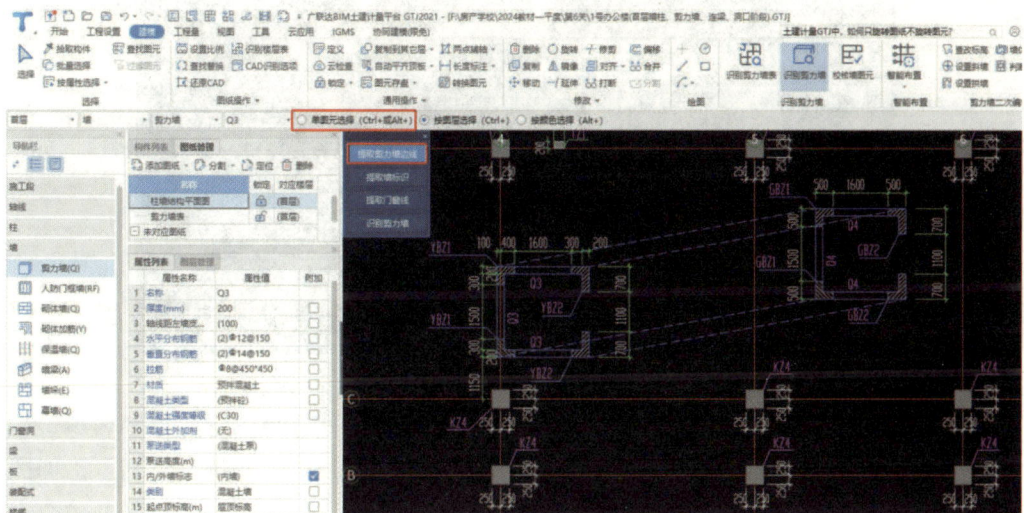

图3-2-15

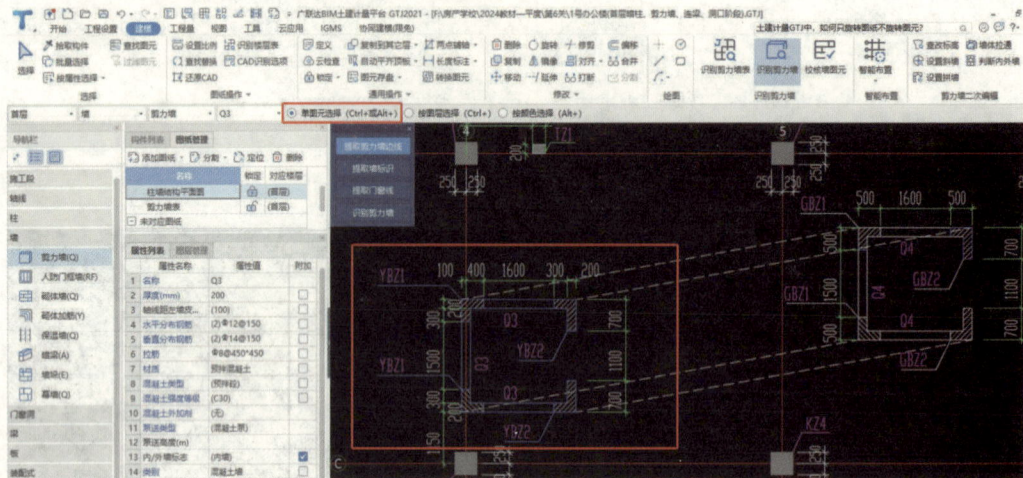

图3-2-16

9. 单击"提取墙标识"，切换到"按图层选择" ○ 单图元选择 (Ctrl+或Alt+) ⦿ 按图层选择 (Ctrl+) ○ 按颜色选择 (Alt+)，鼠标左键选择剪力墙的标识，如图3-2-17所示，单击鼠标右键，完成剪力墙标识提取。

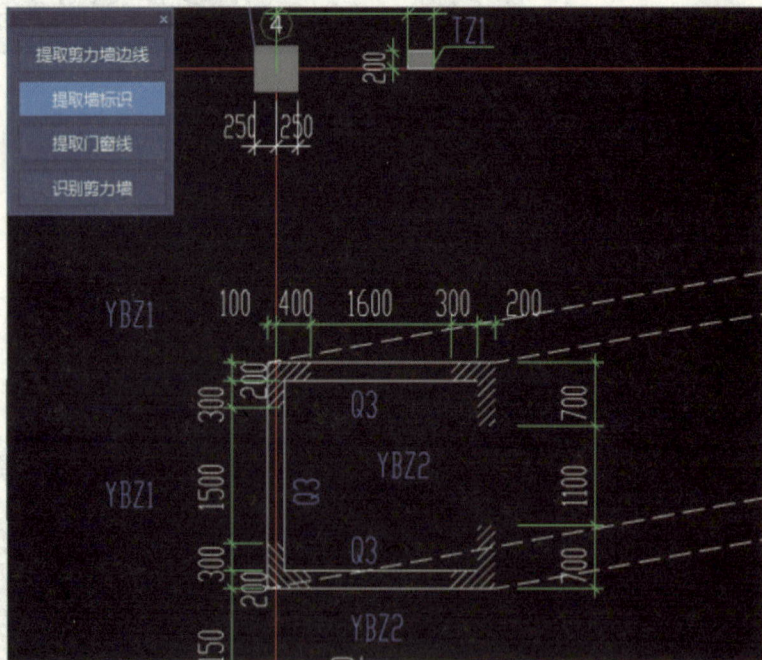

图3-2-17

10. 单击"识别剪力墙"，弹出"识别剪力墙"对话框，单击标题栏"名称"中的Q3，软件自动对应到Q3的图元，检查是否要识别，本题中应勾选"识别"，如图3-2-18所示，单击标题栏"名称"中的JLQ-1，软件自动对应到Q3的图元，检查是否要识别，本题中应取消勾选"识别"，如图3-2-19所示，单击自动识别。

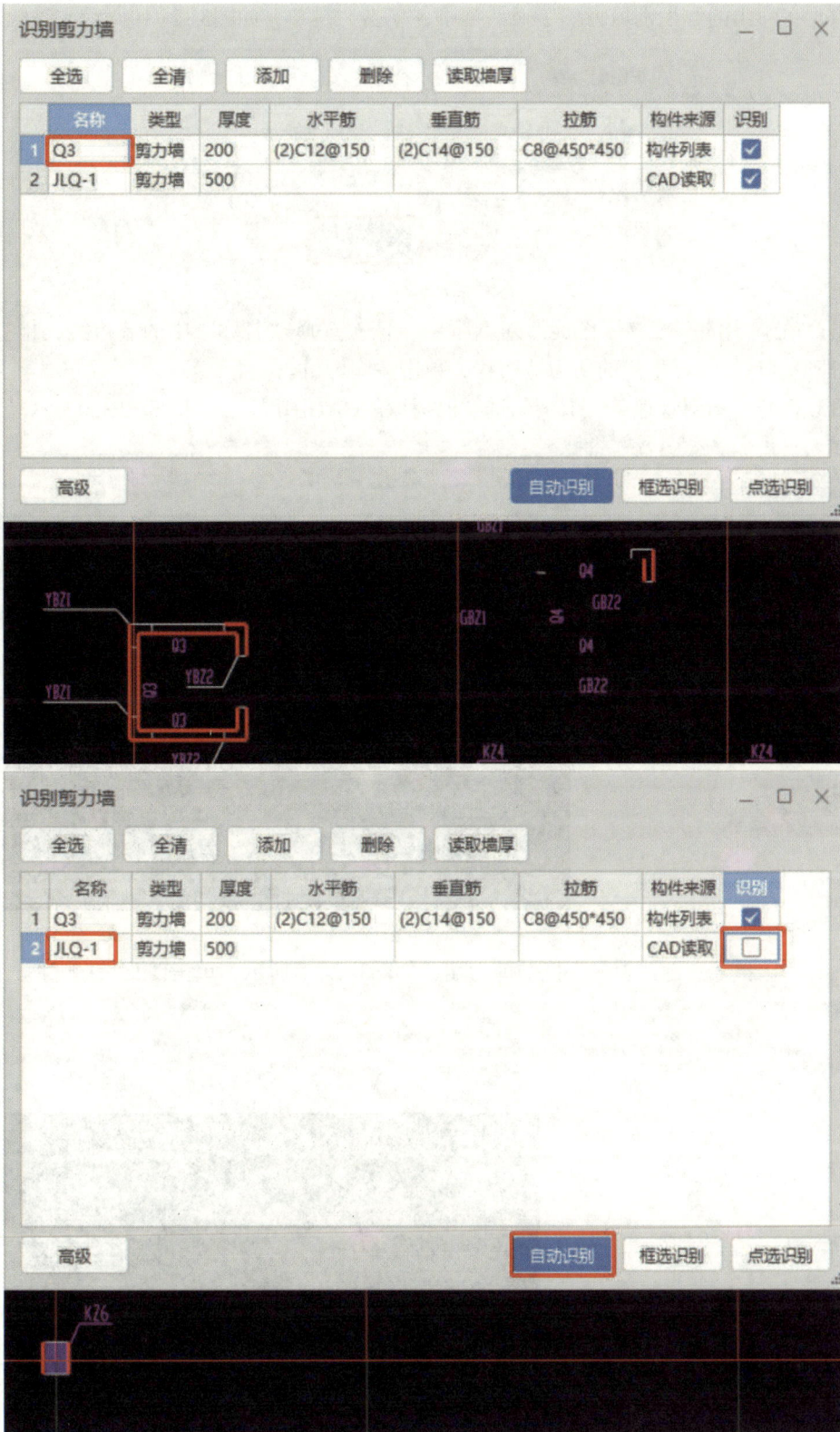

识别剪力墙

	名称	类型	厚度	水平筋	垂直筋	拉筋	构件来源	识别
1	Q3	剪力墙	200	(2)C12@150	(2)C14@150	C8@450*450	构件列表	✓
2	JLQ-1	剪力墙	500				CAD读取	✓

高级　　　　　　　　　　　　　　　　　自动识别　框选识别　点选识别

识别剪力墙

	名称	类型	厚度	水平筋	垂直筋	拉筋	构件来源	识别
1	Q3	剪力墙	200	(2)C12@150	(2)C14@150	C8@450*450	构件列表	✓
2	JLQ-1	剪力墙	500				CAD读取	☐

高级　　　　　　　　　　　　　　　　　自动识别　框选识别　点选识别

图3-2-18

11. 在弹出的"识别剪力墙"对话框中，单击"是"，如图3-2-19所示。

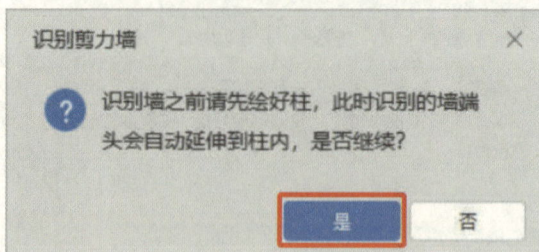

图3-2-19

12. 在弹出的"校核墙图元"对话框中，依次选择"名称"中的墙边线，检查核对，都不是首层需要生成的剪力墙边线，单击关闭即可。

13. 打开"图层管理"，取消勾选"已提取的CAD图层"，如图3-2-20所示。

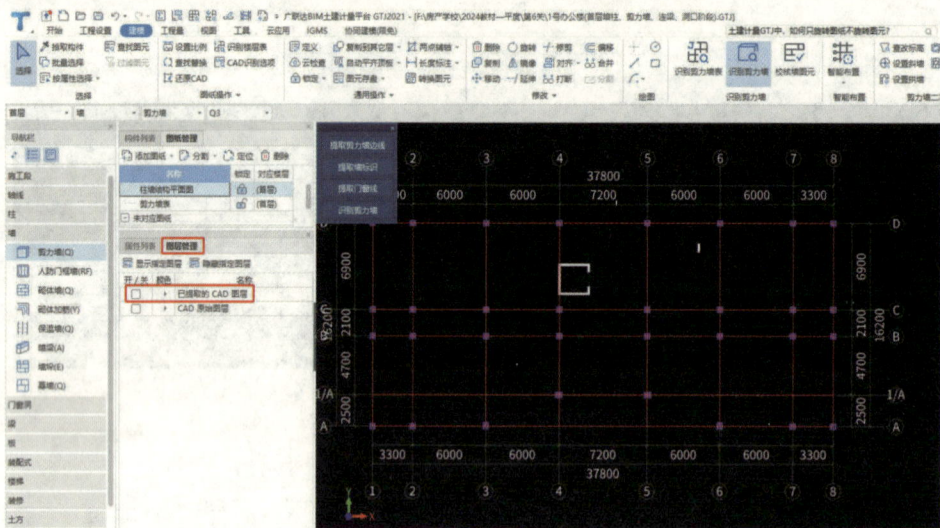

图3-2-20

14. 单击鼠标左键选中多识别的剪力墙，如图3-2-21所示，单击Delete键删除。

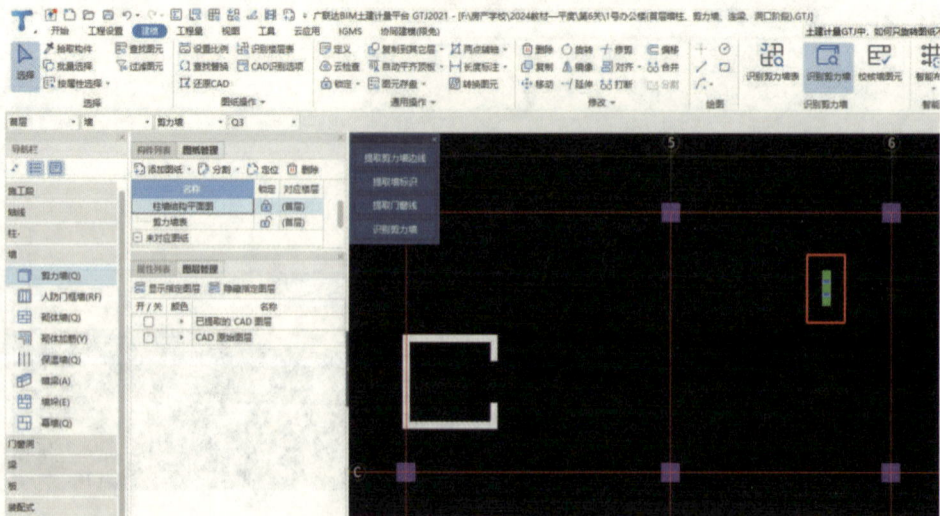

图3-2-21

15. 单击鼠标左键选中如图所示剪力墙，单击点1，将其移动到点2的位置，单击点2，如图3-2-23所示。

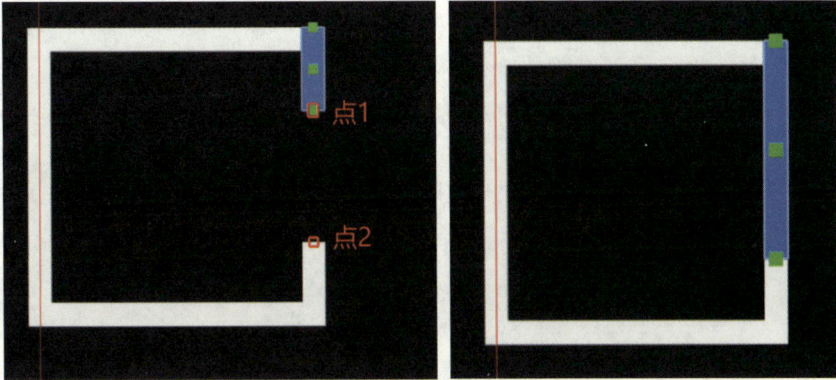

图3-2-22

16. 单击鼠标左键再次选中如图所示剪力墙，单击鼠标右键，选择"合并"，如图3-2-23、图3-2-24所示。

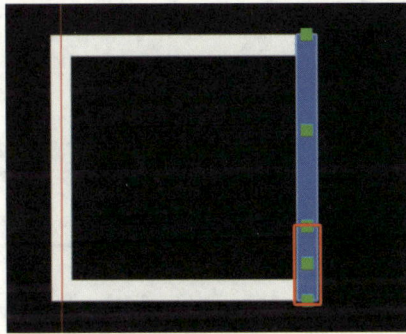

图3-2-23

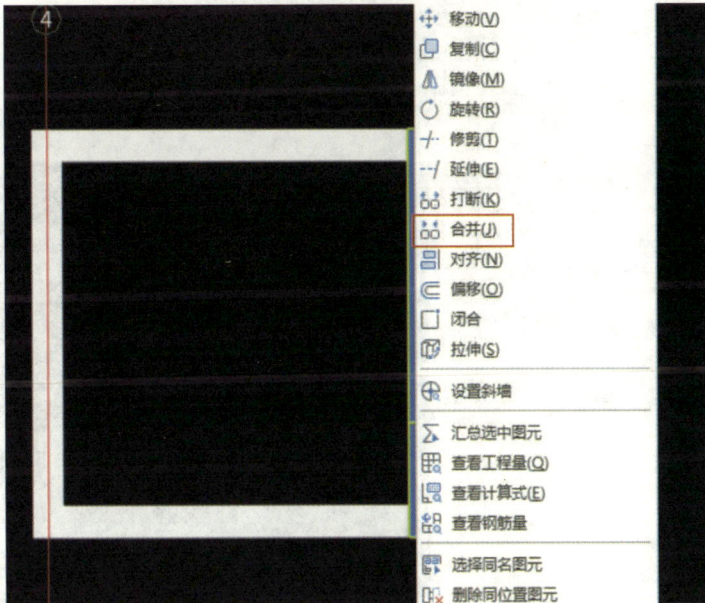

图3-2-24

17. 在"工程量"的页签栏下，单击"汇总计算"，单击"确定"，如图3-2-25所示。汇总计算完成后，单击"确定"。

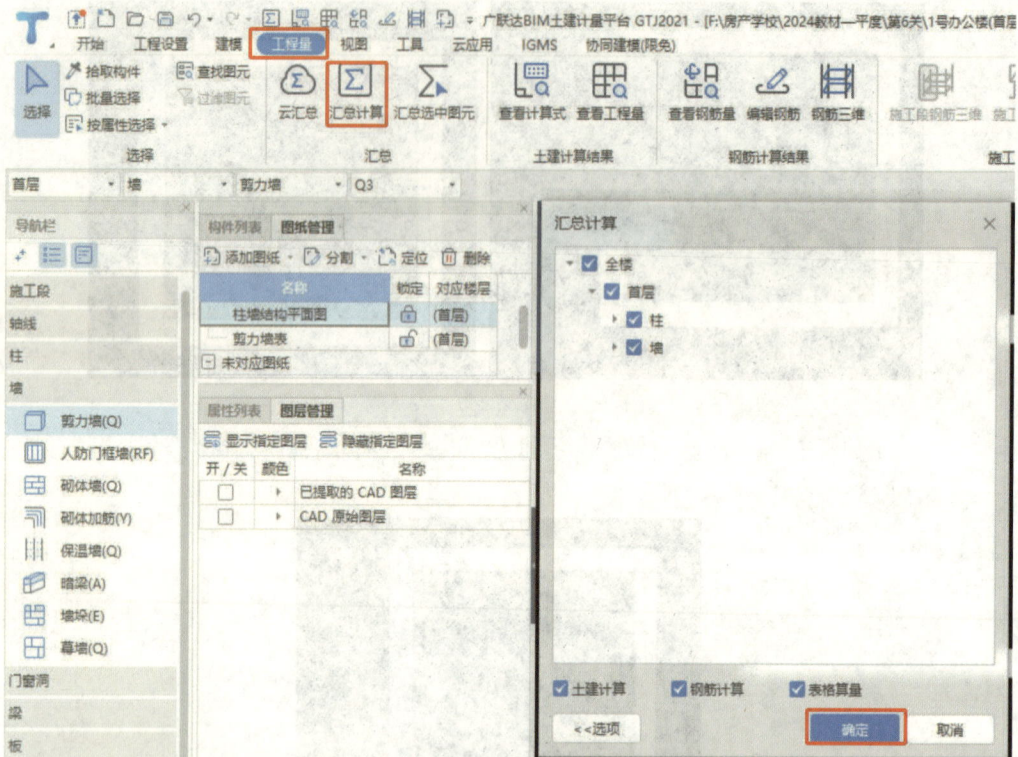

图3-2-25

18. 在"选择"的命令下，按住鼠标左键拉框选中首层的所有剪力墙，单击土建计算结果选项卡中的"查看工程量"，如图3-2-26所示。

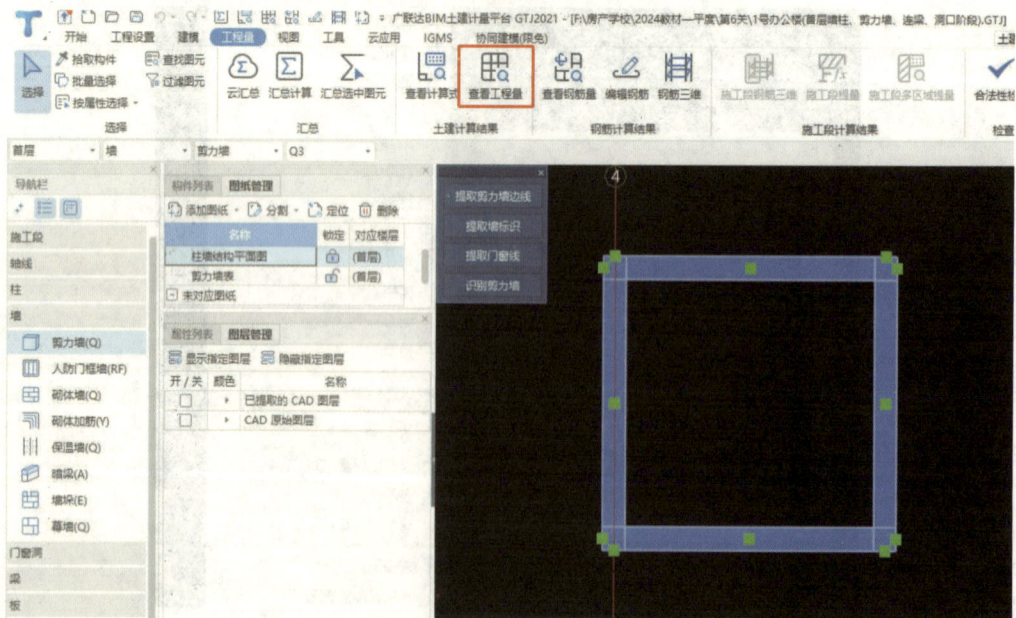

图3-2-26

19. 核对首层剪力墙的土建工程量，如图3-2-27所示。

楼层	类别	混凝土强度等级	面积(m2)	体积(m3)	模板面积(m2)	大钢模板面积(m2)	内墙脚手架长度(m)	超高内墙脚手架长度(m)	内墙装饰脚手面积(m2)	外墙内侧装饰脚手架面积(m2)	外墙外侧装饰脚手架面积(m2)
首层	混凝土墙	C30	36.66	7.332	73.32	0	9.4	0	36.66	0	
		小计	36.66	7.332	73.32	0	9.4	0	36.66	0	
	小计		36.66	7.332	73.32	0	9.4	0	36.66	0	
合计			36.66	7.332	73.32	0	9.4	0	36.66	0	

图3-2-27

20. 在"选择"的命令下，按住鼠标左键拉框选中首层所有的剪力墙，单击钢筋计算结果选项卡中的"查看钢筋量"，如图3-2-28所示。

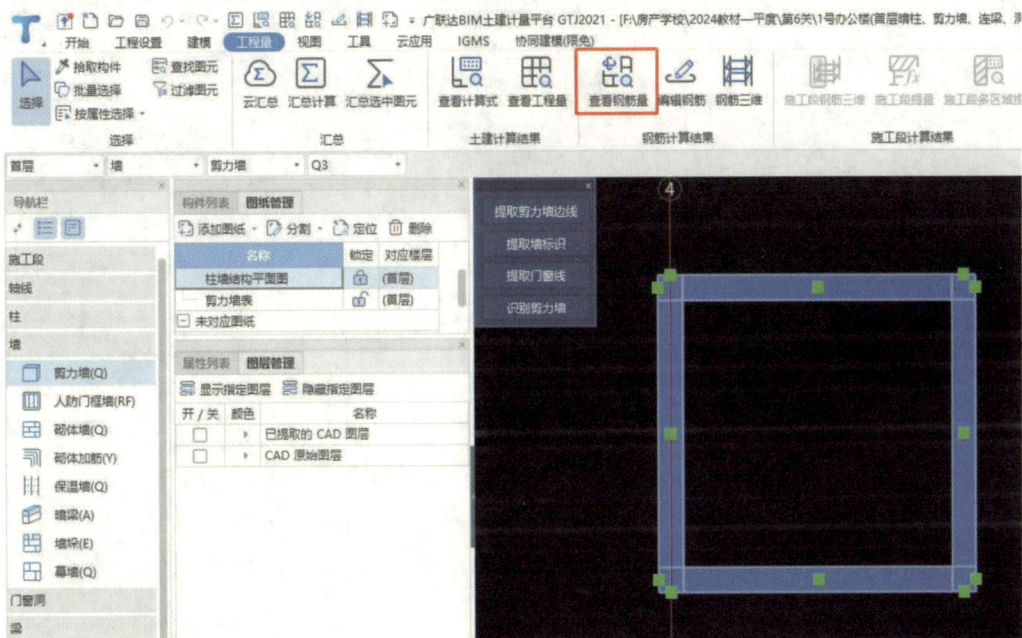

图3-2-28

21. 核对首层剪力墙的钢筋工程量，如图3-2-29所示。

钢筋总重量（Kg）：1329.412

楼层名称	构件名称	钢筋总重量(kg)	HRB400			
			8	12	14	合计
首层	Q3[2131]	339.737	5.772	148.905	185.06	339.737
	Q3[2132]	324.969	5.55	144.099	175.32	324.969
	Q3[2133]	339.737	5.772	148.905	185.06	339.737
	Q3[2134]	324.969	5.55	144.099	175.32	324.969
	合计：	1329.412	22.644	586.008	720.76	1329.412

图3-2-29

任务三 拓展提高

根据教材提供图纸，求首层剪力墙的混凝土和钢筋工程量，并完成任务笔记和项目评价表。任务笔记和项目评价表分别见表3-2-1、表3-2-2。

表3-2-1 任务笔记

剪力墙构件建模与计量笔记			
班级：	组别：	组长：	组员：
任务		笔记内容	完成人及完成时间
		剪力墙构件绘制步骤内容：	
		剪力墙构件钢筋输入内容：	
优点：		缺点：	改进计划：

表3-2-2 项目评价表

评价项目	评价内容	评价标准	评价方式			
			自我评价	小组评价	教师评价	学生评价教师
职业素养	责任意识、任务完成度	5分：自觉遵守课堂、实训室纪律，出色完成知识掌握和运用的任务； 3分：能够遵守规章制度，较好地完成任务； 1分：遵守纪律，任务完成得不彻底				
	学习态度、敬业精神	5分：积极参与教学活动，全勤； 3分：对大部分知识感兴趣并能学习掌握，偶尔缺勤； 1分：只对小部分知识感兴趣，偶尔缺勤				
	团队合作、交流共享意识	5分：积极与同学合作交流，及时完成学习任务； 3分：与大部分同学分享交流，完成学习任务； 1分：喜欢独立思考，自主性较强，完成学习任务				
专业能力	基础知识掌握能力	5分：对本项目全部基础知识能掌握、理解； 3分：对本项目大部分基础知识能掌握、理解； 1分：对本项目感兴趣的基础知识能掌握、理解				
	知识运用能力	5分：本项目测试题正确率达100%； 4分：本项目测试题正确率90%以上； 3分：本项目测试题正确率80%以上； 2分：本项目测试题正确率70%以上； 1分：本项目测试题正确率60%以上				
创新能力		对部分知识点产生新的理解，能提出创新性建议，能改进学习方式、方法（评分标准分别为5分、3分、1分）				
学生姓名			综合评价得分			
授课教师			日期			

项目3　框架梁与非框架梁的建模与计量

项目描述

　　"1+X"工程造价数字化应用（初级）闯关练习清单规则选择"房屋建筑与装饰工程计量规范计算规则（2013-考试专用）"，"1+X"认证考试是北京规则，定额规则、清单库和定额库均选无。本项目对应闯关7训练模式。

<h2 align="center">任务一　任务实施</h2>

　　框架梁与非框架梁的属性定义。

　　1. 在"导航栏"中单击"梁"→"梁"，在构件列表中单击"新建"→根据图纸"新建矩形梁/异形梁/参数化梁"，如图3-3-1所示。

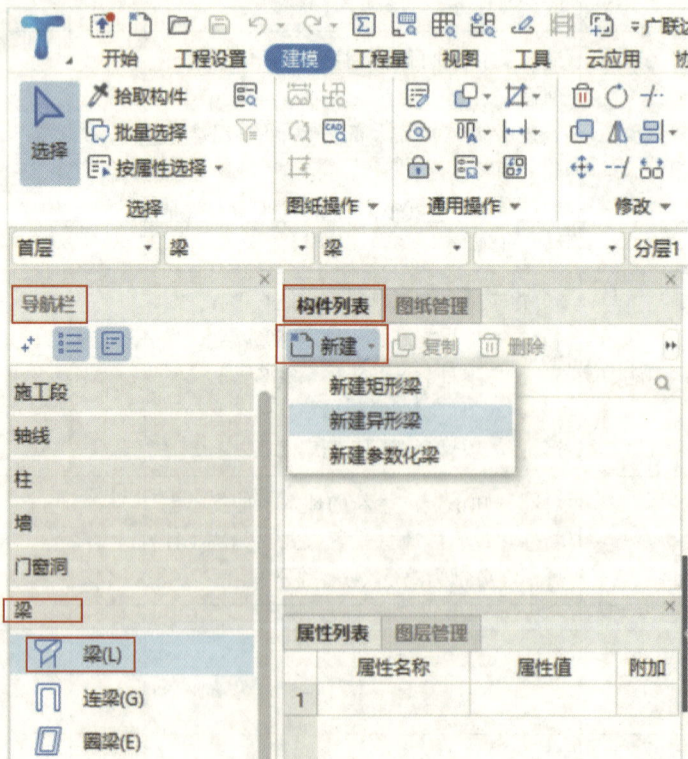

图3-3-1

（2）结合图纸中框架梁和非框架梁的信息，在属性列表中输入相应的属性值，如例题1和例题2所示。

例题1　已知KL5的尺寸和配筋信息，如图3-3-2所示，定额类别为有梁板，完成KL5的属性设置，如图3-3-3所示。

KL5（2）250×600
Φ8@100/200（2）
2Φ20；3Φ22
G4Φ12

图3-3-2

图3-3-3

例题2　已知L_2的尺寸和配筋信息，如图3-3-4所示，定额类别为有梁板，完成L_1的属性设置，如图3-3-5所示。

	属性名称	属性值	附加
1	名称	L1	
2	结构类别	非框架梁	☐
3	跨数量	1	☐
4	截面宽度(mm)	250	☐
5	截面高度(mm)	400	☐
6	轴线距梁左边...	(125)	☐
7	箍筋	Φ6@200(2)	☐
8	肢数	2	
9	上部通长筋	3Φ18	☐
10	下部通长筋	3Φ22	☐
11	侧面构造或受...		☐
12	拉筋		☐
13	定额类别	有梁板	☐
14	材质	预拌混凝土	☐
15	混凝土类型	(预拌砼)	☐
16	混凝土强度等级	(C30)	☐
17	混凝土外加剂	(无)	☐
18	泵送类型	(混凝土泵)	☐
19	泵送高度(m)		
20	截面周长(m)	1.3	☐
21	截面面积(m²)	0.1	☐
22	起点顶标高(m)	层顶标高-0.05	☐
23	终点顶标高(m)	层顶标高-0.05	☐

L1 250×400
Φ6@200(2)
3Φ18;
3Φ22 (-0.05)

图3-3-4   图3-3-5

任务二　案例应用

一、题目要求

[闯关练习]1加X 学练实操 第五关

试卷: 1加X 学练实操 第五关 (共1道题, 共计100.0分)

一、实操题 (共1道题, 共100分)

1、1加X 学练 首层梁

附件:

1号办公楼建筑图.dwg 下载

1号办公楼结构图.dwg 下载

1号办公楼(首层梁阶段).GTJ 下载

作答任务:

识读附件图纸 (结施、建施) 中首层梁构件, 并结合提供的阶段模型完成首层梁构件的定义与绘制;

作答要求:

1) 绘制范围明确: 在提供阶段模型的基础上, 绘制首层框架梁与非框架梁即可, 梯梁不在绘制范围内;

2) 阶段工程中的工程信息、楼层信息、计算规则、比重设置、弯钩设置、弯曲调整值设置、损耗设置, 均不需做任何修改;

图3-3-6

二、题目分析

1. 绘制范围。

结合1号办公楼结构图——一三层顶梁配筋图，将首层所有框架梁和非框架梁绘制到相应的位置。

2. 技巧。

本题采用CAD识别的方法识别梁。

三、操作步骤

1. 在"导航栏"中单击"梁"→"梁"，在"图纸管理"中单击"添加图纸"→选择"1号办公楼结构图"，单击打开，完成添加，如图3-3-7所示。

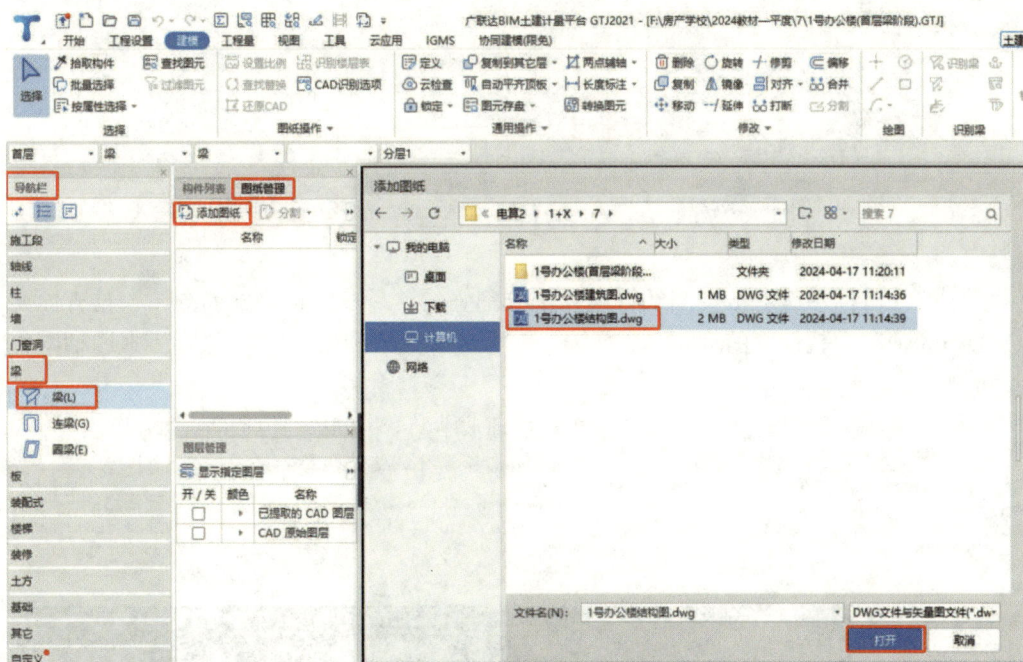

图3-3-7

2. 单击"分割"→手动分割，按住鼠标左键拉框选中"一三层顶梁配筋图"（图3-3-8），右键确认，弹出"手动分割"对话框，鼠标左键单击图纸名称，单击 ⋯ 选择对应楼层为"首层"（图3-3-9），单击确定，完成图纸分割。

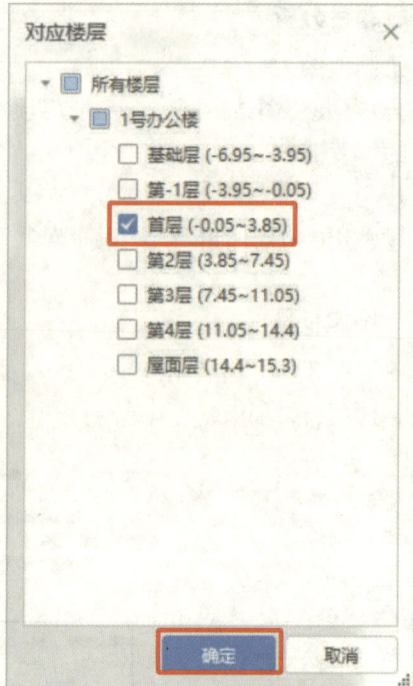

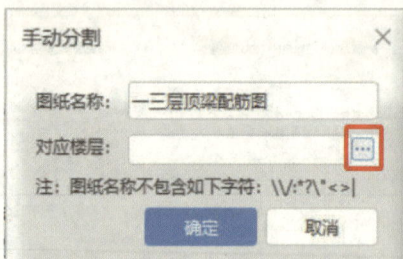

图3-3-8　　　　　　　　　　　　图3-3-9

3. 按住鼠标左键双击"图纸管理"中分割好的"一三层顶梁配筋图"，检查原始CAD图的轴网和软件中的轴网是否重合，如果不重合，则需要"定位"，本题轴网完全重合。

4. 在"建模"的页签栏下，选择识别梁选项卡中的"识别梁"，如图3-3-10所示。

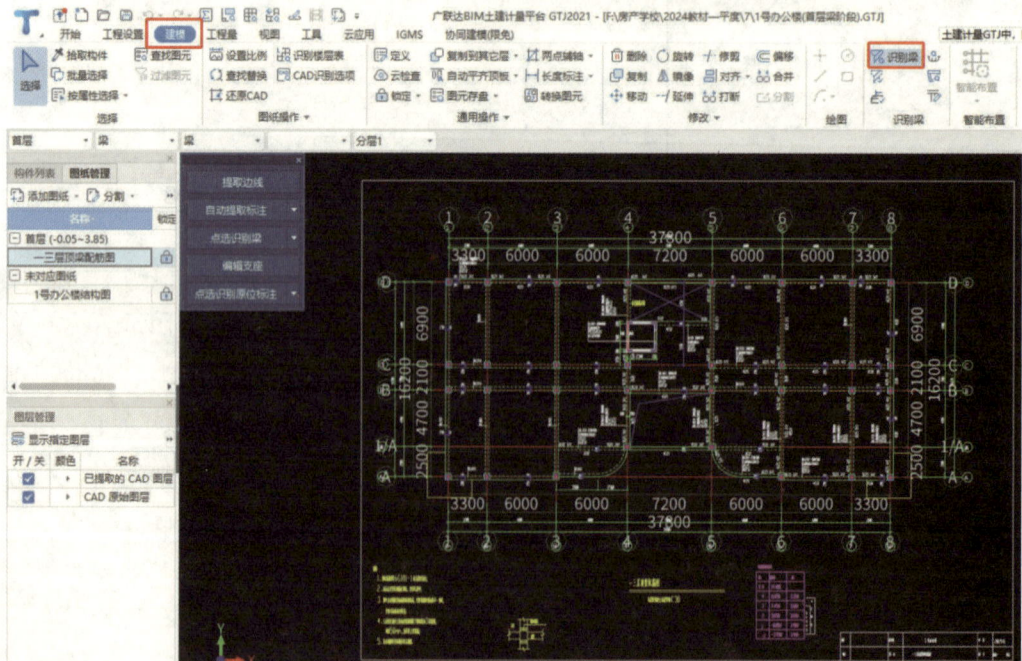

图3-3-10

5. 单击"提取边线"，按住鼠标左键选中所有框架梁和非框架梁的梁边线（可多次选择），如图3-3-11所示，单击鼠标右键，完成梁边线提取，可以在"图层管理"中切换到"已提取的CAD图层"进行检查，如图3-3-12所示，如有漏选，可再次重复"提取边线"命令。

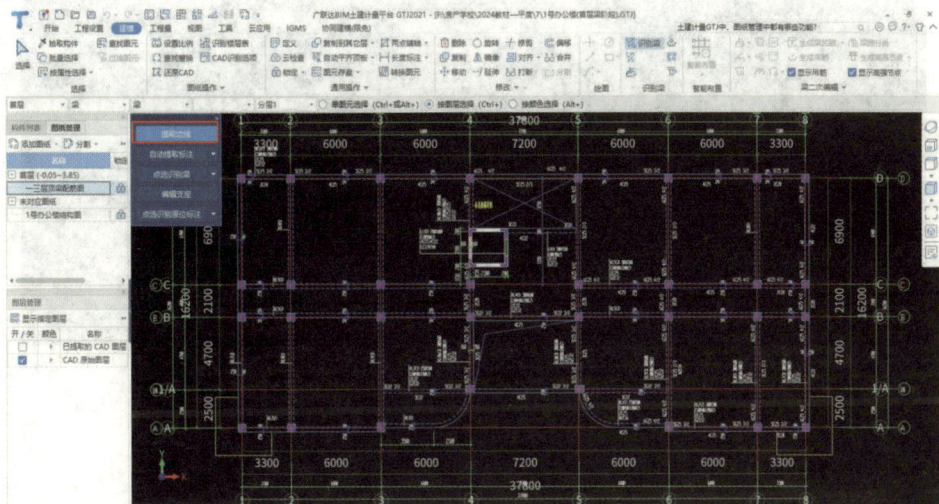

图3-3-11

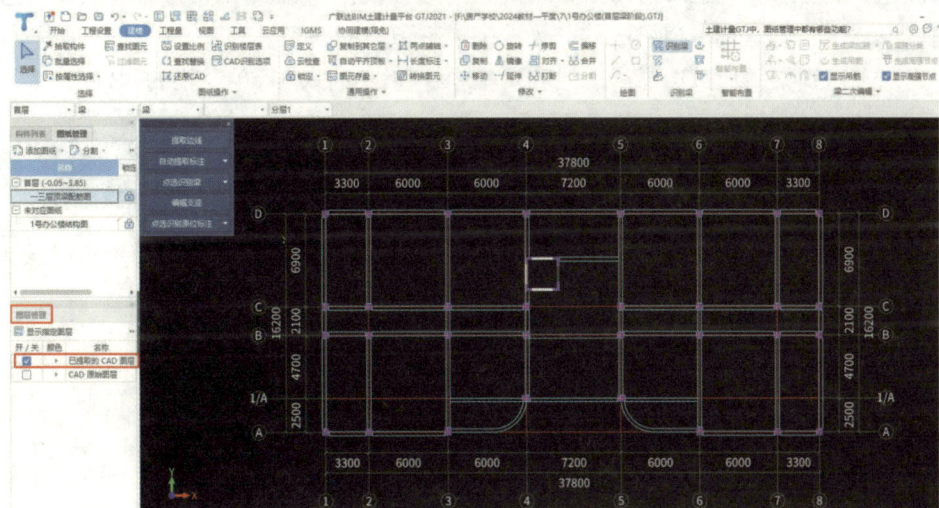

图3-3-12

6. 单击"自动提取标注"，提取标注包含自动提取标注、提取集中标注和提取原位标注。

a. 如果集中标注和原位标注在同一个图层上，则选择"自动提取标注"，软件会自动区分集中标注和原位标注，完成提取后，集中标注以黄色显示，原位标注以粉色显示。

b. 如果集中标注和原位标注不在同一个图层上，则采用"提取集中标注"和"提取原位标注"分开提取。

本题采用"自动提取标注"，按住鼠标左键选中所有框架梁和非框架梁的集中标注和原位标注（可多次选择），如图3-3-13所示，单击鼠标右键，梁标注提取完成。

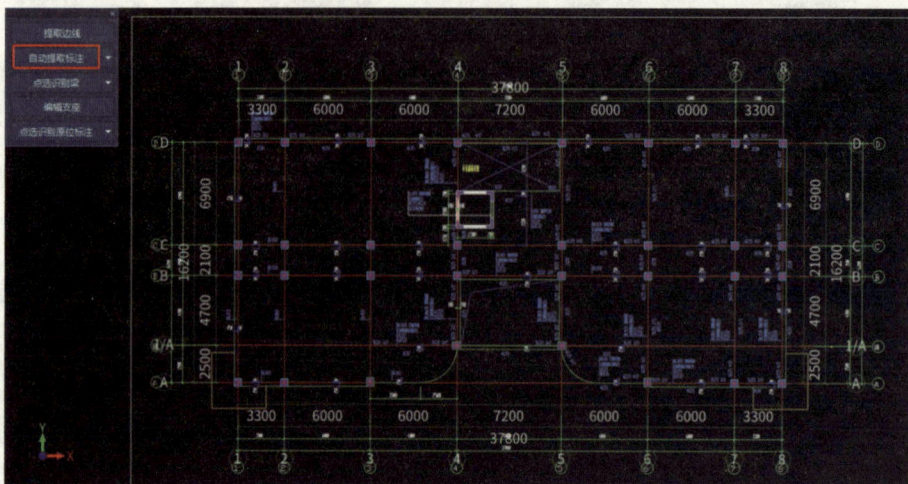

图3-3-13

7. 识别梁包括自动识别梁、框选识别梁和点选识别梁。

a. 自动识别梁。软件自动根据提取的梁边线和梁集中标注对图中所有梁一次性全部识别。

b. 框选识别梁，分区域识别时采用。当一张图纸中存在多个楼层平面时，可选中当前层识别，也可框选一道梁的部分梁线完成整道梁的识别。

c. 点选识别梁，通过选择梁边线和梁集中标注的方法进行单个梁的识别。

本题单击"点选识别梁"右侧下拉列表中的"自动识别梁"

，弹出

"识别梁选项"对话框，如图3-3-14所示，检查并修改梁集中标注的信息，检查无误后，单击"继续"。

	名称	截面(b*h)	上通长筋	下通长筋	侧面钢筋	箍筋	肢数
1	KL1(1)	250*500	2C25		N2C16	C10@100/200(2)	2
2	KL2(2)	300*500	2C25		G2C12	C10@100/200(2)	2
3	KL3(3)	250*500	2C22		G2C12	C10@100/200(2)	2
4	KL4(1)	300*600	2C22		G2C12	C10@100/200(2)	2
5	KL5(3)	300*500	2C25		G2C12	C10@100/200(2)	2
6	KL6(7)	300*500	2C25		G2C12	C10@100/200(2)	2
7	KL7(3)	300*500	2C25		G2C12	C10@100/200(2)	2
8	KL8(1)	300*600	2C25		G2C12	C10@100/200(2)	2
9	KL9(3)	300*600	2C25		G2C12	C10@100/200(2)	2
10	KL10(3)	300*600	2C25		G2C12	C10@100/200(2)	2
11	KL10a(3)	300*600	2C25		G2C12	C10@100/200(2)	2

请检查并确认得到的梁信息

图3-3-14

8. 在弹出的"校核梁图元"对话框中，选中第一条校核信息，双击鼠标左键，图纸中对应的梁蓝色选中，如图3-3-15所示，检查KL2的截面尺寸完全正确，忽略该信息即可；依次核对KL5和KL7的截面尺寸，完成正确。

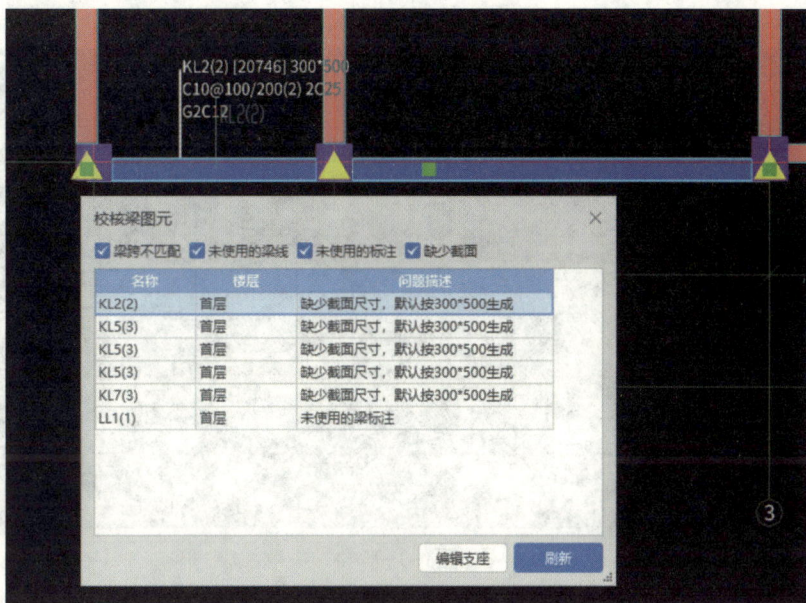

图3-3-15

选中最后一条校核信息，双击鼠标左键，如图3-3-16所示，LL1是连梁，不在绘图范围内，忽略该条信息即可，单击关闭。

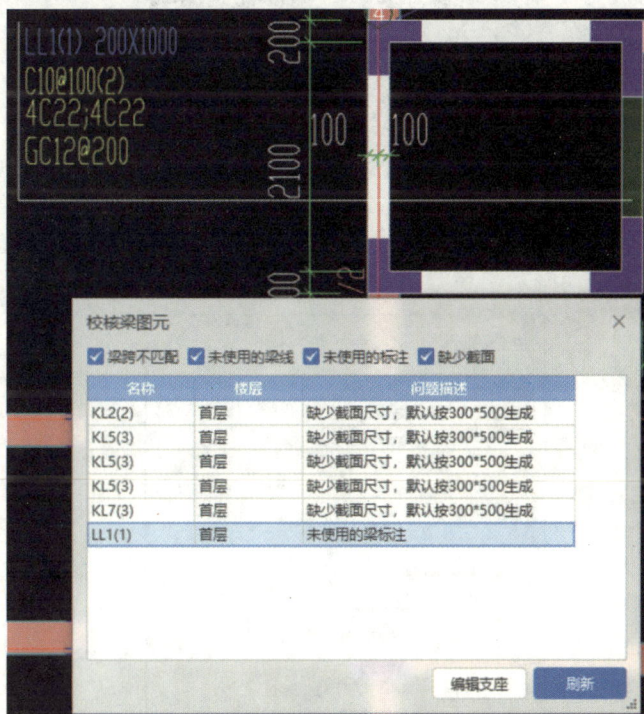

图3-3-16

9. 识别梁构件完成后，还应识别原位标注。识别原位标注包括自动识别原位标注、框选识别原位标注、点选识别原位标注和单构件识别原位标注，可以按照图纸特点结合使用。

本题单击"自动识别原位标注"，完成原位标注的识别，如图3-3-17所示。

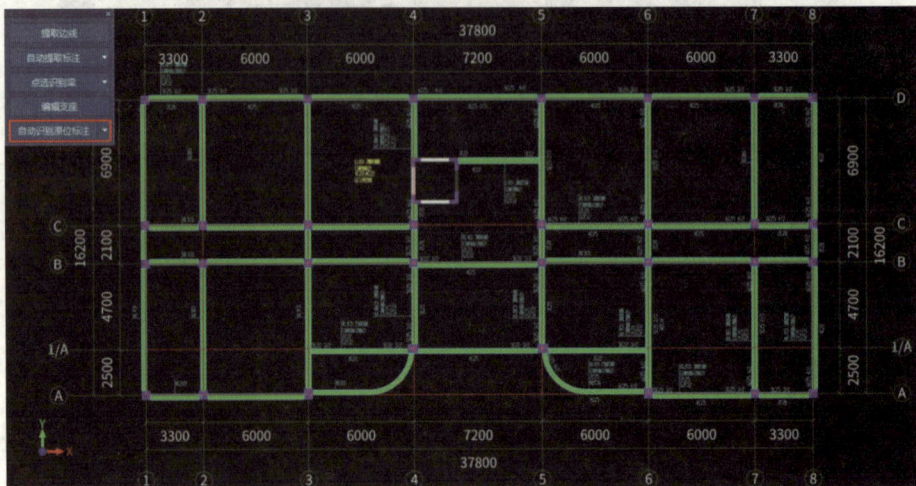

图3-3-17

10. 图纸说明中，"4. 主次梁交接处主梁内次梁两侧按图3-3-18各附加3根箍筋，间距50 mm，直径同主梁箍筋"。

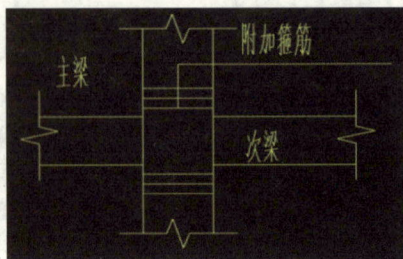

图3-3-18

在梁二次编辑选项卡中单击"生成吊筋"，弹出生成吊筋对话框，按照图纸要求完成设置，如图3-3-19所示，单击确定。

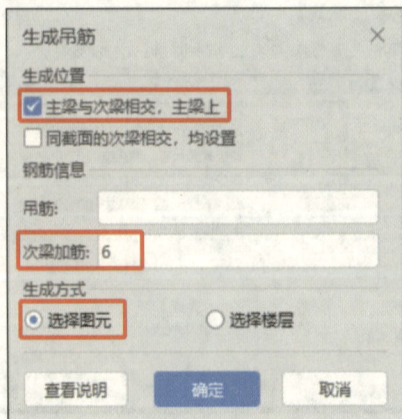

图3-3-19

按住鼠标左键拉框选中所有的梁，右键确认，附加箍筋设置完成，在"图层管

理"中关闭"已提取的CAD图层"和"CAD"原始图层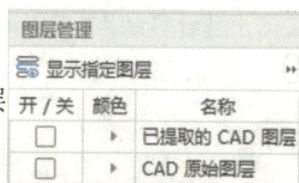，如

图3-3-20所示。

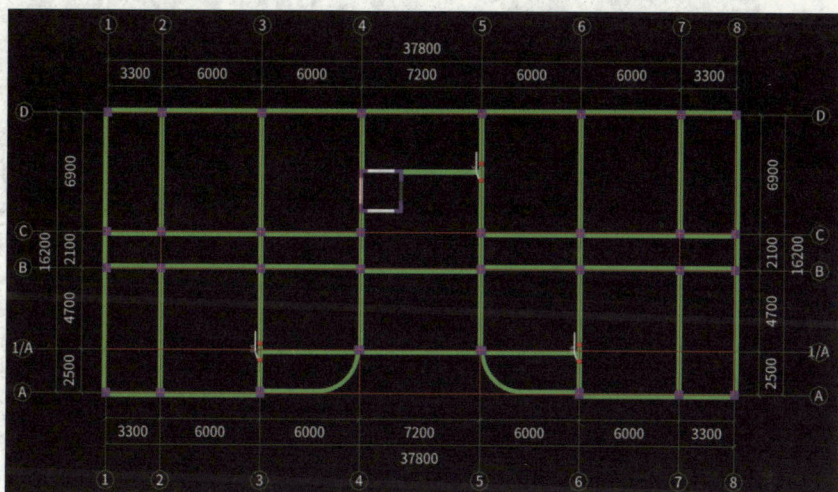

图3-3-20

11. 在"工程量"的页签栏下，单击"汇总计算"，单击"确定"，如图3-3-21
所示。完成汇总计算后，单击"确定"。

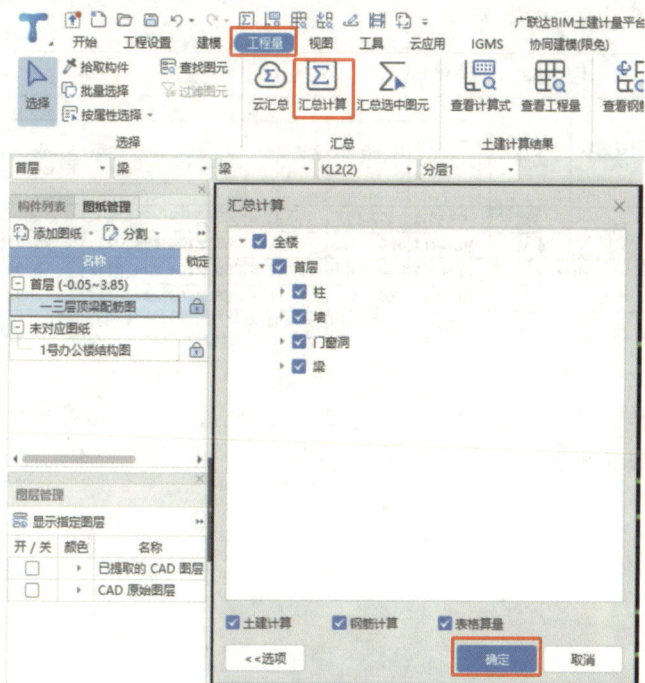

图3-3-21

12. 在"选择"的命令下，按住鼠标左键拉框选中首层的所有框架梁和非框架梁，单击土建计算结果选项卡中的"查看工程量"，如图3-3-22所示。

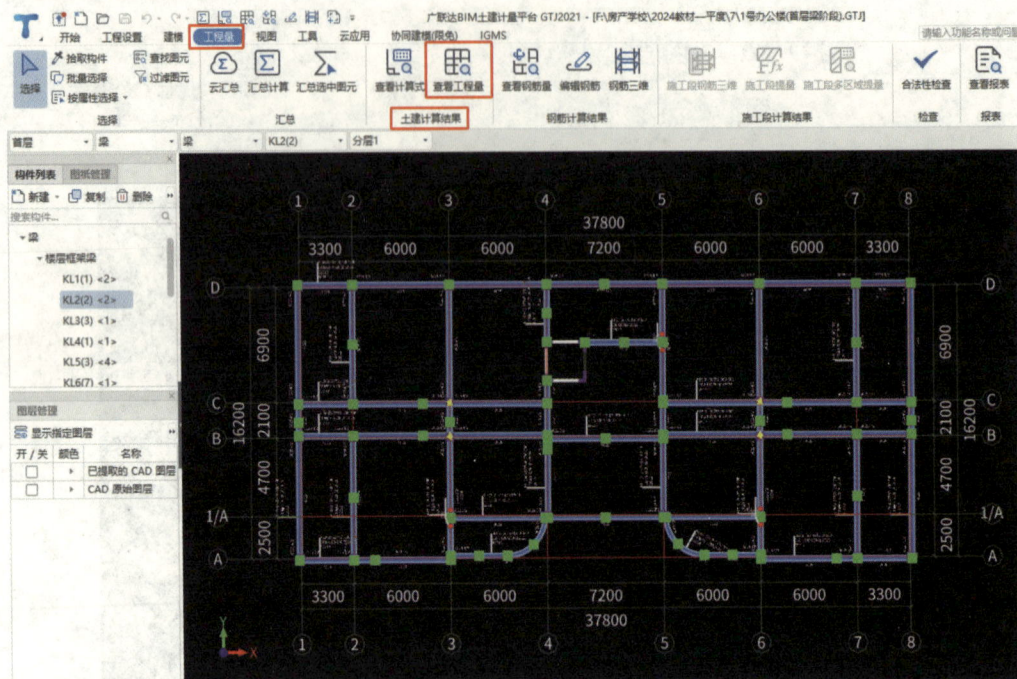

图3-3-22

13. 核对首层框架梁和非框架梁的土建工程量，如图3-3-23所示。

查看构件图元工程量

构件工程量　做法工程量

◉ 清单工程量　○ 定额工程量　☑ 显示房间、组合构件量　☑ 只显示标准层单层量　□ 显示施工段归类

	楼层	混凝土强度等级	图元形状	土建汇总类别	体积(m3)	模板面积(m2)	截面周长(m)	梁净长(m)	轴线长度(m)	截面面积(m2)	截面高度(m)	截面宽度(m)
1	首层	C30	矩形	梁	40.4811	350.1435	41.6	255.2104	284.0112	3.94	13.55	7.25
2				小计	40.4811	350.1435	41.6	255.2104	284.0112	3.94	13.55	7.25
3			小计		40.4811	350.1435	41.6	255.2104	284.0112	3.94	13.55	7.25
4		小计			40.4811	350.1435	41.6	255.2104	284.0112	3.94	13.55	7.25
5		合计			40.4811	350.1435	41.6	255.2104	284.0112	3.94	13.55	7.25

图3-3-23

14. 在"选择"的命令下，按住鼠标左键拉框选中首层所有的框架梁和非框架梁，单击钢筋计算结果选项卡中的"查看钢筋量"，如图3-3-24所示。

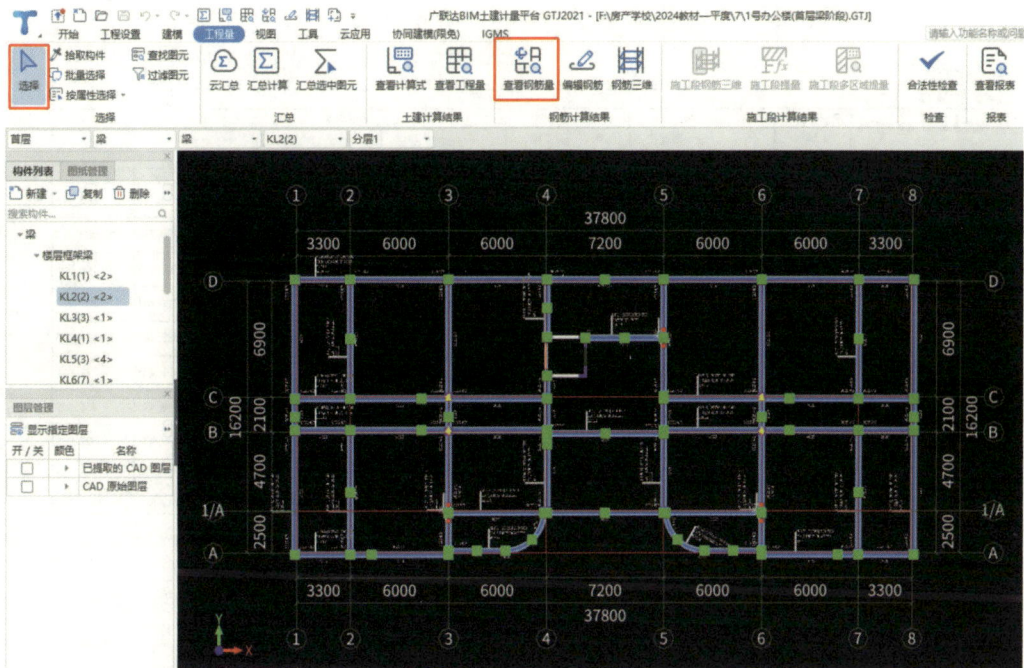

图3-3-24

15. 核对首层框架梁和非框架梁的钢筋工程量，如图3-3-25、图3-3-26所示。

查看钢筋量

导出到Excel □显示施工段归类

钢筋总重量（Kg）：12500.942

	楼层名称	构件名称	钢筋总重量(kg)	HPB300		HRB400								
				6	合计	8	10	12	14	16	20	22	25	合计
1		KL1(1)[2073 9]	354.444	1.8	1.8		41.748			25.824			285.072	352.644
2		KL1(1)[2074 2]	354.444	1.8	1.8		41.748			25.824			285.072	352.644
3		KL10(3)[207 43]	660.98	3.842	3.842		112.005	24.402			15.216		505.515	657.138
4		KL10a(3)[20 744]	348.277	2.26	2.26		66.024	14.314			27.17		238.509	346.017
5		KL10b(1)[20 745]	137.64	1.017	1.017		29.475	5.968					101.18	136.623
6		KL2(2)[2074 6]	389.204	2.599	2.599		60.192	16.588			34.678		275.147	386.605
7		KL2(2)[2074 7]	393.923	2.599	2.599		60.192	16.588				21.34	293.204	391.324
8		KL3(3)[2074 8]	644.614	4.8	4.8		104.37	34.846				359.218	141.38	639.814
9		KL4(1)[2074 9]	297.312	2.034	2.034		51.876	12.538				97.344	133.52	295.278
10		KL5(3)[2075 0]	624.18	4.294	4.294		97.152	27.244			34.678		460.812	619.886
11		KL5(3)[2075 1]	624.18	4.294	4.294		97.152	27.244			34.678		460.812	619.886
12	首层	KL5(3)[2075 2]	664.55	4.294	4.294		97.152	27.244				21.34	514.52	660.256
13		KL5(3)[2075 3]	664.55	4.294	4.294		97.152	27.244				21.34	514.52	660.256

图3-3-25

查看钢筋量

导出到Excel　☐显示施工段归类

钢筋总重量（Kg）：12500.942

	楼层名称	构件名称	钢筋总重量(kg)	HPB300		HRB400								
				6	合计	8	10	12	14	16	20	22	25	合计
14		KL6(7)[20754]	1657.001	10.622	10.622		237.6	68.162			42.68		1297.937	1646.379
15		KL7(3)[20755]	673.998	4.52	4.52		102.432	28.842			15.216	194.872	328.116	669.478
16		KL7(3)[20756]	673.998	4.52	4.52		102.432	28.842			15.216	194.872	328.116	669.478
17		KL8(1)[20757]	388.63	2.034	2.034		51.876	12.538					322.182	386.596
18		KL8(1)[20758]	374.846	1.921	1.921		49.518	12.006					311.401	372.925
19		KL8(1)[20759]	388.63	2.034	2.034		51.876	12.538					322.182	386.596
20		KL8(1)[20760]	374.846	1.921	1.921		49.518	12.006					311.401	372.925
21		KL9(3)[20761]	839.582	4.52	4.52		126.153	15.736	18.48		15.216		659.477	835.062
22		KL9(3)[20762]	839.582	4.52	4.52		126.153	15.736	18.48		15.216		659.477	835.062
23		L1(1)[20763]	131.531	1.157	1.157	15.888		8.72				105.766		130.374
24		合计：	12500.942	77.696	77.696	15.888	1853.796	449.346	36.96	51.648	313.984	952.072	8749.552	12423.246

图3-3-26

任务三　拓展提高

根据教材提供图纸，求首层框架梁和非框架梁的混凝土和钢筋工程量，并完成任务笔记和项目评价表。任务笔记和项目评价表分别见表3-3-1、表3-3-2。

表3-3-1　任务笔记

<table>
<tr><td colspan="3">框架梁建模与计量笔记</td></tr>
<tr><td colspan="3">班级：　　　　组别：　　　　组长：　　　　组员：</td></tr>
<tr><td rowspan="2">任务</td><td>笔记内容</td><td>完成人及完成时间</td></tr>
<tr><td>框架梁绘制步骤内容：</td><td></td></tr>
</table>

框架梁建模与计量笔记			
班级：	组别：	组长：	组员：
	框架梁钢筋输入内容：		
优点：	缺点：		改进计划：

表3-3-2 项目评价表

评价项目	评价内容	评价标准	评价方式			
			自我评价	小组评价	教师评价	学生评价教师
职业素养	责任意识、任务完成度	5分：自觉遵守课堂、实训室纪律，出色完成知识掌握和运用的任务； 3分：能够遵守规章制度，较好地完成任务； 1分：遵守纪律，任务完成得不彻底				
	学习态度、敬业精神	5分：积极参与教学活动，全勤； 3分：对大部分知识感兴趣并能学习掌握，偶尔缺勤； 1分：只对小部分知识感兴趣，偶尔缺勤				

评价项目	评价内容	评价标准	评价方式			
			自我评价	小组评价	教师评价	学生评价教师
职业素养	团队合作、交流共享意识	5分：积极与同学合作交流，及时完成学习任务； 3分：与大部分同学分享交流，完成学习任务； 1分：喜欢独立思考，自主性较强，完成学习任务				
专业能力	基础知识掌握能力	5分：对本项目全部基础知识能掌握、理解； 3分：对本项目大部分基础知识能掌握、理解； 1分：对本项目感兴趣的基础知识能掌握、理解				
	知识运用能力	5分：本项目测试题正确率达100%； 4分：本项目测试题正确率90%以上； 3分：本项目测试题正确率80%以上； 2分：本项目测试题正确率70%以上； 1分：本项目测试题正确率60%以上				
创新能力		对部分知识点产生新的理解，能提出创新性建议，能改进学习方式、方法（评分标准分别为5分、3分、1分）				
学生姓名			综合评价得分			
授课教师			日期			

项目4 板及板钢筋的建模与计量

项目描述

本项目对应闯关8训练模式。

任务一 任务实施

一、板的属性定义

1. 在"导航栏"中单击"板"→"现浇板"，在构件列表中单击"新建"→根据图纸"新建现浇板"，如图3-4-1所示。

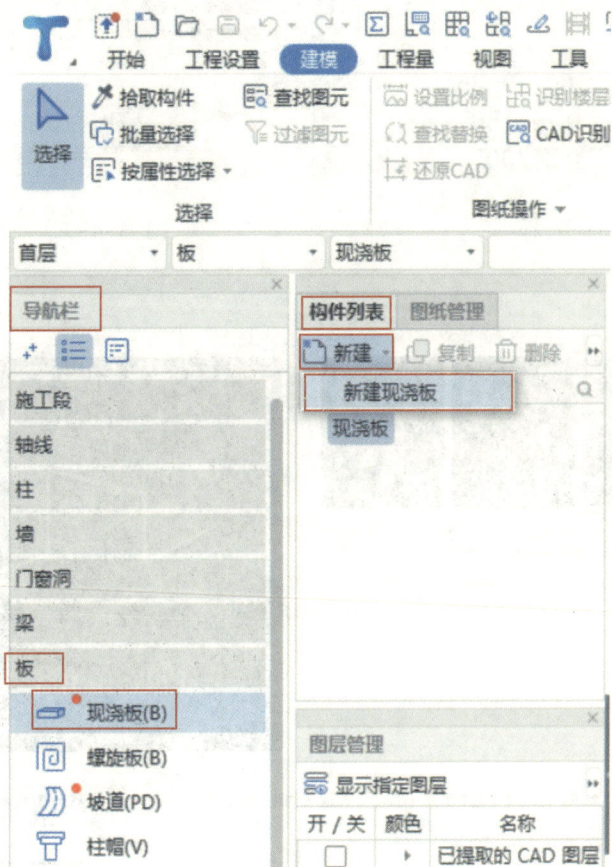

图3-4-1

2.结合图纸中板的信息，在属性列表中输入相应的属性值，如例题1所示。

例题1　已知LB10的尺寸和配筋信息如图3-4-2所示，定额类别为有梁板，马凳筋型号为Ⅰ型，信息为$\Phi8@1\,000\times1\,000$，其中：$L_1=100$ mm，$L_2=70$ mm，$L_3=80$ mm，完成LB10的属性设置，如图3-4-3、图3-4-4所示。

	属性名称	属性值	附加
1	名称	LB10	
2	厚度(mm)	100	☐
3	类别	有梁板	
4	是否叠合板后浇	否	☐
5	是否是楼板	是	☐
6	材质	预拌混凝土	
7	混凝土类型	(预拌砼)	☐
8	混凝土强度等级	(C25)	☐
9	混凝土外加剂	(无)	
10	泵送类型	(混凝土泵)	
11	泵送高度(m)		
12	顶标高(m)	层顶标高-0.25	☐
13	备注		☐
14	⊟ 钢筋业务属性		
15	其它钢筋		
16	保护层厚...	(15)	☐
17	汇总信息	(现浇板)	☐
18	马凳筋参...	Ⅰ型	
19	马凳筋信息	Φ8@1000*1000	☐
20	线形马凳...	平行横向受力筋	☐
21	拉筋		☐
22	马凳筋数...	向上取整+1	☐
23	拉筋数量...	向上取整+1	☐
24	归类名称	(LB10)	☐

LB10 h=100(-0.25)
B：X&Y Φ10@150
T：X&Y Φ8@200

图3-4-2　　　　　　　　　　　　　　图3-4-3

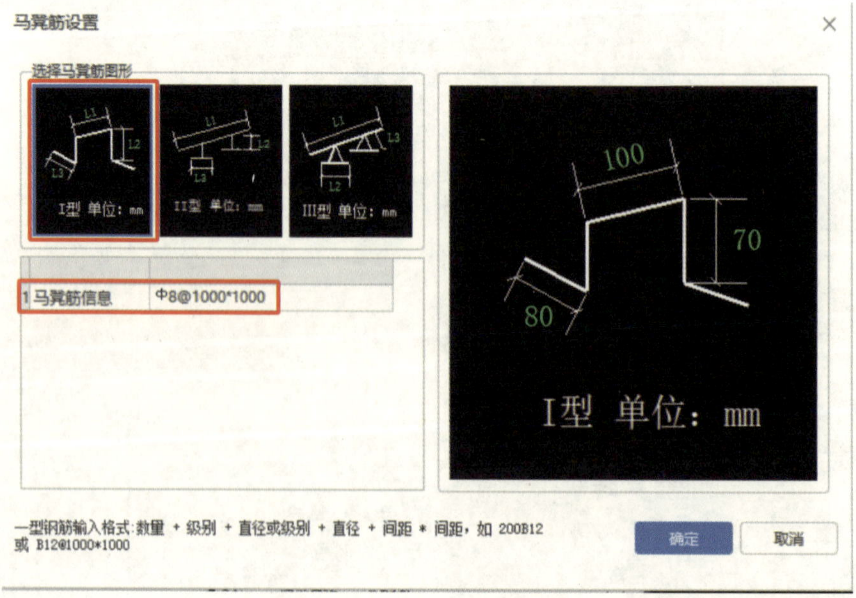

图3-4-4

二、板的钢筋设置

在"工程设置"的页签栏下，选择"钢筋设置"选项卡中的"计算设置"，在"计算规则"中切换到"板/坡道"，根据图纸信息进行相应的修改，如例题1所示。

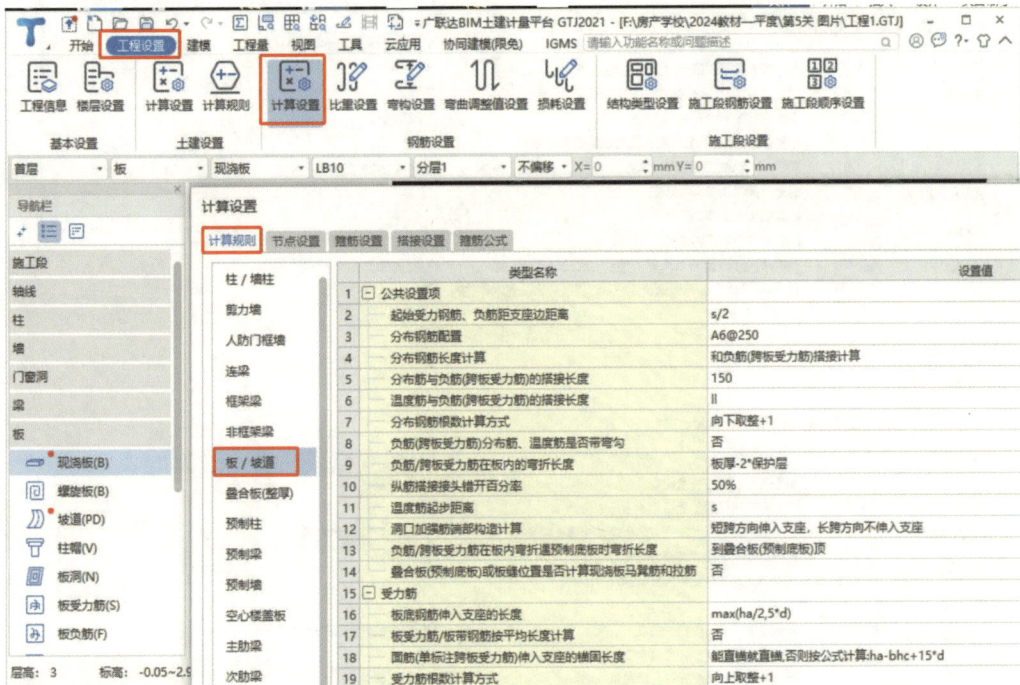

图3-4-5

例题1 板分布钢筋为$\Phi8@200$，板钢筋长度如图3-4-6至图3-4-9所示，其余按默认，完成板钢筋设置。

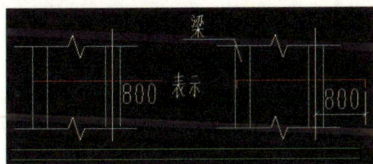

图3-4-6

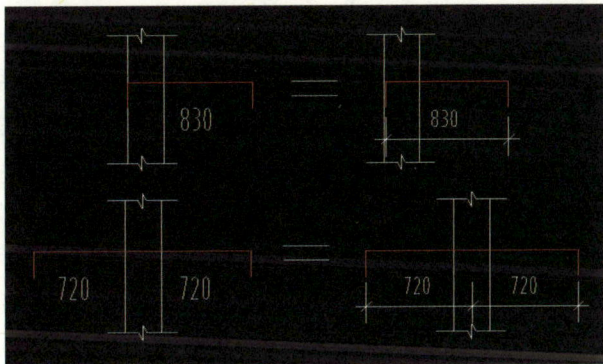

图3-4-7

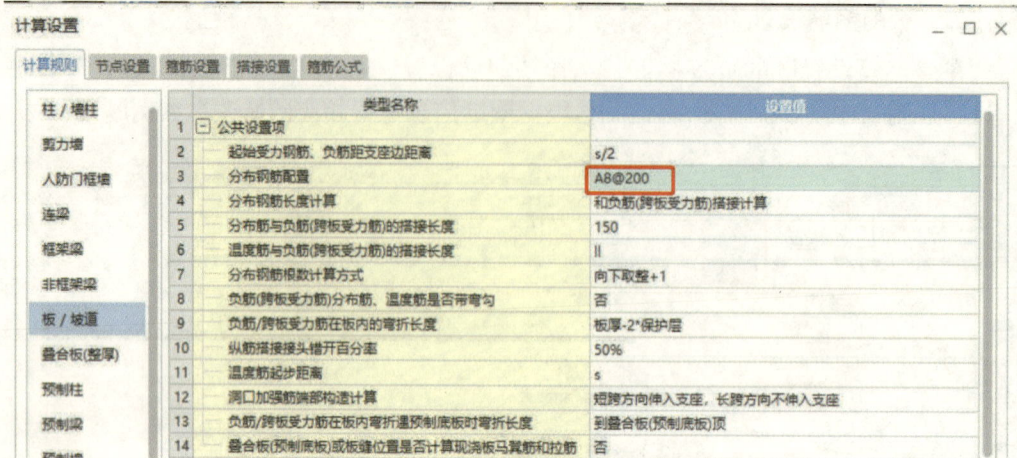

图3-4-8

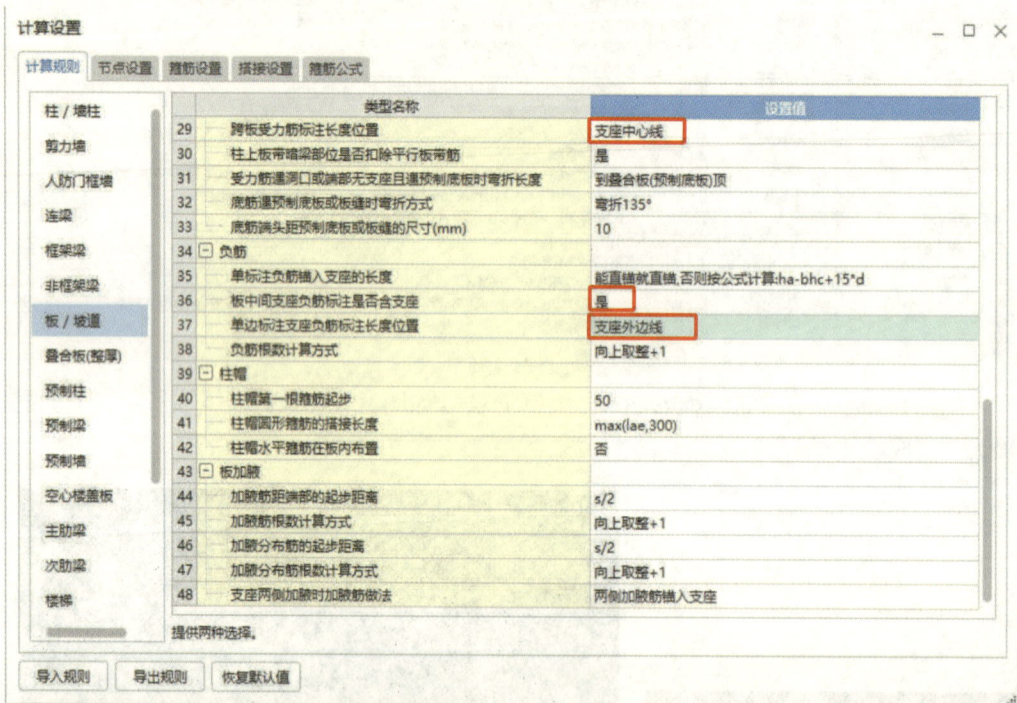

图3-4-9

三、板受力筋的属性定义和绘制

1. 在"导航栏"中单击"板"→"板受力筋",在构件列表中单击"新建"→新建板受力筋,如图3-4-10所示。

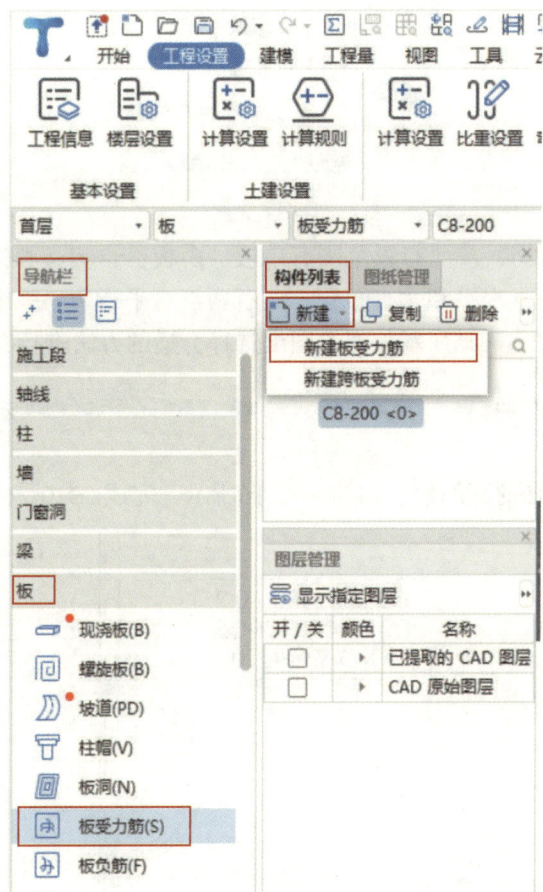

图3-4-10

2. 根据图纸中板受力筋的信息，在属性列表中输入相应的属性值，如例题1所示。

例题1 已知LB10的尺寸和配筋信息如图3-4-11所示，完成LB10受力筋的属性设置，如图3-4-12、图3-4-13所示。

LB10 h=100(-0.25)
B: X&Y Φ 10@150
T: X&Y Φ 8@200

图3-4-11

	属性名称	属性值	附加
1	名称	C10@150 底筋	
2	类别	底筋	☐
3	钢筋信息	Φ10@150	☐
4	左弯折(mm)	(0)	☐
5	右弯折(mm)	(0)	☐
6	备注		☐
7	⊞ 钢筋业务属性		
16	⊞ 显示样式		

图3-4-12

	属性名称	属性值	附加
1	名称	C8@200 面筋	
2	类别	面筋	☐
3	钢筋信息	Φ8@200	☐
4	左弯折(mm)	(0)	☐
5	右弯折(mm)	(0)	☐
6	备注		☐
7	⊞ 钢筋业务属性		
16	⊞ 显示样式		

图3-4-13

3. 在"构件列表"中切换到相应的板受力筋，选择"建模"的页签栏→板受力筋二次编辑→布置受力筋，如图3-4-14所示。

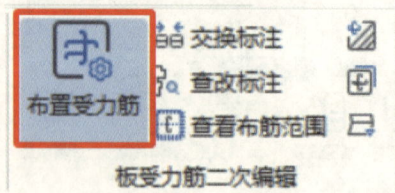

图3-4-14

4.布置板的受力筋,按照布置范围有单板、多板、自定义和按受力范围布置;按照钢筋方向有 *XY* 方向、水平和垂直布置,还有两点、平行边、弧线边布置放射筋和圆心布置放射筋,如图3-4-15所示,根据图纸选择合适的方法进行布置。

图3-4-15

例题1　已知LB10的配筋信息如图3-4-16所示,完成LB10受力筋的绘制。

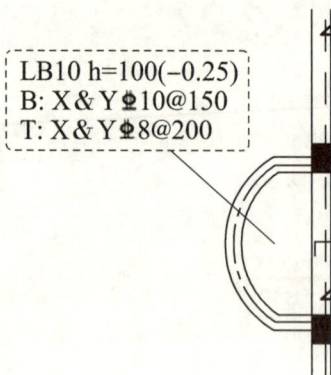

LB10 h=100(-0.25)
B: X&Y⚇10@150
T: X&Y⚇8@200

图3-4-16

选择布置范围为"单板",布置方向为"*XY* 方向",弹出如图3-4-17所示的对话框,完成设置后,按鼠标左键选择板LB10。

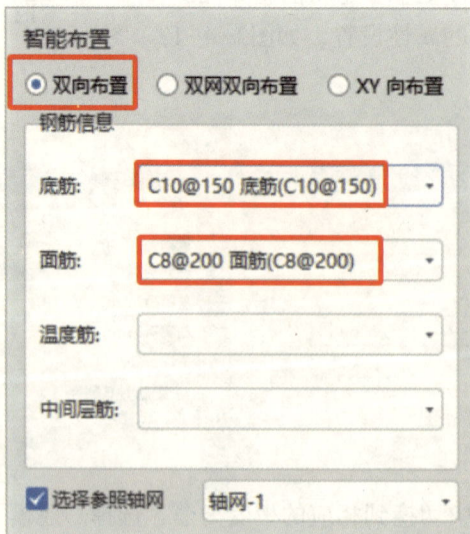

图3-4-17

四、跨板受力筋的属性定义和绘制

1. 在"导航栏"中单击"板"→"板受力筋"，在构件列表中单击"新建"→新建"跨板受力筋"，如图3-4-18所示。

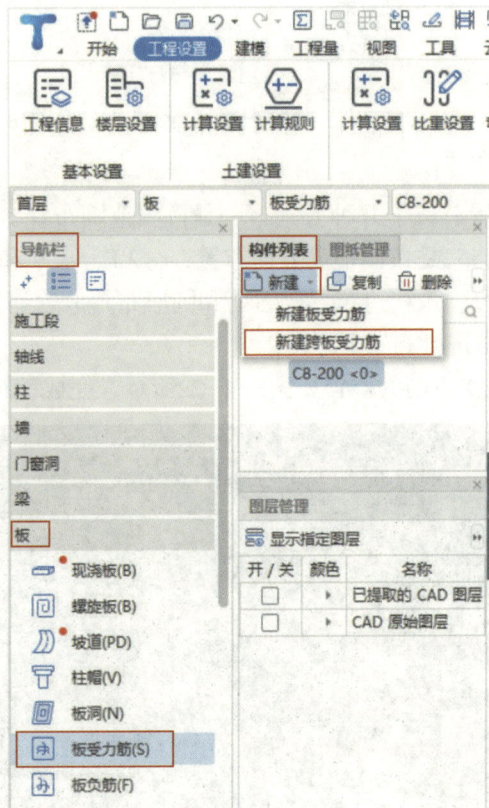

图3-4-18

2. 根据图纸中跨板受力筋的信息，在属性列表中输入相应的属性值，如例题1所示。

例题1　已知跨板受力筋的配筋信息如图3-4-19所示，板分布钢筋为$\Phi8@200$，完成该跨板受力筋的属性设置，如图3-4-20所示。

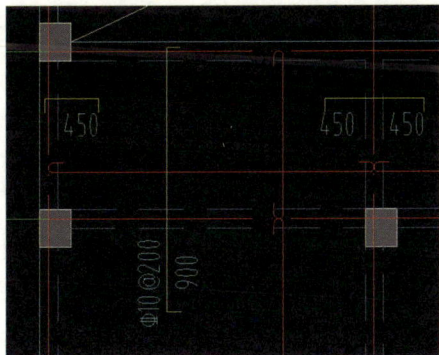

图3-4-19

图3-4-20

3. 在"构件列表"中切换到相应的跨板受力筋，选择"建模"的页签栏→板受力筋二次编辑→布置受力筋，如图3-4-21所示。

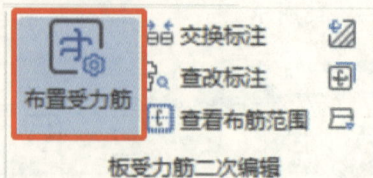

图3-4-21

4. 板受力筋的布置有以下几种方式：一是按照范围布置，分为单板、多板、自定义和按受力范围布置；二是按照钢筋方向布置，分XY、水平和垂直布置；还有，其他方法还有两点、平行边、弧线边布置放射筋和圆心布置放射筋。如图3-4-22所示，根据图纸选择合适的方法进行布置。

例题1 已知跨板受力筋的位置如图3-4-22所示，完成该跨板受力筋的绘制。

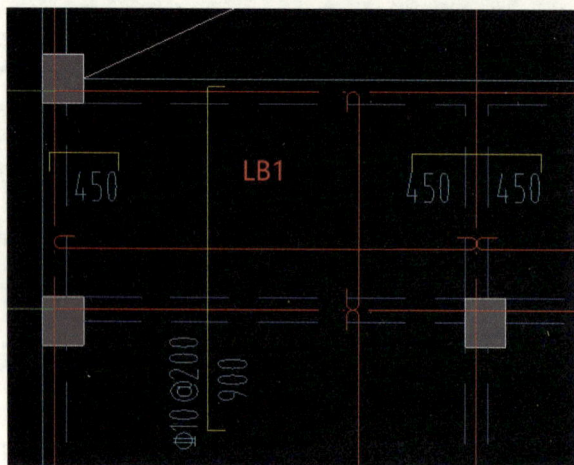

图3-4-22

选择布置范围为"单板"，布置方向为"垂直"，如图3-4-23所示，按鼠标左键选择板LB1。

图3-4-23

5. 跨板受力筋绘制完成后，需选中绘制好的跨板受力筋，查看其布筋范围，如果布置范围与图纸不符，则需要移动其编辑点至正确的位置。

五、负筋的属性定义和绘制

1. 在"导航栏"中单击"板"→"板负筋"，在构件列表中单击"新建"→新建板负筋，如图3-4-24所示。

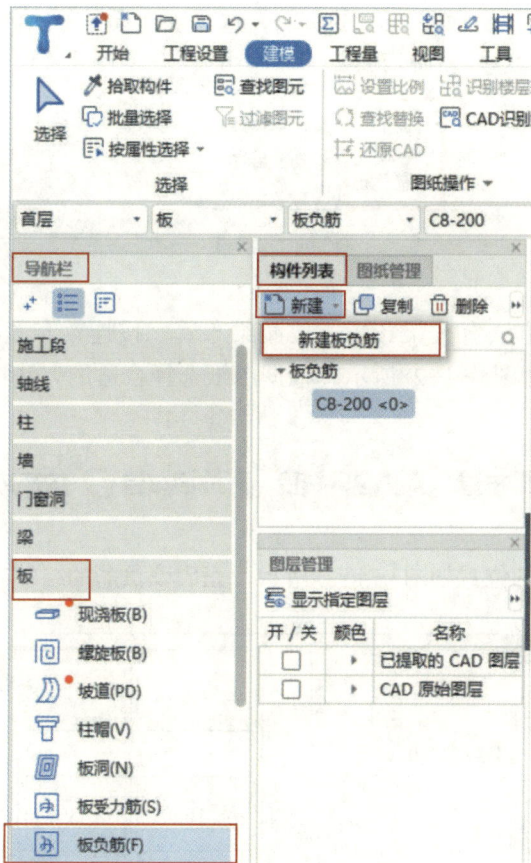

图3-4-24

2.根据图纸中负筋的信息，在属性列表中输入相应的属性值，如例题1所示。

例题1　已知负筋的配筋信息如图3-4-25所示，板分布钢筋为Φ8@200，完成负筋的属性设置，如图3-4-26所示。

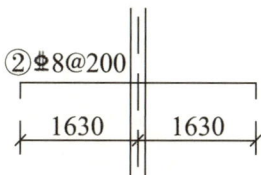

	属性名称	属性值	附加
1	名称	2-C8@200	
2	钢筋信息	Φ8@200	☐
3	左标注(mm)	1630	☐
4	右标注(mm)	1630	☐
5	马凳筋排数	1/1	☐
6	非单边标注含...	(是)	☐
7	左弯折(mm)	(0)	☐
8	右弯折(mm)	(0)	☐
9	分布钢筋	(Φ8@200)	☐
10	备注		☐
11	⊞ 钢筋业务属性		
19	⊞ 显示样式		

②Φ8@200

| 1630 | 1630 |

图3-4-25　　　　　　　　　　　图3-4-26

3. 在"构件列表"中切换到相应的负筋，选择"建模"的页签栏→板受力筋二次编辑→布置负筋，如图3-4-27所示。

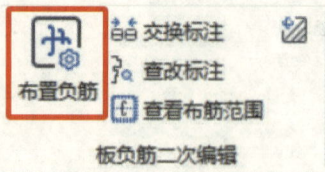

图3-4-27

4. 板负筋的布置方法有按梁布置、按圈梁布置、按连梁布置、按墙布置、按板边布置和画线布置，如图3-4-28所示，根据图纸选择合适的方法进行布置，如例题1所示。

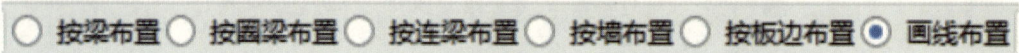

图3-4-28

例题1 已知负筋的位置如图3-4-29所示，完成该负筋的绘制。

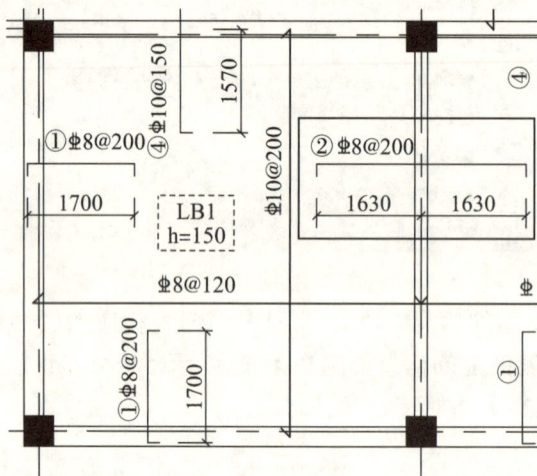

图3-4-29

在"构件列表"切换到2号负筋，选择"按板边布置"，将鼠标移动到对应的板边，在板边左右移动鼠标，可以切换左右标注，切换完成后单击鼠标左键。

任务二 案例应用

一、题目要求

[闯关练习]1加X 学练实操 第八关（240506更）

试卷：1加X 学练实操 第八关（240506更）　（共1道题，共计100.0分）

一、实操题（共1道题，共100分）

1、1加X 初级学练 首层板

附件：

1号办公楼(首层板阶段).GTJ　下载

1号办公楼建筑图.dwg　下载

1号办公楼结构图.dwg　下载

作答任务：

识读附件图纸（结施、建施）中首层板构件，并结合提供的阶段模型完成首层板构件的定义与绘制（包含钢筋、土建）；

作答要求：

1）绘制范围明确：在提供阶段模型的基础上，绘制首层板构件即可，梯板不在绘制范围内；

2）阶段工程中的工程信息、楼层信息、计算规则、比重设置、弯钩设置、弯曲调整值设置、损耗设置，均不需做任何修改；

图3-4-30

二、题目分析

1. 绘制范围。

阶段模型中已经将现浇板的属性定义完成，结合1号办公楼结构图——三层顶板配筋图，将首层板（不含梯板）和板钢筋绘制到相应的位置。

2. 技巧。

采用"点"的绘制方法绘制120、130和160厚的板；

采用"点+正交+动态输入"的绘制方法绘制140厚的板；

采用CAD识别的方法识别板钢筋。

三、操作步骤

1. 在"导航栏"中单击"板"→"现浇板"，在"图纸管理"中单击"添加图纸"→选择"1号办公楼结构图"，单击"打开"，完成添加，如图3-4-31所示。

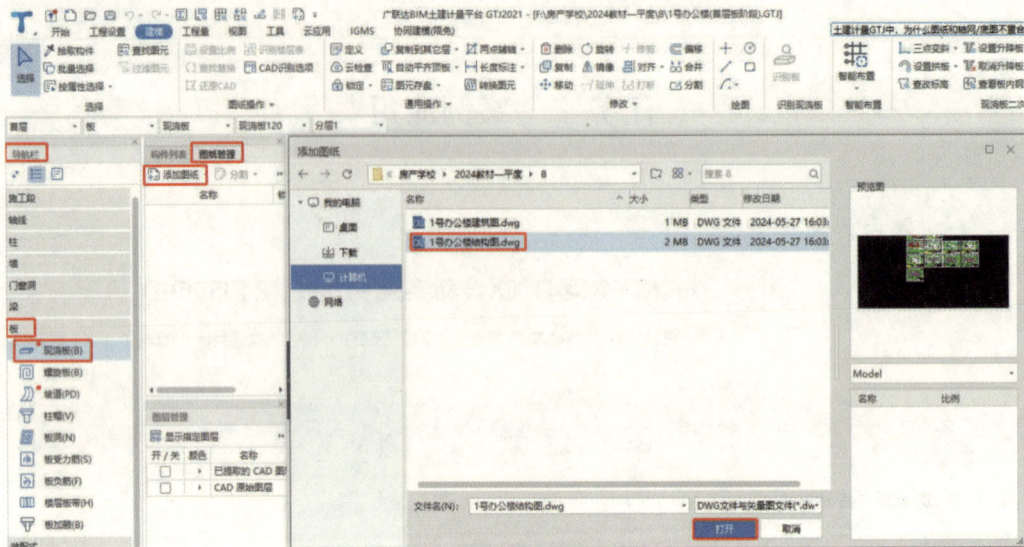

图3-4-31

2. 单击"分割"→手动分割，按住鼠标左键拉框选中"一三层顶板配筋图"，右键确认，弹出"手动分割"对话框，单击鼠标左键，单击图纸名称，单击 ⋯ 选择对应楼层为"首层（-0.05～3.85）"，单击"确定"，再次"确定"，完成图纸分割，如图3-4-32、图3-4-33所示。

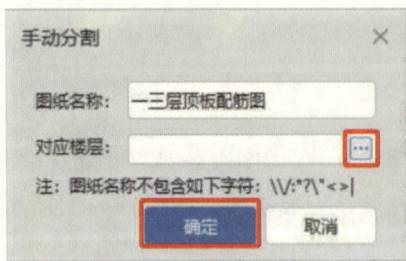

图3-4-32

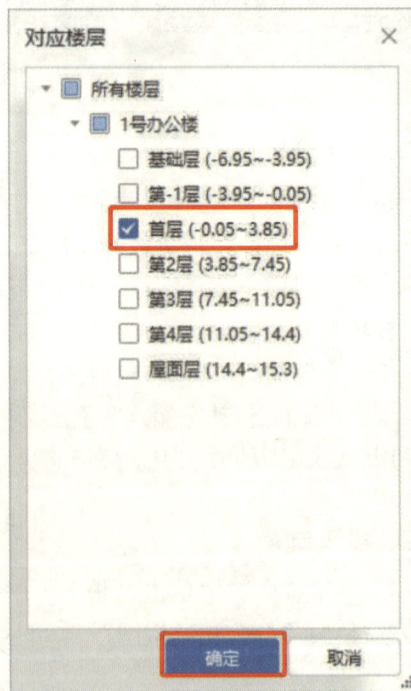

图3-4-33

3. 按住鼠标左键双击"图纸管理"中分割好的"一三层顶板配筋图"，检查原始CAD图的轴网和软件中的轴网是否重合，如果不重合，则需要"定位"，本题轴网完全重合。

4. 在"构件列表"中切换到"现浇板120"，选择绘图选项卡中的点 ⊕，找到

图纸中所有未标注的板区域，单击鼠标左键，完成现浇板120的绘制，如图3-4-34所示。

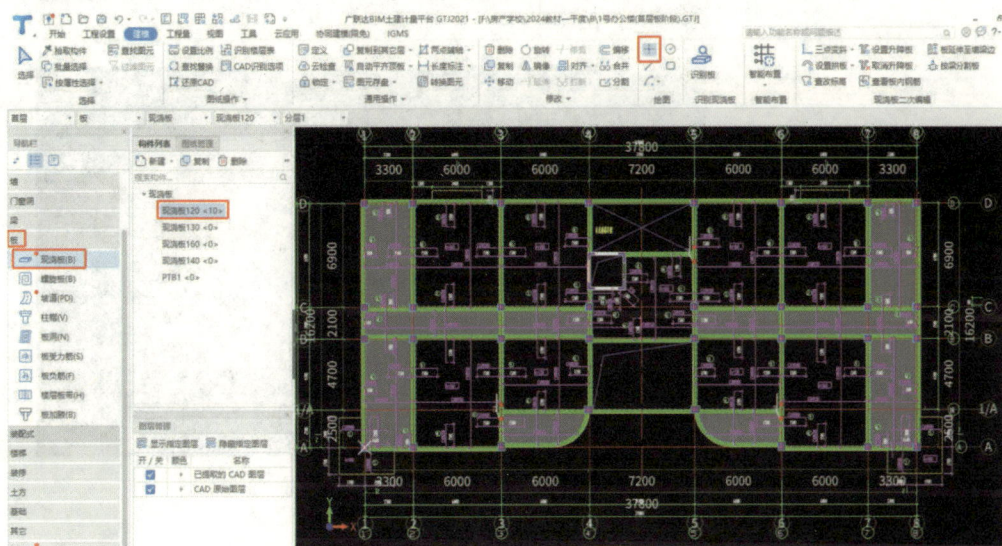

图3-4-34

5. 在"构件列表"中切换到"现浇板130"，选择绘图选项卡中的点 ⊕，找到

图纸中所有h=130的板区域，单击鼠标左键，完成现浇板130的绘制，如图3-4-35所示。

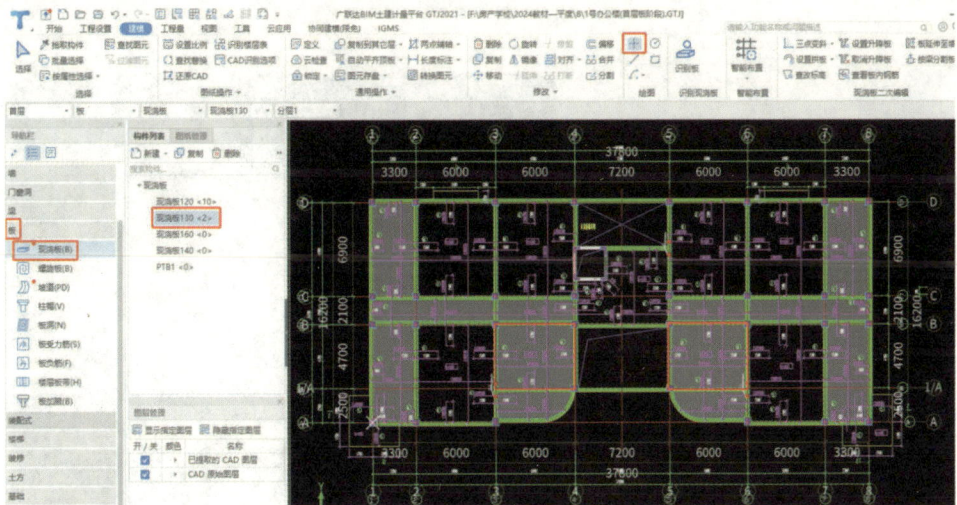

图3-4-35

6. 在"构件列表"中切换到"现浇板160",选择绘图选项卡中的点 ，找到

图纸中所有h=160的板区域,单击鼠标左键,完成现浇板160的绘制,如图3-4-36所示。

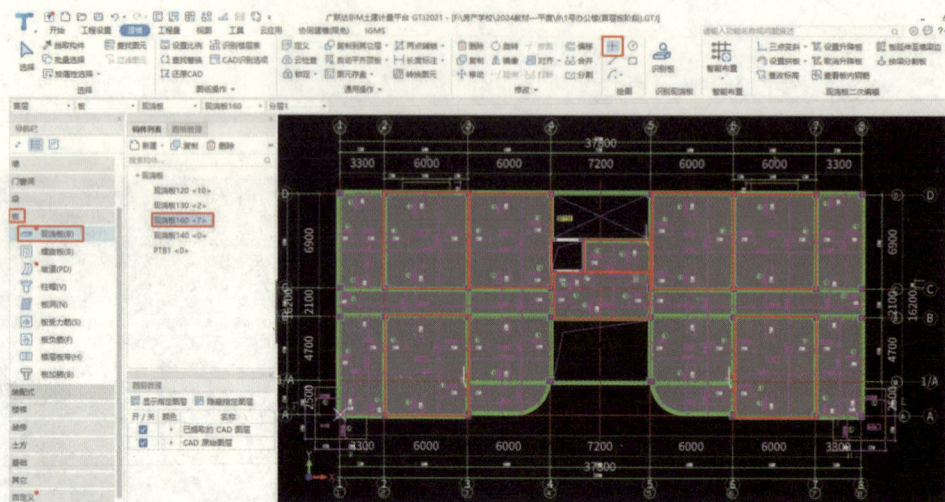

图3-4-36

7. 在"构件列表"中切换到"现浇板140",选择绘图选项卡中的矩形 ，找

到图纸中左下方h=140的板区域,找到点1,单击鼠标左键,再找到点2,单击鼠标左键,完成图纸中左下方现浇板140的绘制,如图3-4-37所示。

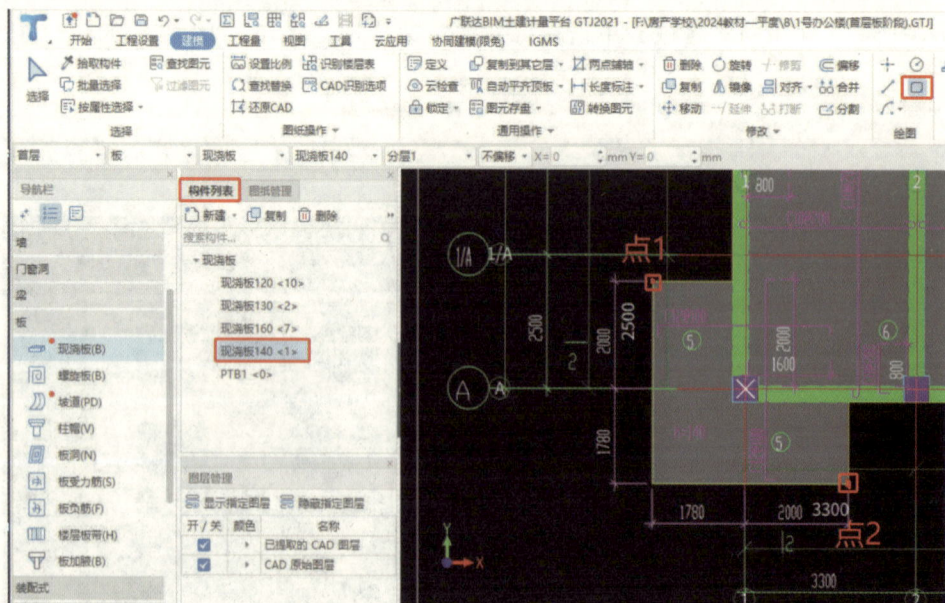

图3-4-37

8. 在"构件列表"中切换到"现浇板140"，选择绘图选项卡中的矩形 ，找

到图纸中右下方h=140的板区域，找到点1，单击鼠标左键，再找到点2，单击鼠标左键，完成图纸中右下方现浇板140的绘制，如图3-4-38所示。

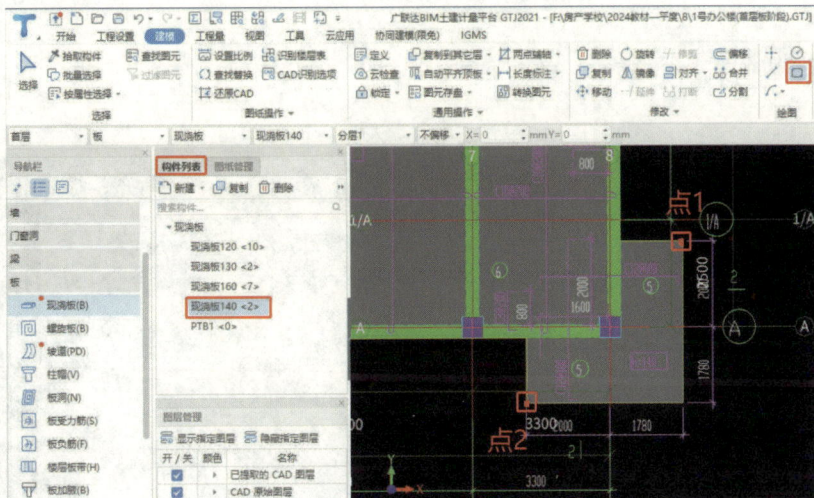

图3-4-38

9. 在"选择"的命令下，单击鼠标左键选中图纸左下方的"现浇板140"，选择

修改选项卡中的"分割" 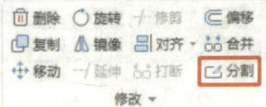，鼠标左键单击点1，再单击点2，如

图3-4-39所示，单击鼠标右键结束，再次单击鼠标右键，沿点1—点2的直线将现浇板140分割完成。

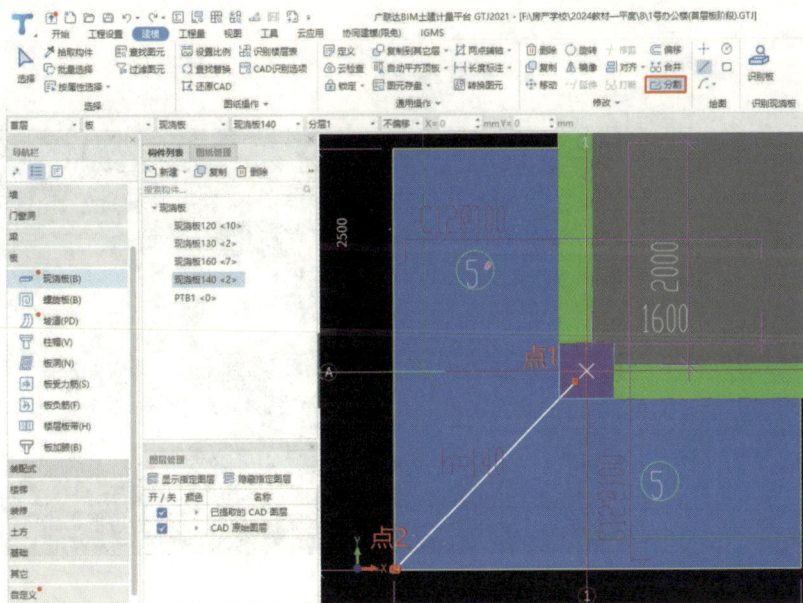

图3-4-39

10. 在"选择"的命令下，单击鼠标左键选中图纸右下方的现浇板140，选择修改选项卡中的"分割"，鼠标左键单击点1，再单击点2，如图3-4-40所示，右键结束，再次单击鼠标右键，现浇板140沿点1—点2的直线分割完成。

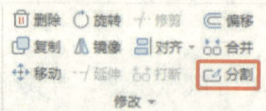

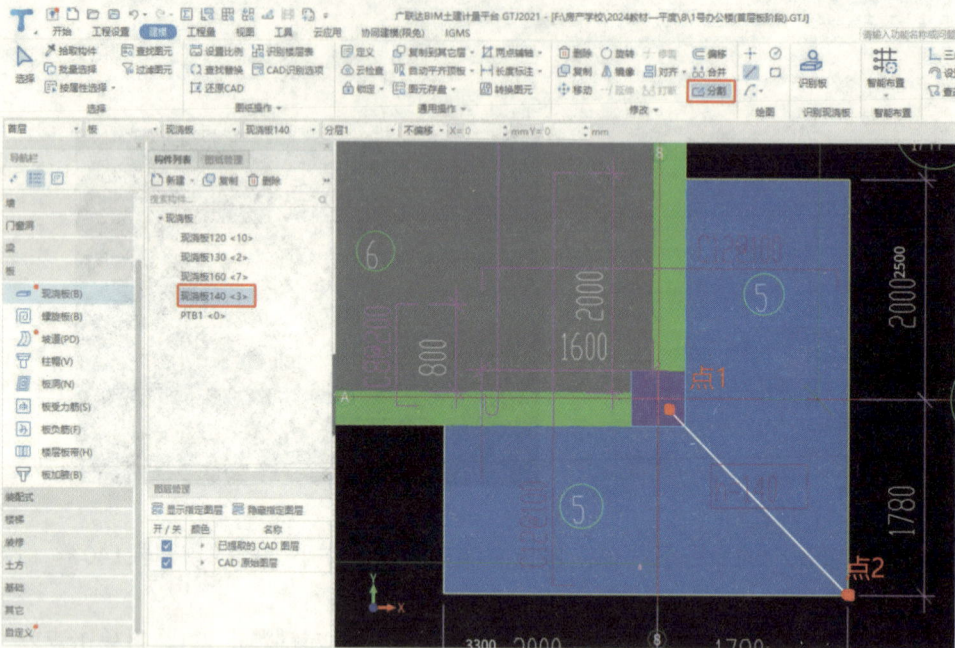

图3-4-40

11. 在"导航栏"中单击"板"→"板受力筋"，在"建模"的页签栏下，打开"图纸管理"，按住鼠标左键双击"一三层顶板配筋图"，如图3-4-41所示。

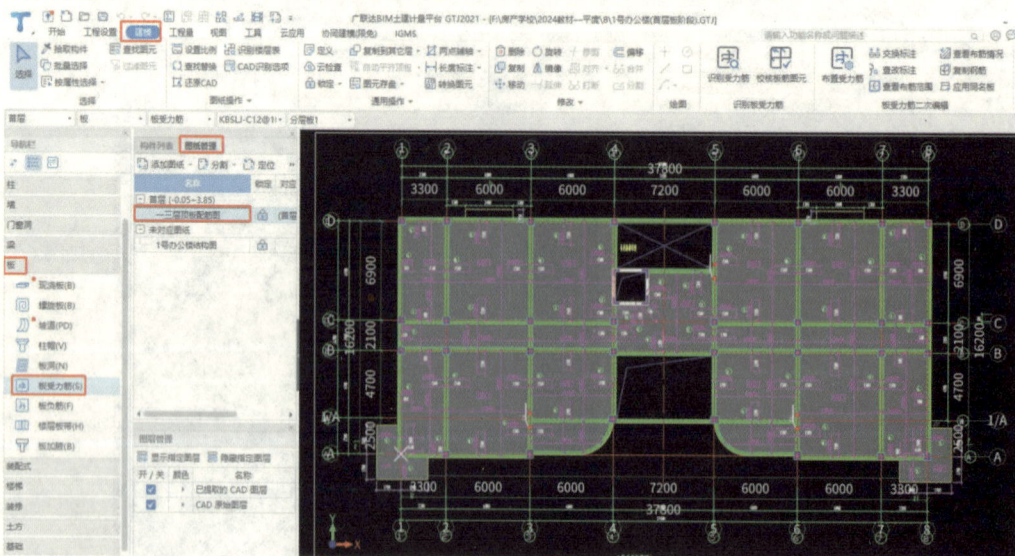

图3-4-41

12. 在识别板受力筋选项卡中选择"识别受力筋" ![识别受力筋][校核板筋围元] ，单击"提取板筋线"，按住鼠标左键选择所有板受力筋、跨板受力筋和负筋的钢筋线（可多次选择），如图3-4-42所示，右键确认，板筋线提取完成。

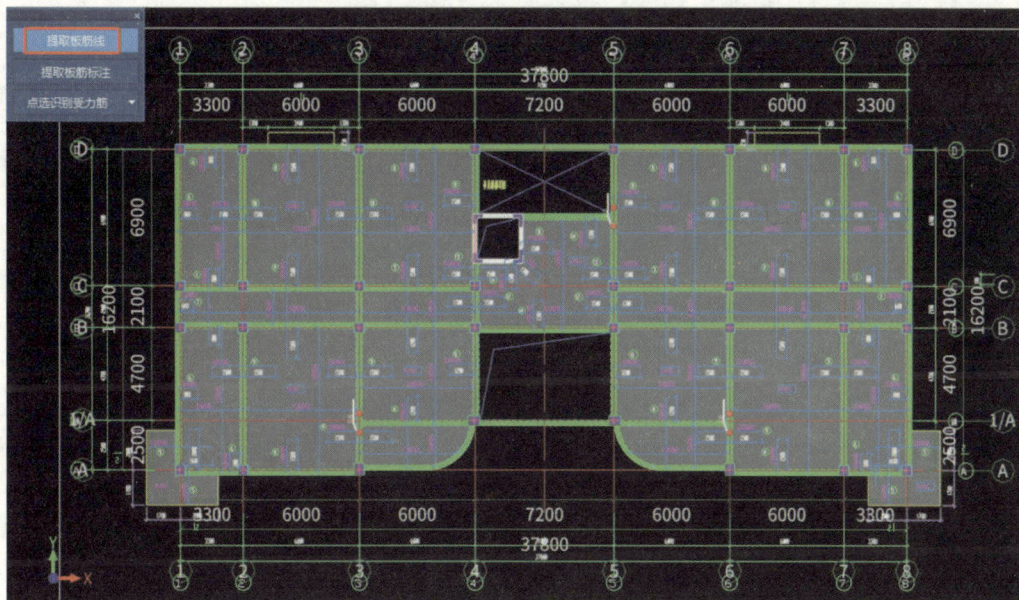

图3-4-42

13. 单击"提取板筋标注"，按住鼠标左键选择所有板受力筋、跨板受力筋和负筋的钢筋标注（可多次选择），如图3-4-43所示，右键确认，板筋标注提取完成。

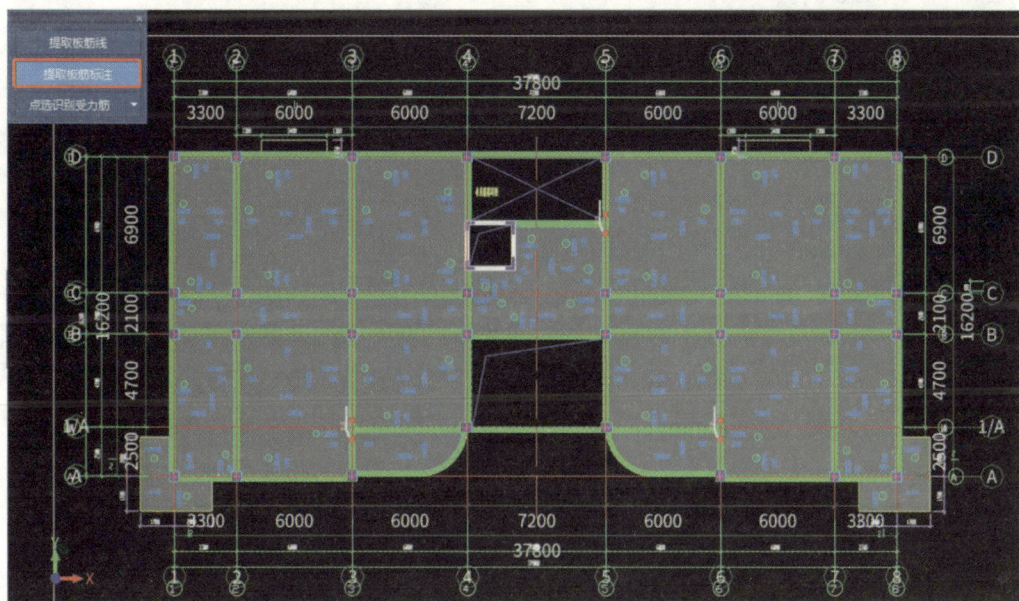

图3-4-43

14. 单击"自动识别板筋"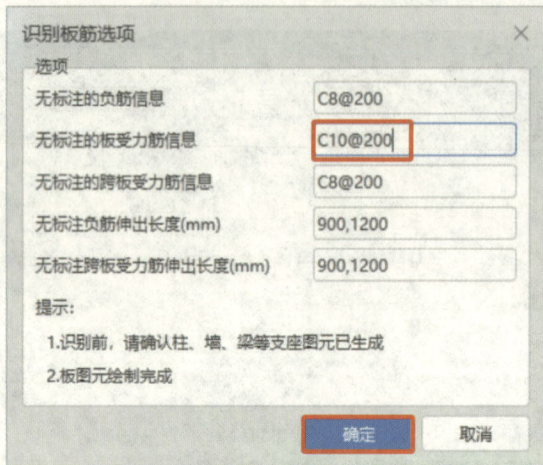，弹出"识别板筋选项"，结合图纸说明："图中未注明楼板下铁均为C10@200"，将对话框中"无标注的板受力筋信息"修改为C10@200，单击"确定"，如图3-4-44所示。

图3-4-44

15. 弹出"自动识别板筋"对话框，单击鼠标左键后，再单击，切换到对应的图元，如图3-4-45所示，检查核对"钢筋信息"和"钢筋类别"，核对无误，再次单击，全部核对完所有FJ-C8@200，核对无误，不需要修改。

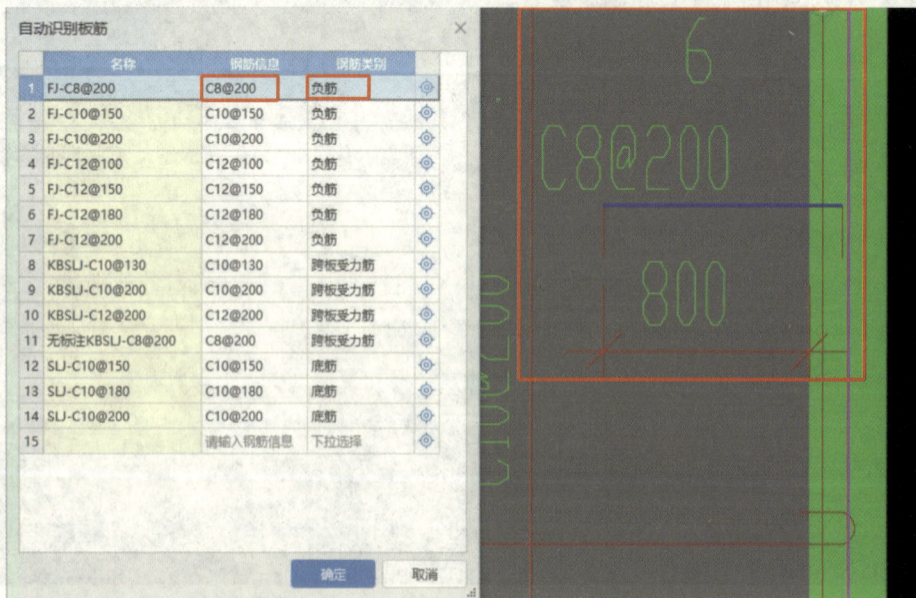

图3-4-45

16. 单击鼠标左键，单击

	名称	钢筋信息	钢筋类别	
1	FJ-C8@200	C8@200	负筋	◈
2	FJ-C10@150	C10@150	负筋	◈

，切换到对应的图

元，如图3-4-46所示，检查核对"钢筋信息"和"钢筋类别"，钢筋类别若有误，将
SLJ-C10@150的"钢筋类别"改为底筋。

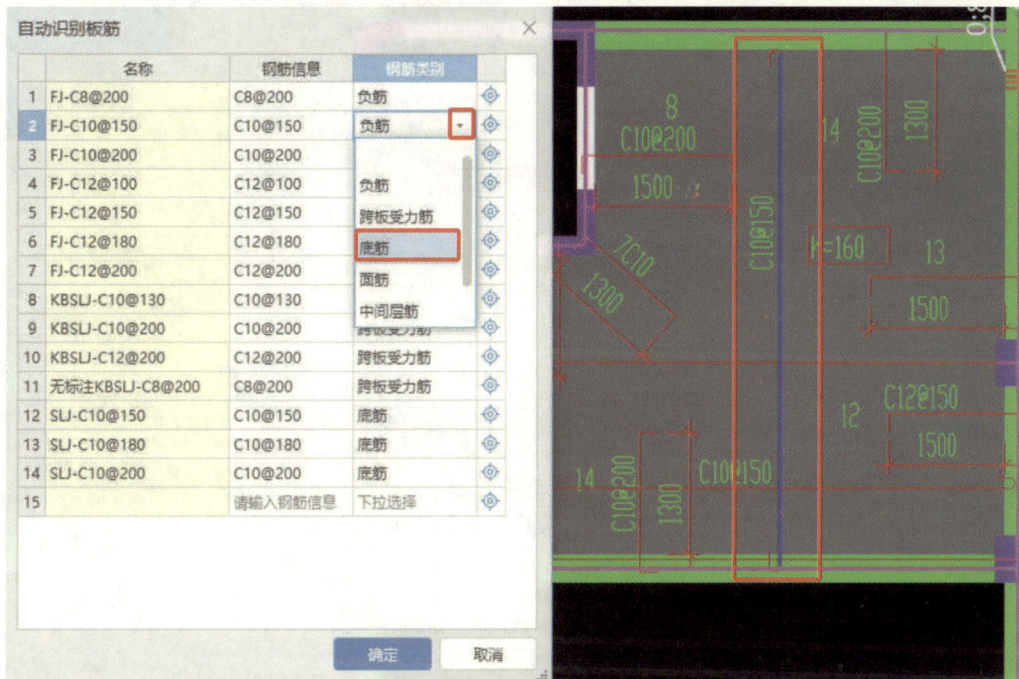

图3-4-46

17. 按序号依次核对所有位置的"钢筋信息"和"钢筋类别"，如有问题，则需要

修改，其中，7C10 为阳角放射筋，需单独计算，删除该行钢筋信息。

图3-4-47

18. 修改完成所有板筋信息如图3-4-48所示，单击"确定"。

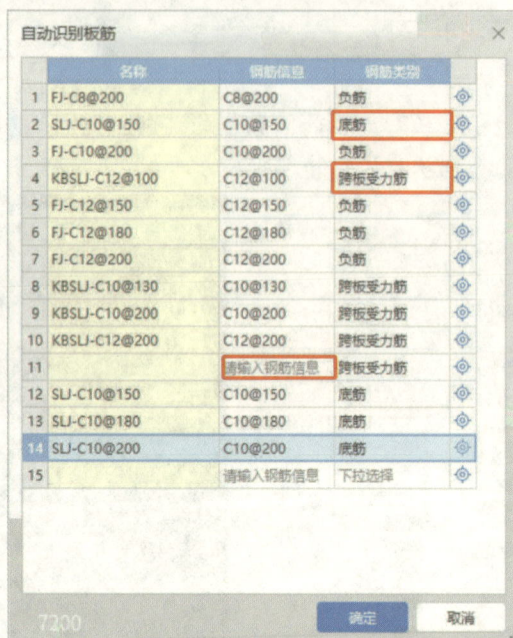

	名称	钢筋信息	钢筋类别	
1	FJ-C8@200	C8@200	负筋	⊕
2	SLJ-C10@150	C10@150	底筋	⊕
3	FJ-C10@200	C10@200	负筋	⊕
4	KBSLJ-C12@100	C12@100	跨板受力筋	⊕
5	FJ-C12@150	C12@150	负筋	⊕
6	FJ-C12@180	C12@180	负筋	⊕
7	FJ-C12@200	C12@200	负筋	⊕
8	KBSLJ-C10@130	C10@130	跨板受力筋	⊕
9	KBSLJ-C10@200	C10@200	跨板受力筋	⊕
10	KBSLJ-C12@200	C12@200	跨板受力筋	⊕
11		请输入钢筋信息	跨板受力筋	⊕
12	SLJ-C10@150	C10@150	底筋	⊕
13	SLJ-C10@180	C10@180	底筋	⊕
14	SLJ-C10@200	C10@200	底筋	⊕
15		请输入钢筋信息	下拉选择	⊕

图3-4-48

19. 弹出"自动识别板筋"对话框，如图3-4-49所示，单击"是"。

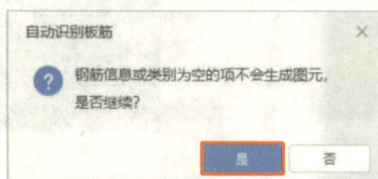

图3-4-49

20. 弹出"校核板筋图元"对话框，单击鼠标左键双击第一个问题描述，切换到对应的钢筋图元，被选中的图元蓝色显示，布筋范围重叠的区域粉色斜线表示，如图3-4-50所示。

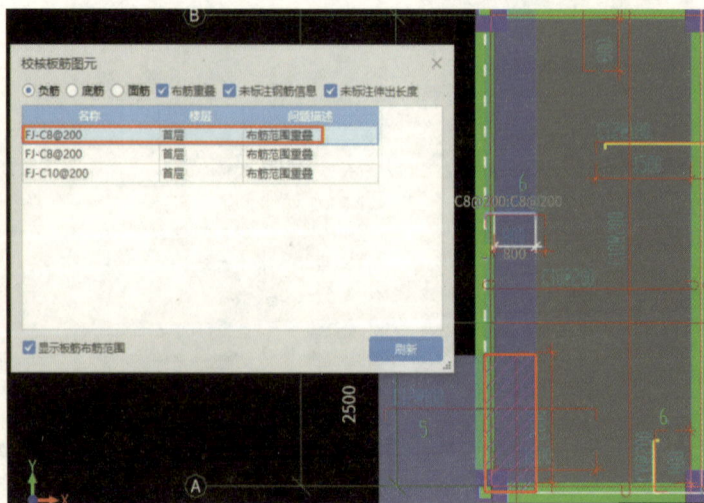

图3-4-50

21. 单击鼠标左键单击点1，将其移动到点2的位置，在"校核板筋图元"对话框中，单击"刷新"，如图3-4-51所示。

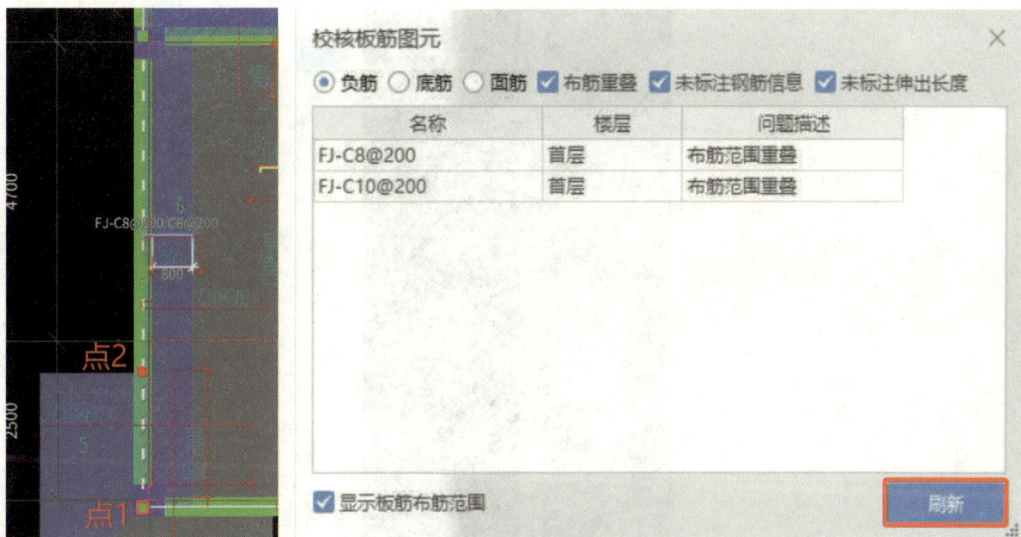

图3-4-51

22. 在"校核板筋图元"的对话框中，单击鼠标左键双击第一个问题描述，切换到对应的钢筋图元，被选中的图元蓝色显示，布筋范围重叠的区域用粉色斜线表示，如图3-4-52所示。

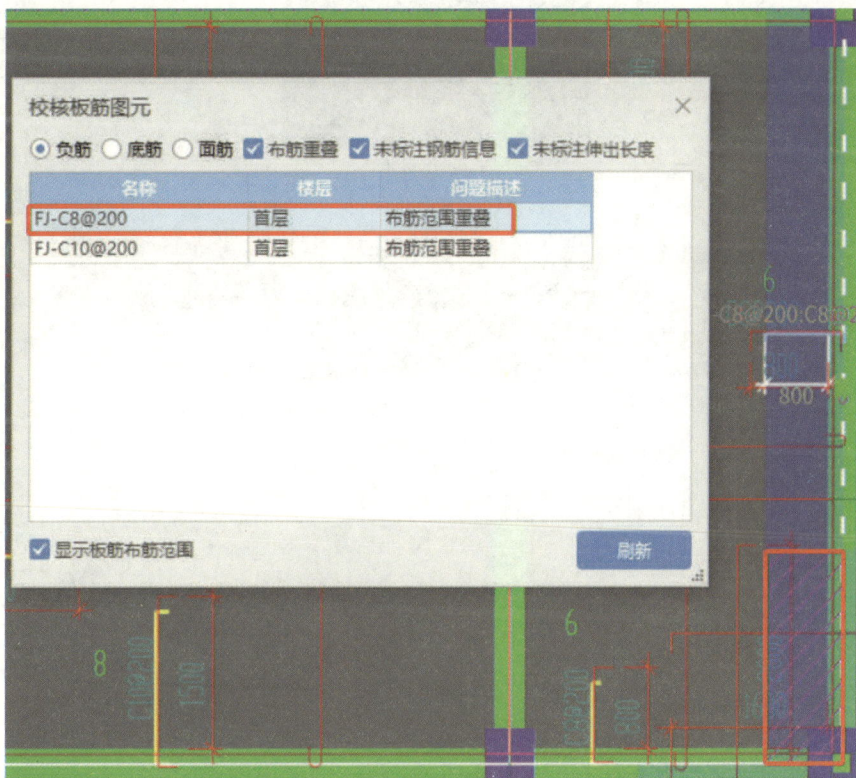

图3-4-52

23.单击鼠标左键单击点1，将其移动到点2的位置，如图3-4-53所示，在"校核板筋图元"对话框中，单击"刷新"，如图3-4-54所示。

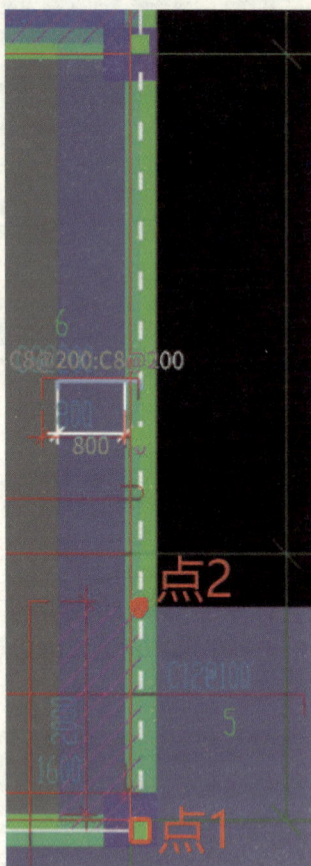

图3-4-53

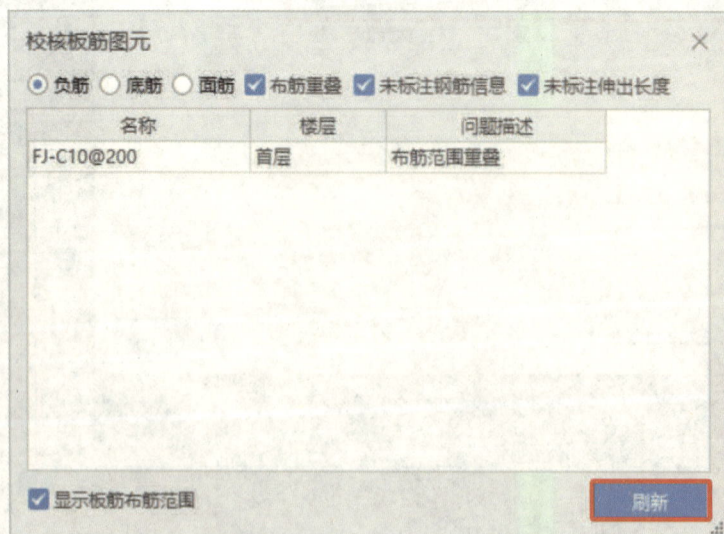

图3-4-54

24. 在"校核板筋图元"的对话框中，单击鼠标左键双击第一个问题描述，切换到对应的钢筋图元，被选中的图元蓝色显示，布筋范围重叠的区域用粉色斜线表示，如图3-4-55所示。

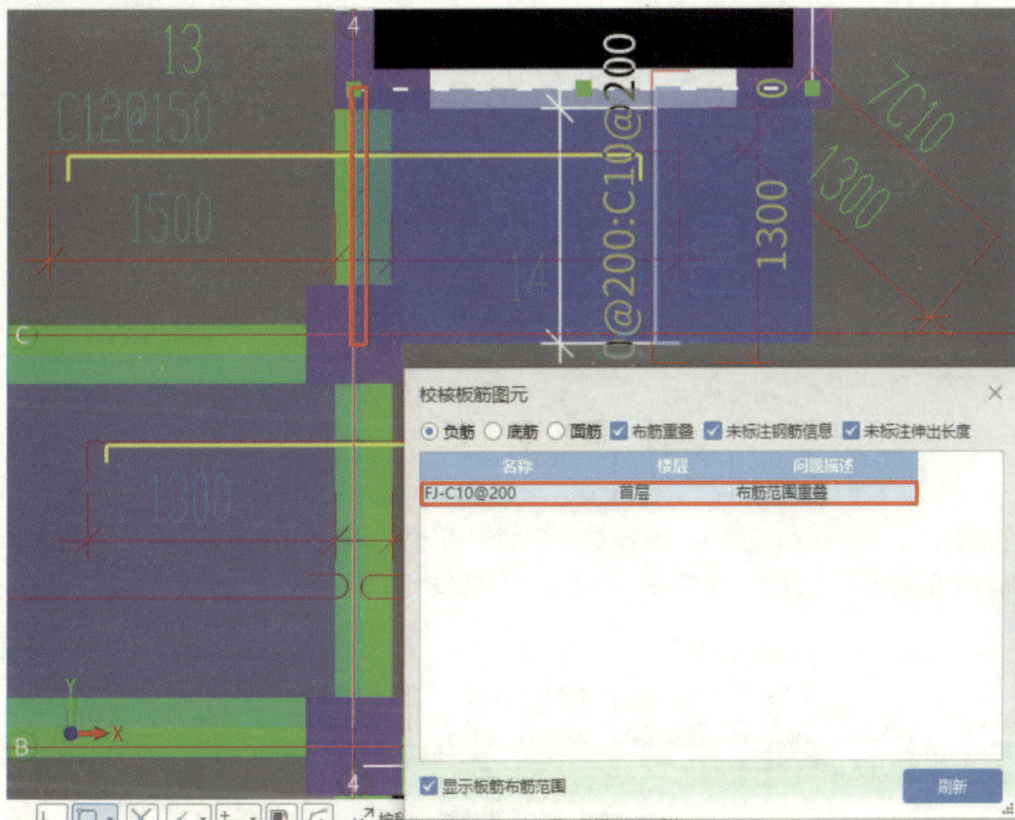

图3-4-55

25. 单击鼠标左键单击点1，将其移动到点2的位置，如图3-4-56所示，在"校核板筋图元"对话框中，单击"刷新"，负筋全部校核完毕。

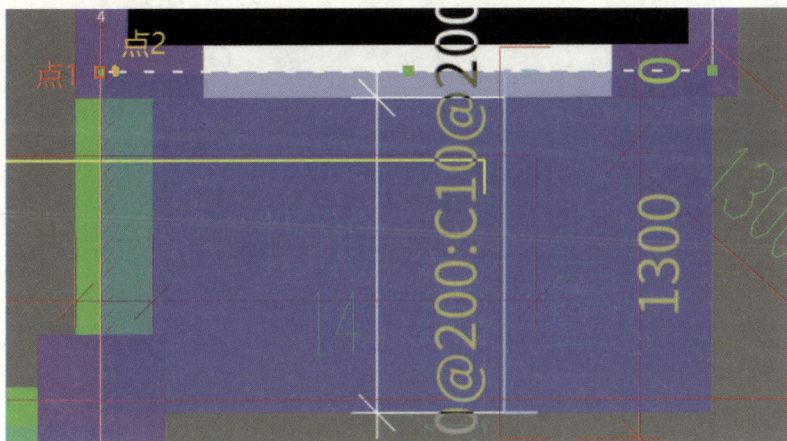

图3-4-56

26. 在"校核板筋图元"对话框中，切换到"底筋"，如图3-4-57所示，底筋无需要校核的图元。

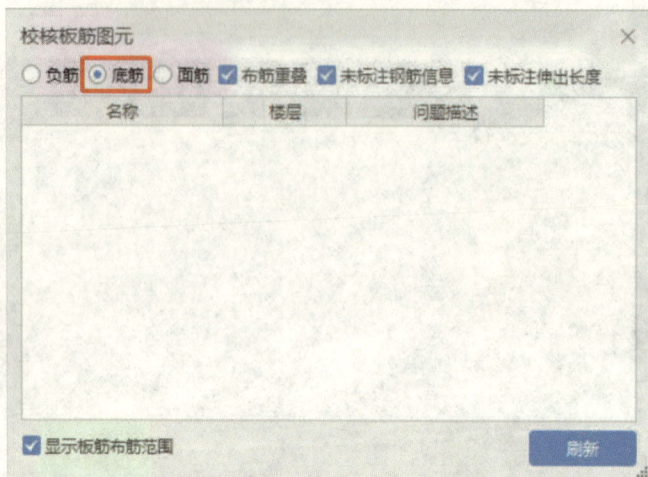

图3-4-57

27. 在"校核板筋图元"对话框中，切换到"面筋"，如图3-4-58所示，单击鼠标左键双击第一个问题描述，切换到对应的钢筋图元，被选中的图元"1号跨板受力筋"蓝色显示，布筋范围重叠的区域用粉色斜线表示。

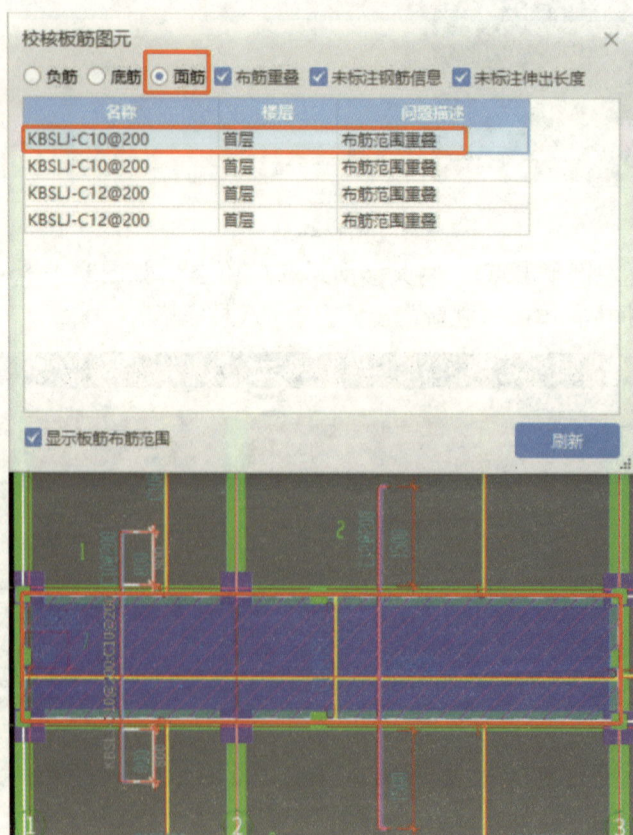

图3-4-58

28. 鼠标左键单击点1，将其移动到直线1上的任意一点位置，这里我们单击点2，按ESC键取消选择，在"选择"的命令下，单击鼠标左键选择该板上的2号跨板受力筋，如图3-4-59所示。

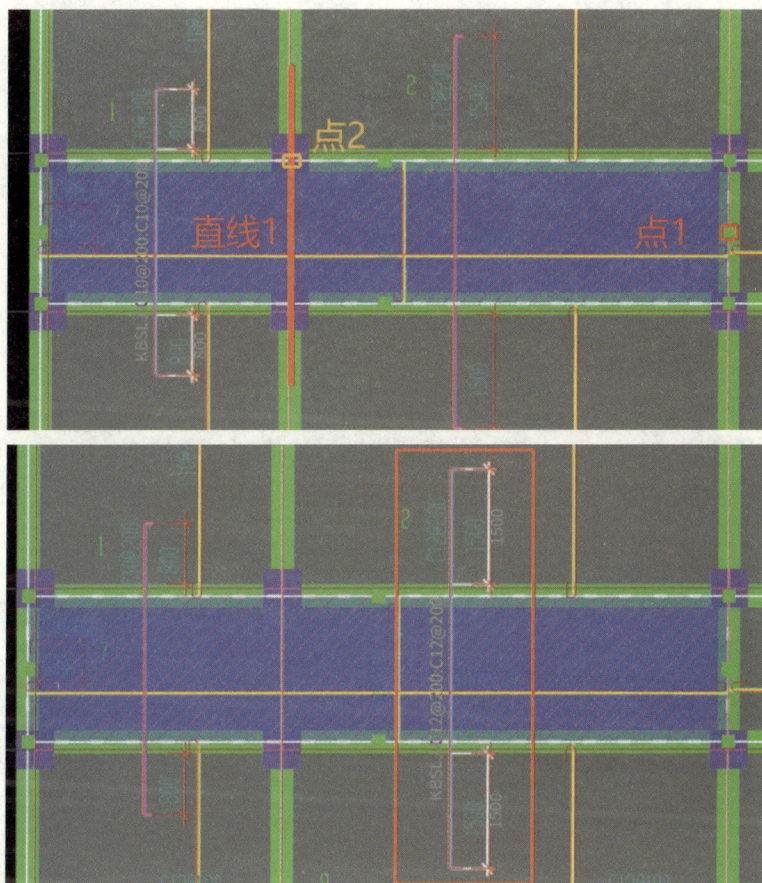

图3-4-59

29. 单击鼠标左键单击点1，将其移动到直线1上的任意一点位置，如图3-4-60所示，这里我们单击点2，在"校核板筋图元"对话框中，单击刷新，如图3-4-61所示。

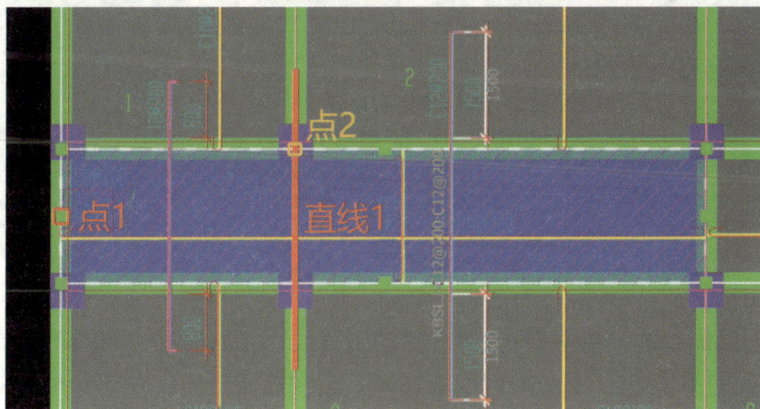

图3-4-60

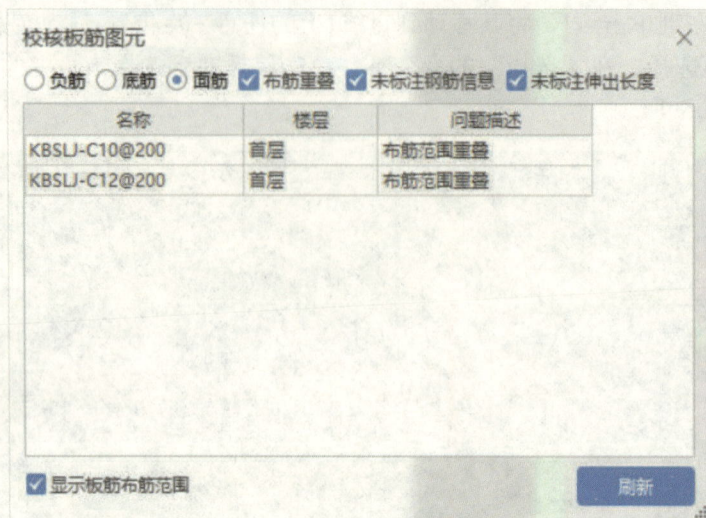

图3-4-61

30. 单击鼠标左键后，双击第一个问题描述，切换到对应的钢筋图元，被选中的图元"1号跨板受力筋"蓝色显示，布筋范围重叠的区域用粉色斜线表示，如图3-4-62所示。

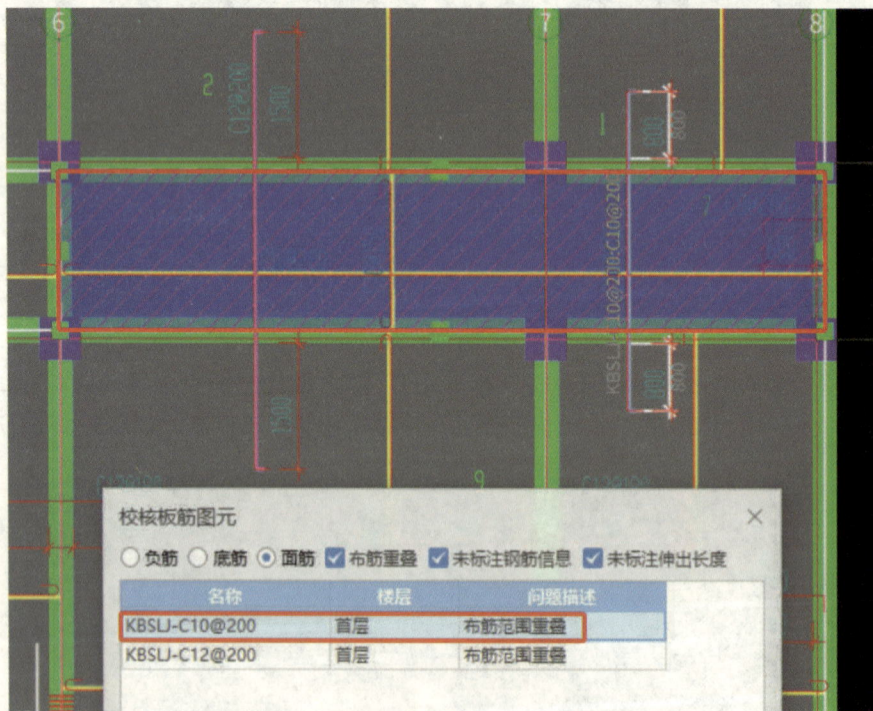

图3-4-62

31. 单击鼠标左键，单击点1，将其移动到直线1上的任意一点位置，如图3-4-63所示，这里我们单击点2，按ESC键取消选择，在"选择"的命令下，单击鼠标左键选择该板上的2号跨板受力筋，如图3-4-64所示。

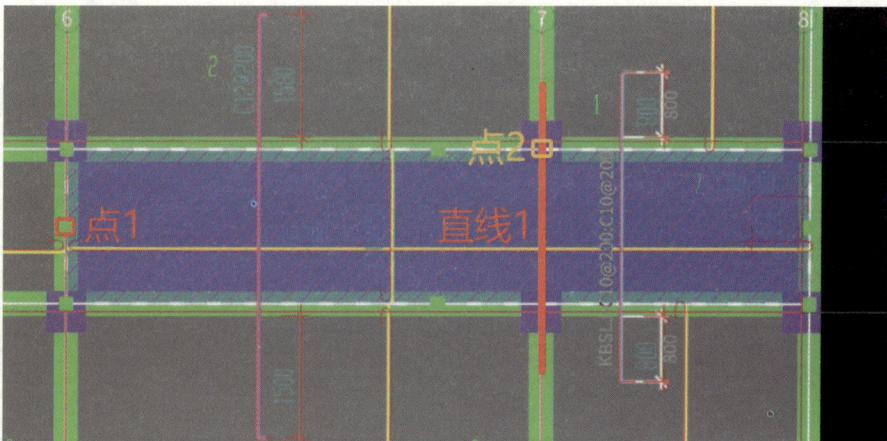

图3-4-63

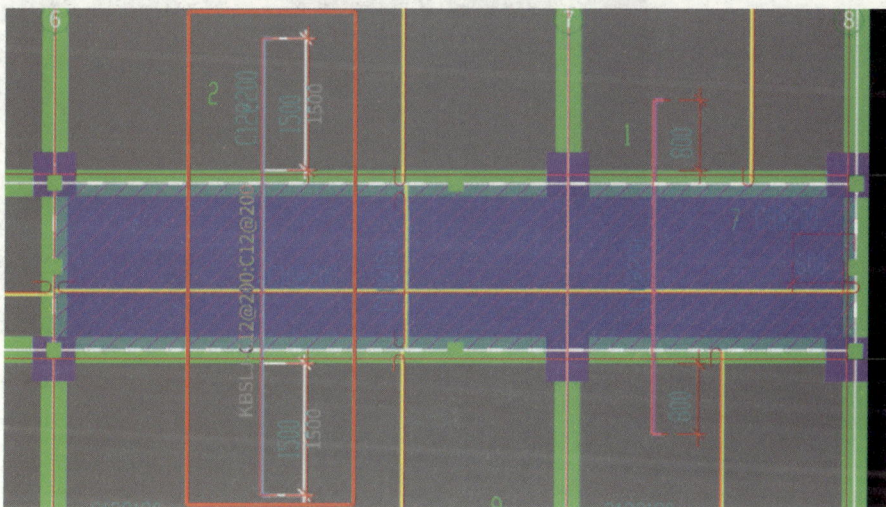

图3-4-64

32. 单击鼠标左键单击点1，将其移动到直线1上的任意一点位置，如图3-4-65所示，这里我们单击点2，在"校核板筋图元"对话框中，单击"刷新"，校核通过。

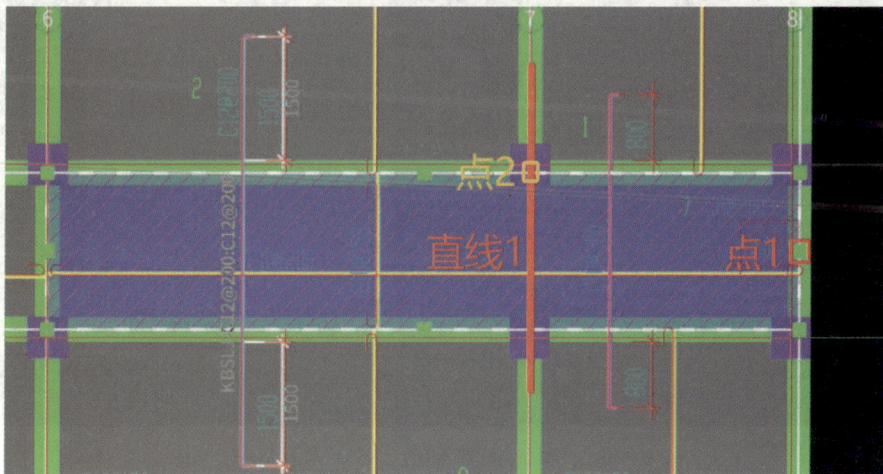

图3-4-65

33. 在"导航栏"中单击"板"→"板受力筋"，在"图层管理"中关闭"已提取的CAD图层"和"CAD原始图层"，检查跨板受力筋还存在以下问题：左右标注位置不对。选择"板受力筋二次编辑"选项卡中的"交换标注" 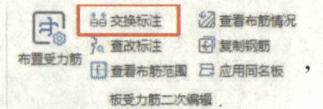 ，单击鼠标左键，依次单击选择有问题的跨板受力筋后，单击右键结束，完成交换标注，如图3-4-66、图3-4-67所示。

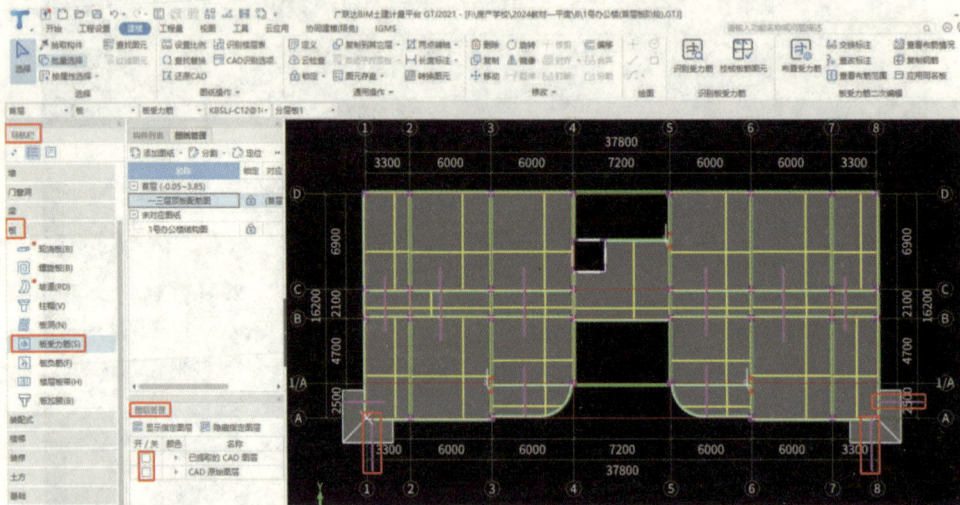

图3-4-66

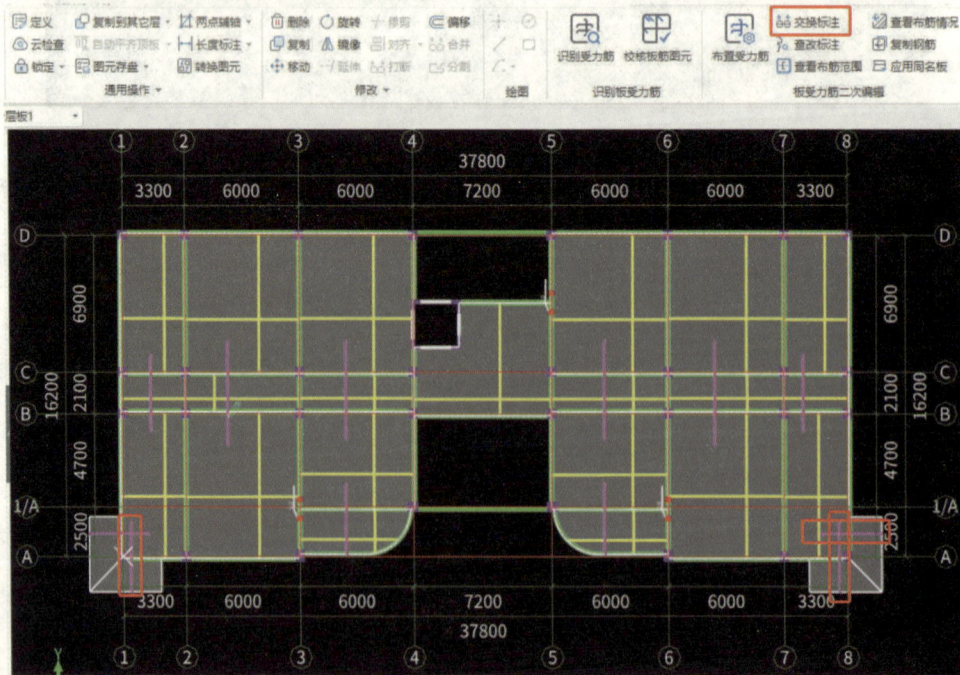

图3-4-67

34. 单击鼠标左键，单击识别板受力筋选项卡的"校核板筋图元"，

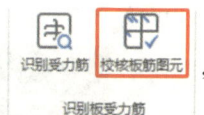

弹出"校核板筋图元"的对话框，切换到"负筋"，单击鼠标左键，双击第一个问题描述，切换到对应的钢筋图元，被选中的负筋蓝色显示，布筋范围重叠的区域粉色斜线表示，如图3-4-68所示。

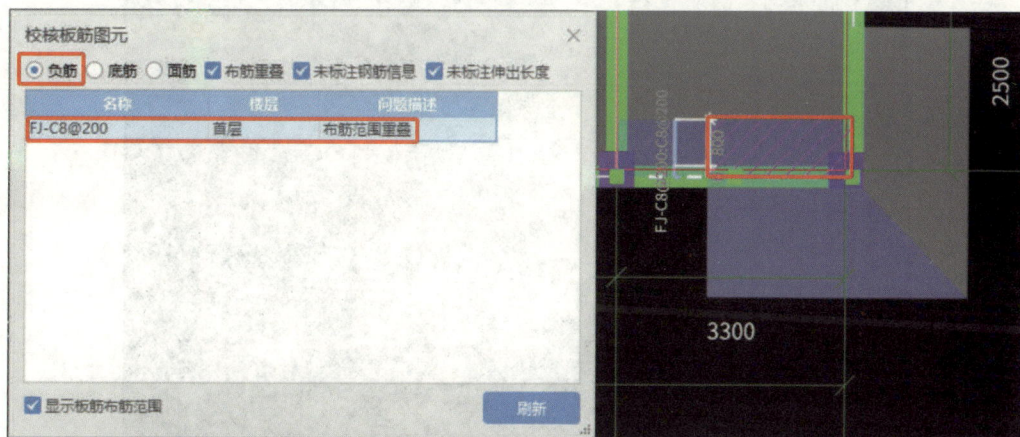

图3-4-68

35. 单击鼠标左键单击点1，将其移动到点2的位置，如图3-4-69所示，在"校核板筋图元"对话框中，单击"刷新"，校核通过。

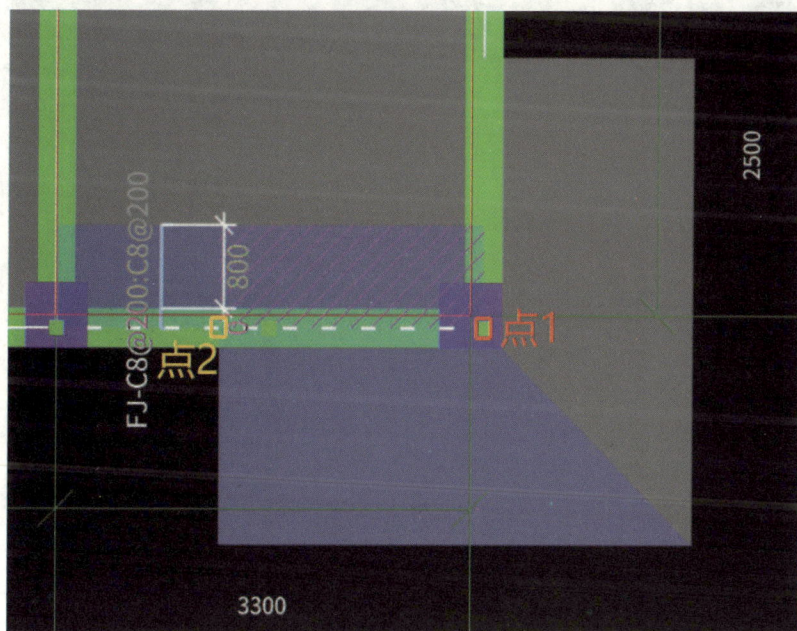

图3-4-69

36. 在"导航栏"中单击"板"→"板负筋"，检查"板负筋"还存在以下问题：左下方的"FJ-C8@200"布筋范围和KBSLJ-C12@100的布筋范围存在重叠，在"选

择"的命令下，单击鼠标左键选择"FJ-C8@200"，如图3-4-70所示。

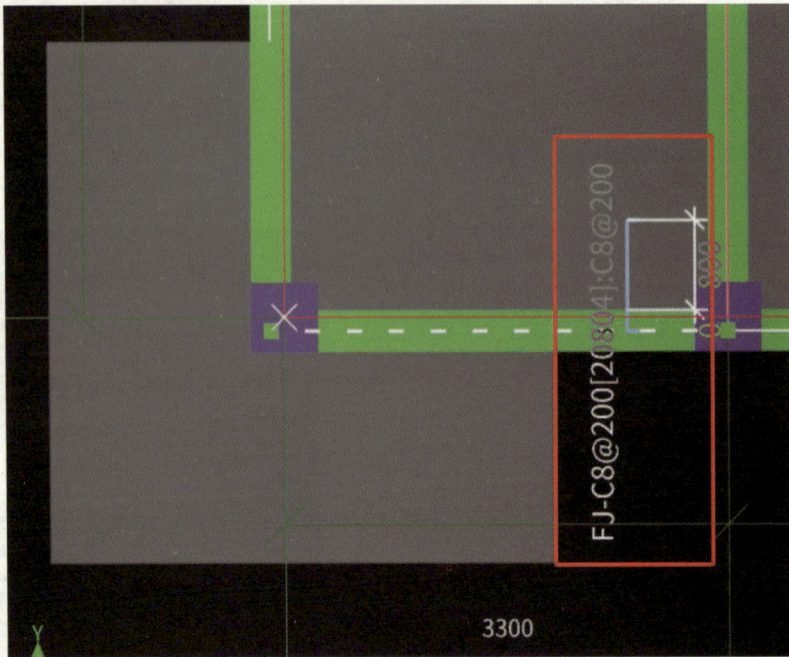

图3-4-70

37. 单击鼠标左键后，单击点1，将其移动到点2的位置，如图3-4-71所示。

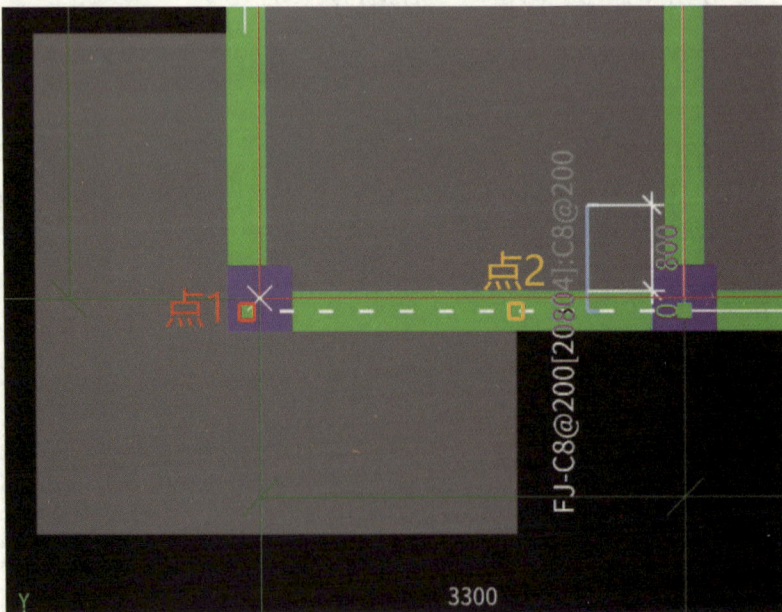

图3-4-71

38. 在"导航栏"中单击"板"→"板受力筋"，选择"板受力筋二次编辑"选

项卡中的"查看布筋情况"，在弹出的"选择受力筋类

型"下，切换底筋、面筋等类型进行检查，如图3-4-72、图3-4-73所示，检查无误后关闭。

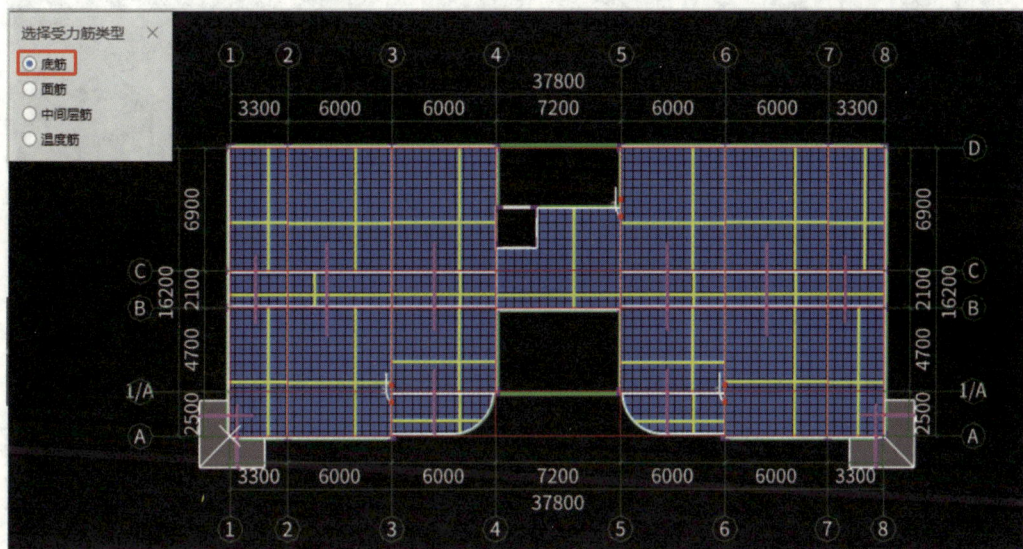

图3-4-72

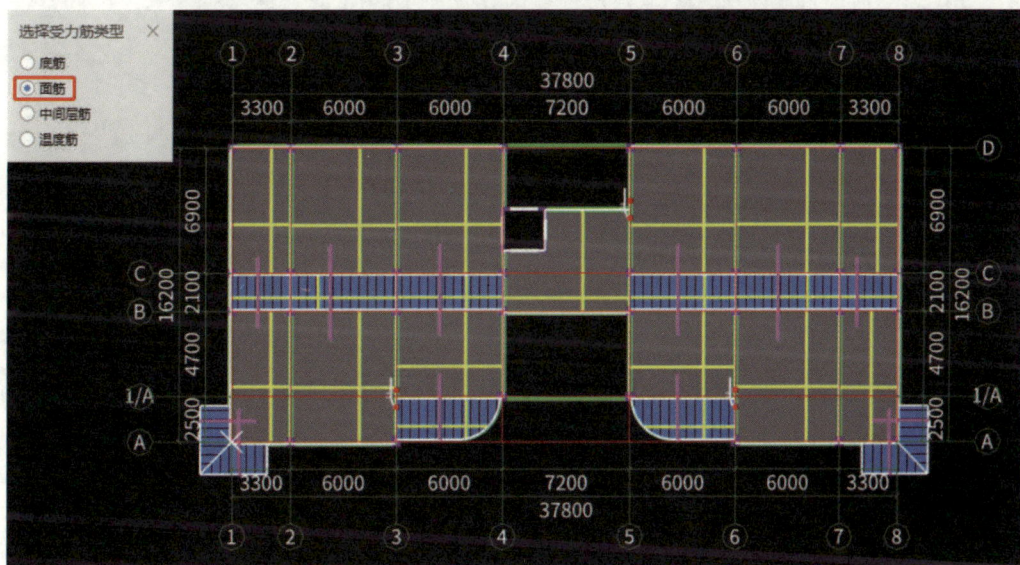

图3-4-73

39.在"导航栏"中切换到"板负筋"，选择"板负筋二次编辑"选项卡的"查看布筋情况"

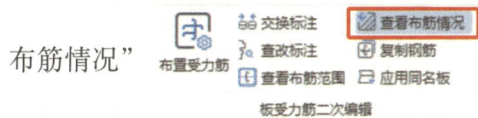

，对所有负筋进行检查，如图3-4-74所示，检查无误后关闭。

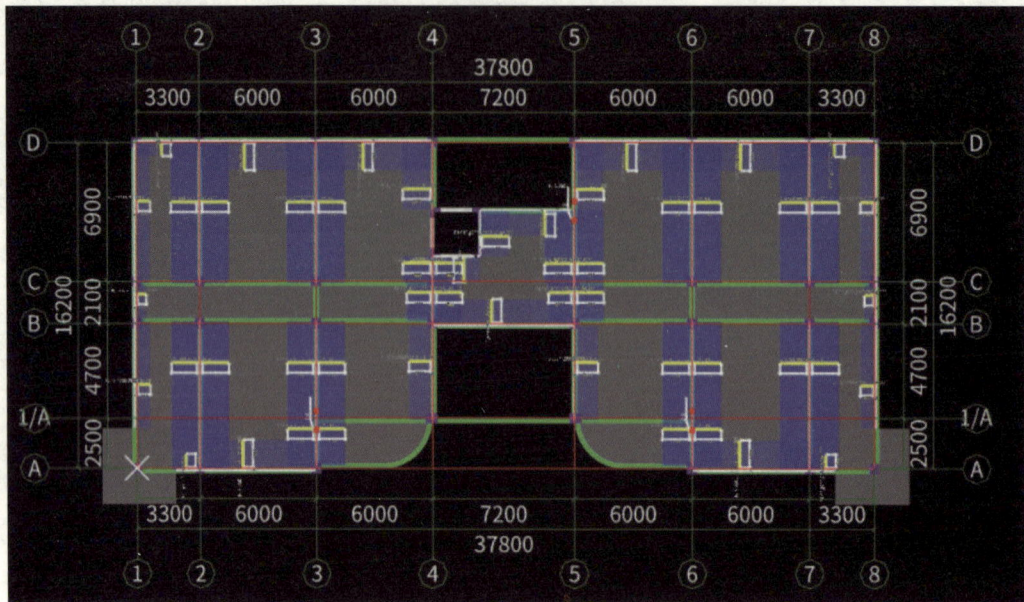

图3-4-74

40. 阳角放射筋  工程量计算：切换到"工程量"页签栏，单击鼠标左键

后，单击"表格算量" ，弹出表格算量对话框，在"钢筋"的界面下单击"构

件"，修改构件1的属性：单击鼠标左键双击构件名称，改为"阳角放射筋"，如图
3-4-75所示。

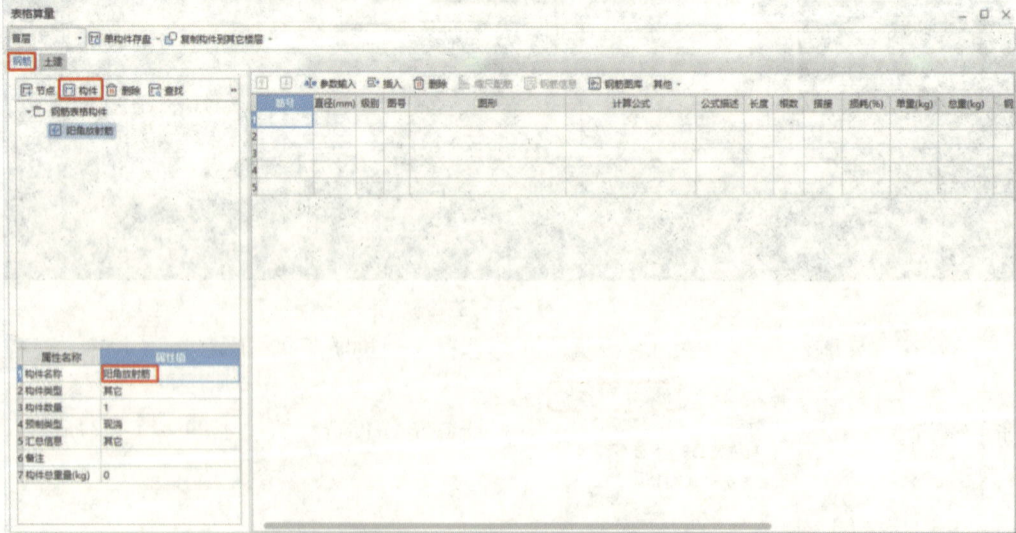

图3-4-75

41. 在右侧的表格中，输入筋号为1，在右侧下拉列表中中的"直径"栏中，选择

"10" ![直径], 在右侧下拉列表中选择"HRB400"的级别，单击图号框内右侧的三个点

![图号], 弹出"选择钢筋图形"对话框，在"弯折"中选择"5.两个弯折"，在"弯钩"中

按默认，单击鼠标左键选择第一个钢筋图形，如图3-4-76所示，单击"确认"。

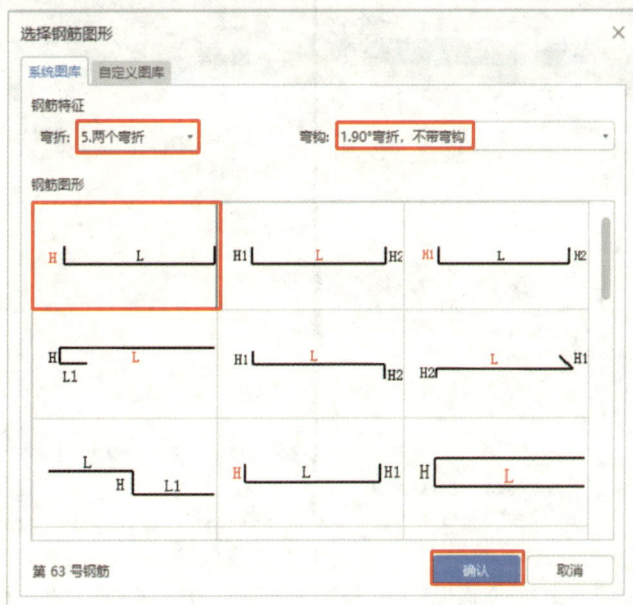

图3-4-76

42. 单击鼠标左键，双击图形中的L，修改为"1300"，回车，将H修改为"130"，其中130=160（板厚）-15（板钢筋保护层厚度）×2，按回车键确认，单击鼠标左键，再双击"根数"，改为"7"，如图3-4-77所示，计算完毕，关闭对话框。

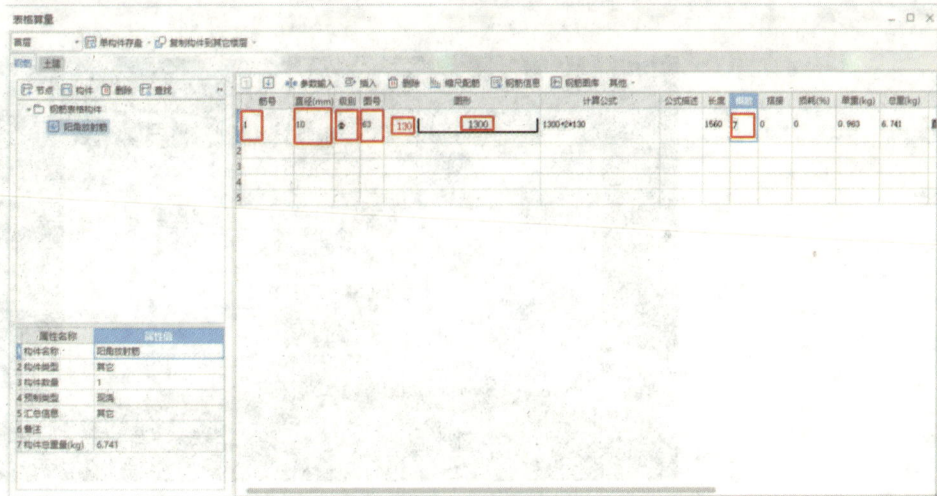

图3-4-77

43. 在"工程量"的页签栏下，单击"汇总计算"，单击"确定"，如图3-4-78所示。汇总计算完成后，单击"确定"。

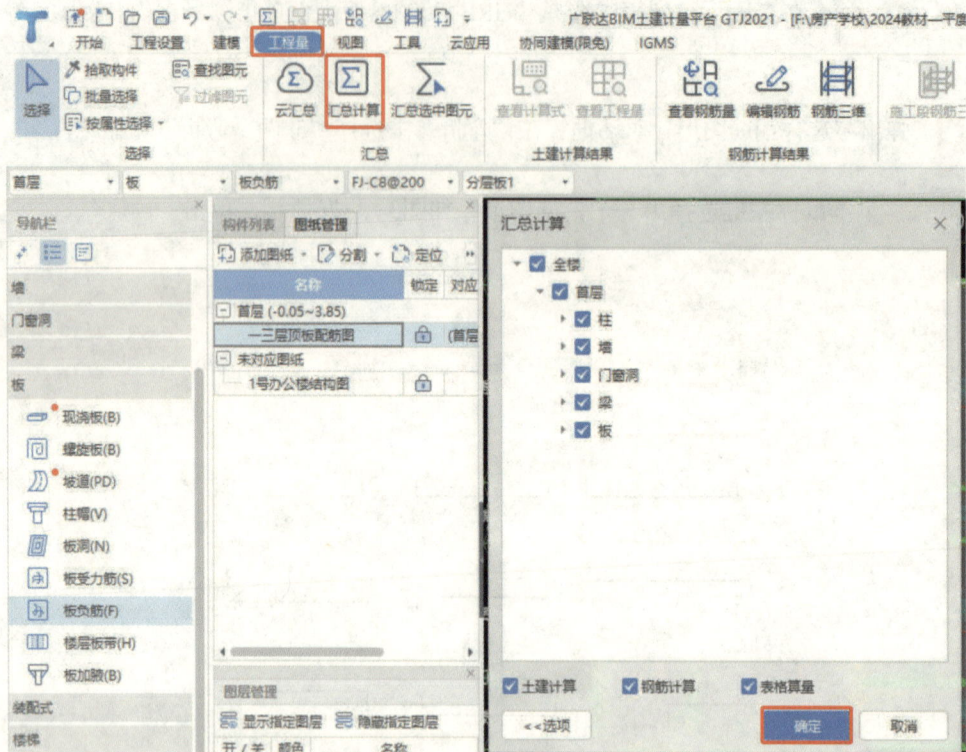

图3-4-78

44. 在"导航栏"中单击"板"→"现浇板"，在"选择"的命令下，按住鼠标左键拉框选中首层的所有现浇板，单击土建计算结果选项卡中的"查看工程量"，如图3-4-79所示。

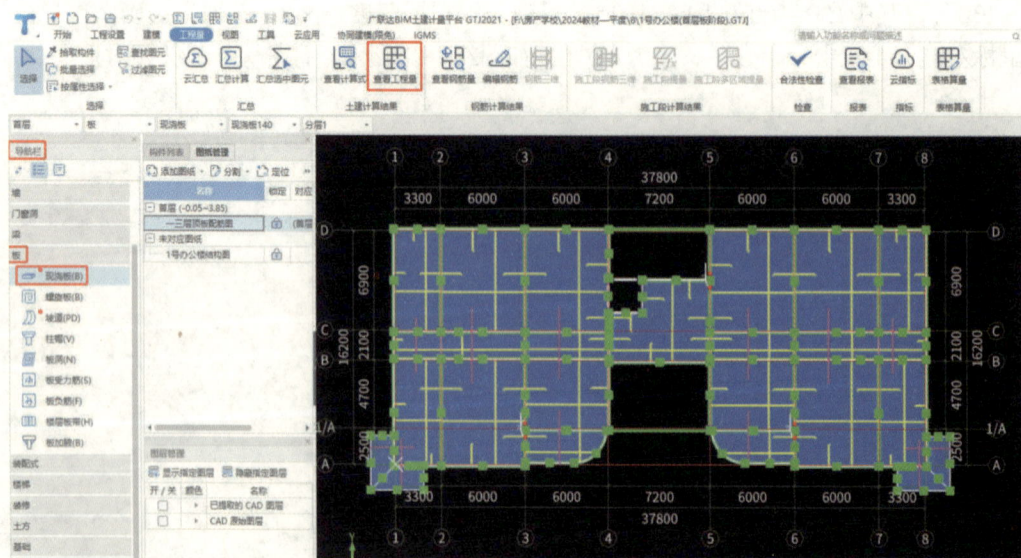

图3-4-79

45. 核对首层现浇板的土建工程量，如图3-4-80所示。

坡度	楼层	是否叠合板后浇	混凝土强度等级	体积(m3)	底面模板面积(m2)	侧面模板面积(m2)	数量(块)	投影面积(m2)	平台贴墙长度(m)	板厚(m)	阳台板投影面积(m2)	楼梯平台板投影面积(m2)	飘窗板投影面积(m2)	有梁板板体积(m3)	有梁板模板面积(m2)
								工程量名称							
1		否	C30	70.8867	492.4664	2.9736	23	492.4664	0	3.14	0	0	0	70.8867	492.4664
2	首层		小计	70.8867	492.4664	2.9736	23	492.4664	0	3.14	0	0	0	70.8867	492.4664
3		小计		70.8867	492.4664	2.9736	23	492.4664	0	3.14	0	0	0	70.8867	492.4664
4	小计			70.8867	492.4664	2.9736	23	492.4664	0	3.14	0	0	0	70.8867	492.4664
5	合计			70.8867	492.4664	2.9736	23	492.4664	0	3.14	0	0	0	70.8867	492.4664

图3-4-80

46. 在"选择"的命令下，在选择的选项卡中选择"批量选择"

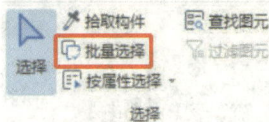

，在弹出的"批量选择"对话框中选择"板受力筋"和"板负筋"，如图3-4-81所示。

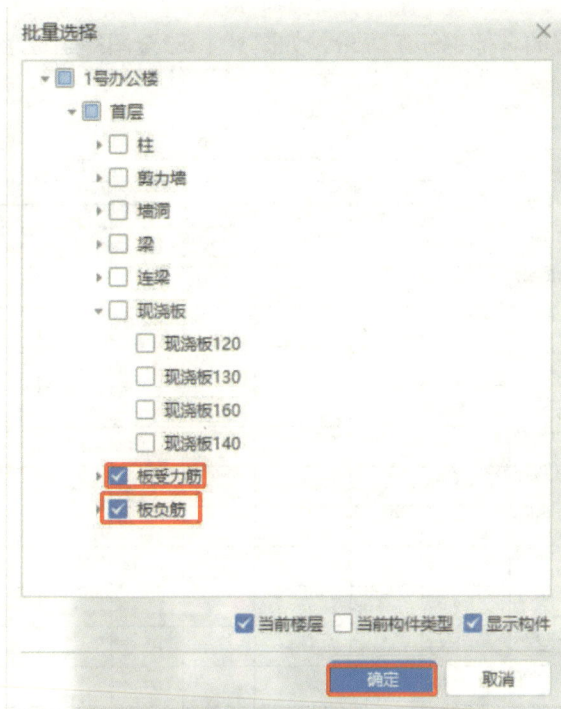

图3-4-81

47. 单击钢筋计算结果选项卡中的"查看钢筋量",如图3-4-82所示。

图3-4-82

48. 核对首层板的全部钢筋工程量,如图3-4-83至图3-4-87所示。

查看钢筋量

📄 导出到Excel ☐ 显示施工段归类

钢筋总重量(Kg):7177.765

楼层名称	构件名称	钢筋总重量 (kg)	HPB300		HRB400			
			8	合计	8	10	12	合计
1	SLJ-C10@150 [20833]	140.962				140.962		140.962
2	SLJ-C10@150 [20834]	170.292				170.292		170.292
3	SLJ-C10@150 [20835]	166.478				166.478		166.478
4	SLJ-C10@150 [20836]	166.478				166.478		166.478
5	SLJ-C10@150 [20837]	44.536				44.536		44.536
6	SLJ-C10@150 [20838]	71.492				71.492		71.492
7	SLJ-C10@150 [20839]	173.508				173.508		173.508
8	SLJ-C10@150 [20840]	177.696				177.696		177.696
9	SLJ-C10@150 [20841]	137.082				137.082		137.082
10	SLJ-C10@150 [20842]	170.292				170.292		170.292
11	SLJ-C10@150 [20843]	171.222				171.222		171.222
12	SLJ-C10@150 [20844]	177.696				177.696		177.696
13	SLJ-C10@150 [20845]	170.859				170.859		170.859
14	SLJ-C10@150 [20846]	45.708				45.708		45.708
15	SLJ-C10@150 [20847]	166.478				166.478		166.478
16	SLJ-C10@150 [20848]	173.508				173.508		173.508
17	SLJ-C10@150 [20849]	71.492				71.492		71.492
18	SLJ-C10@180 [20850]	97.248				97.248		97.248
19	SLJ-C10@180 [20851]	40.077				40.077		40.077

图3-4-83

查看钢筋量 　－ □ ×

导出到Excel　☐ 显示施工段归类

钢筋总重量（Kg）：7177.765

	楼层名称	构件名称	钢筋总重量(kg)	HPB300		HRB400			
				8	合计	8	10	12	合计
20		SLJ-C10@180[20852]	96.252				96.252		96.252
21		SLJ-C10@180[20853]	97.058				97.058		97.058
22		SLJ-C10@180[20854]	97.248				97.248		97.248
23		SLJ-C10@180[20855]	39.966				39.966		39.966
24		SLJ-C10@200[20856]	70.096				70.096		70.096
25		SLJ-C10@200[20857]	71.332				71.332		71.332
26		SLJ-C10@200[20858]	125.868				125.868		125.868
27		SLJ-C10@200[20859]	46.4				46.4		46.4
28		SLJ-C10@200[20860]	29.616				29.616		29.616
29		SLJ-C10@200[20861]	75.528				75.528		75.528
30		SLJ-C10@200[20862]	73.056				73.056		73.056
31		SLJ-C10@200[20863]	33.482				33.482		33.482
32		SLJ-C10@200[20864]	71.332				71.332		71.332
33		SLJ-C10@200[20865]	46.4				46.4		46.4
34		SLJ-C10@200[20866]	29.864				29.864		29.864
35		SLJ-C10@200[20867]	75.528				75.528		75.528
36		SLJ-C10@200[20868]	33.482				33.482		33.482
37		SLJ-C10@200[20869]	70.096				70.096		70.096
38		SLJ-C10@200[20870]	73.056				73.056		73.056

图3-4-84

查看钢筋量 　－ □ ×

导出到Excel　☐ 显示施工段归类

钢筋总重量（Kg）：7177.765

	楼层名称	构件名称	钢筋总重量(kg)	HPB300		HRB400			
				8	合计	8	10	12	合计
39		KBSLJ-C10@130[20875]	122.09	22.233	22.233		99.857		99.857
40		KBSLJ-C10@130[20876]	124.352	22.347	22.347		102.005		102.005
41		KBSLJ-C10@200[20877]	52.83	12.016	12.016		40.814		40.814
42		KBSLJ-C10@200[20878]	52.83	12.016	12.016		40.814		40.814
43		KBSLJ-C12@200[20879]	177.276	34.446	34.446			142.83	142.83
44		KBSLJ-C12@200[20880]	161.646	29.551	29.551			132.095	132.095
45	首层	KBSLJ-C12@200[20881]	163.68	31.585	31.585			132.095	132.095
46		KBSLJ-C12@200[20882]	177.276	34.446	34.446			142.83	142.83
47		KBSLJ-C12@100[20873]	101.314	4.496	4.496			96.818	96.818
48		KBSLJ-C12@100[20874]	115.719	6.828	6.828			108.891	108.891
49		KBSLJ-C12@100[20887]	101.314	4.496	4.496			96.818	96.818
50		KBSLJ-C12@100[20888]	115.719	6.828	6.828			108.891	108.891
51		FJ-C8@200[20795]	26.032	8.692	8.692	17.34			17.34
52		FJ-C8@200[20796]	9.9	1.74	1.74	8.16			8.16
53		FJ-C8@200[20797]	3.448			3.448			3.448
54		FJ-C8@200[20798]	20.212	6.952	6.952	13.26			13.26
55		FJ-C8@200[20799]	26.032	8.692	8.692	17.34			17.34
56		FJ-C8@200[20800]	3.448			3.448			3.448
57		FJ-C8@200[20801]	20.212	6.952	6.952	13.26			13.26

图3-4-85

查看钢筋量　　　　　　　　　　　　　　　　　　　　　　－ □ ×

📄 导出到Excel　☐ 显示施工段归类

钢筋总重量（Kg）：7177.765

楼层名称	构件名称	钢筋总重量(kg)	HPB300		HRB400			
			8	合计	8	10	12	合计
58	FJ-C8@200[2 0802]	9.9	1.74	1.74	8.16			8.16
59	FJ-C8@200[2 0803]	3.06			3.06			3.06
60	FJ-C8@200[2 0804]	3.06			3.06			3.06
61	FJ-C10@200[20805]	26.724	5.117	5.117			21.607	21.607
62	FJ-C10@200[20806]	45.154	8.295	8.295			36.859	36.859
63	FJ-C10@200[20807]	45.154	8.295	8.295			36.859	36.859
64	FJ-C10@200[20808]	30.583	6.042	6.042			24.541	24.541
65	FJ-C10@200[20809]	30.79	4.386	4.386			26.404	26.404
66	FJ-C10@200[20810]	50.488	10.308	10.308			40.18	40.18
67	FJ-C10@200[20811]	26.724	5.117	5.117			21.607	21.607
68	FJ-C10@200[20812]	30.583	6.042	6.042			24.541	24.541
69	FJ-C10@200[20813]	45.294	8.435	8.435			36.859	36.859
70	FJ-C10@200[20814]	45.154	8.295	8.295			36.859	36.859
71	FJ-C10@200[20815]	45.154	8.295	8.295			36.859	36.859
72	FJ-C10@200[20816]	45.154	8.295	8.295			36.859	36.859
73	FJ-C10@200[20817]	14.216	2.27	2.27			11.946	11.946
74	FJ-C10@200[20818]	15.651	2.352	2.352			13.299	13.299
75	FJ-C12@150[20819]	88.168	11.753	11.753			76.415	76.415
76	FJ-C12@150[20820]	37.446	1.662	1.662			35.784	35.784

图3-4-86

查看钢筋量　　　　　　　　　　　　　　　　　　　　　　－ □ ×

📄 导出到Excel　☐ 显示施工段归类

钢筋总重量（Kg）：7177.765

楼层名称	构件名称	钢筋总重量(kg)	HPB300		HRB400			
			8	合计	8	10	12	合计
77	FJ-C12@150[20821]	25.839					25.839	25.839
78	FJ-C12@150[20822]	38.079	1.939	1.939			36.14	36.14
79	FJ-C12@180[20823]	152.533	27.493	27.493			125.04	125.04
80	FJ-C12@180[20824]	99.606	16.24	16.24			83.366	83.366
81	FJ-C12@180[20825]	40.52	2.422	2.422			38.098	38.098
82	FJ-C12@180[20826]	152.533	27.493	27.493			125.04	125.04
83	FJ-C12@180[20827]	99.606	16.24	16.24			83.366	83.366
84	FJ-C12@180[20828]	40.52	2.422	2.422			38.098	38.098
85	FJ-C12@200[20829]	132.835	26.551	26.551			106.284	106.284
86	FJ-C12@200[20830]	130.154	22.68	22.68			107.474	107.474
87	FJ-C12@200[20831]	132.835	26.551	26.551			106.284	106.284
88	FJ-C12@200[20832]	130.154	22.68	22.68			107.474	107.474
89	合计：	7177.765	553.726	553.726	90.536	4477.533	2055.97	6624.039

图3-4-87

任务三 拓展提高

根据教材提供图纸，求首层框架板的混凝土和钢筋工程量，并完成任务笔记和项目评价表。任务笔记和项目评价表分别见表3-4-1、表3-4-2。

表3-4-1 任务笔记

框架板建模与计量笔记			
班级：	组别：	组长：	组员：
任务		笔记内容	完成人及完成时间
		框架板绘制步骤内容：	
		框架板钢筋输入内容：	
	优点：	缺点：	改进计划：

表3-4-2　项目评价表

评价项目	评价内容	评价标准	评价方式			
			自我评价	小组评价	教师评价	学生评价教师
职业素养	责任意识、任务完成度	5分：自觉遵守课堂、实训室纪律，出色完成知识掌握和运用的任务； 3分：能够遵守规章制度，较好地完成任务； 1分：遵守纪律，任务完成得不彻底				
	学习态度、敬业精神	5分：积极参与教学活动，全勤； 3分：对大部分知识感兴趣并能学习掌握，偶尔缺勤； 1分：只对小部分知识感兴趣，偶尔缺勤				
	团队合作、交流共享意识	5分：积极与同学合作交流，及时完成学习任务； 3分：与大部分同学分享交流，完成学习任务； 1分：喜欢独立思考，自主性较强，完成学习任务				
专业能力	基础知识掌握能力	5分：对本项目全部基础知识能掌握、理解； 3分：对本项目大部分基础知识能掌握、理解； 1分：对本项目感兴趣的基础知识能掌握、理解				
	知识运用能力	5分：本项目测试题正确率达100%； 4分：本项目测试题正确率90%以上； 3分：本项目测试题正确率80%以上； 2分：本项目测试题正确率70%以上； 1分：本项目测试题正确率60%以上				
	创新能力	对部分知识点产生新的理解，能提出创新性建议，能改进学习方式、方法（评分标准分别为5分、3分、1分）				
	学生姓名		综合评价得分			
	授课教师		日期			

附录

附录1 建筑工程识图（初级）

附表1 建筑工程识图职业技能等级要求（初级）

工作领域	工作任务	职业技能要求
1. 识图	1.1 建筑投影知识应用	1.1.1 掌握投影的基本知识、规则、特征和方法，识读点、线、面、体的三面投影图； 1.1.2 能识读剖面图、断面图的基本方法，准确区分和识读剖面图、断面图； 1.1.3 能识读常见轴测图的投影、正等测图、斜二测图
	1.2 建筑制图标准应用	1.2.1 能应用制图标准，能设置图幅尺寸； 1.2.2 能规范应用图线、字体； 1.2.3 能规范应用比例、图例符号、定位轴线、尺寸标注等
	1.3 建筑平面图、立面图、剖面图识读	1.3.1 能识读小型工程建筑平面图、立面图、剖面图的主要技术信息（平面及空间布局、主要空间控图、剖面图识读制尺寸、水平及竖向定位）； 1.3.2 能识读相关图例及符号等
	1.4 建筑设计说明及其他文件识读	1.4.1 能准确识读建筑设计说明； 1.4.2 能准确阅读门窗统计表； 1.4.3 能准确阅读其他建筑设计文件
	2.1 绘图环境设置	2.1.1 能按照绘制图形的类型，设置绘图比例及图形界限； 2.1.2 能按照工作任务要求，设置绘图环境相关参数； 2.1.3 能按照工作任务要求，设置图层、文字样式、尺寸标注样式； 2.1.4 能依据制图标准，绘制图幅与图框线，完成样板文件的创建

（续表）

工作领域	工作任务	职业技能要求
2. 绘图	2.2 三面投影图绘制	2.2.1 能按照工作任务要求，绘制点、线、面的三面投影图； 2.2.2 能按照工作任务要求，绘制基本形体、组合体的三面投影图
	2.3 轴测图绘制	能按照给出图形应用 CAD 绘图软件绘制基本形体或 组合体轴测图
	2.4 建筑平面图、立面图、剖面图绘制	依据制图标准，根据任务要求，能运用 CAD 绘图软件抄绘小型工程建筑平面图、立面图、剖面图
	2.5 绘图设备与打印样式设置	2.5.1 能按照工作任务要求对模型空间、图纸（布局）空间进行参数设置； 2.5.2 能按照工作任务要求对浮动视口进行参数设置
	2.6 虚拟打印输出	能按照工作任务要求对打印样式、打印/绘图仪参数、纸张、打印范围进行设置

附录2 工程造价数字化应用（初级）：建筑工程计量

1 土建工程量计算

1.1 土建工程数字化建模

知识要求：

1）熟悉《混凝土结构施工图平面整体表示方法制图规则和构造详图》（16G101—1、16G101—2、16G101—3）；

2）熟悉《建筑制图标准》（GB/T 50104—2010）和《房屋建筑制图统一标准》（GB/T 50001—2017）；

3）熟悉建筑施工图、结构施工图中的基本信息；

4）掌握工程计量软件中新建工程和修改基本设置和钢筋设置的基本方法；

5）掌握工程计量软件中搭建柱、梁、砌体墙、板、基础、垫层、门窗、楼梯、台阶、坡道、散水、屋面、装饰、土方、回填及其他构件的三维算量模型的基本方法。

能力要求：

6）能够通过识读建筑施工图、结构施工图，准确提取工程计量软件所需信息；

7）能够依据计算规则、清单定额库、钢筋规则，新建工程；

8）能够依据图纸信息，在工程计量软件中修改基本设置和钢筋设置；

9）能够通过 CAD 识别和手工建模的方式，在工程计量软件中搭建柱、梁、墙、板、基础、垫层、门窗、楼梯、台阶、坡道、散水、屋面、装饰、土方、回填及其他构件的三维算量模型。

1.2 土建工程三维算量模型校验

知识要求：

1）了解土建及装饰模型云检查（整楼检查、当前层检查、自定义检查）的基本方法及检查相应结果的分类；

2）熟悉对土建及装饰模型合理性和完整性的判断方法；

3）掌握自定义范围检查的软件操作命令；

4）了解混凝土、模板、装修等其他的单位建筑面积指标的重要性；

5）了解历史工程数据、企业数据库或行业大数据的来源；

6）熟悉指标项的清单工程量、建筑面积、单位建筑面积指标的相互关系；

7）掌握云指标的查看方法；

8）掌握土建及装饰工程量指标合理性、工程量结果准确性的判别标准。

能力要求：

9）能够利用云检查（整楼检查、当前层检查、自定义检查）检查土建及装饰模型的合理性和完整性；

10）能够正确提取建筑面积；

11）能够利用云指标查看指标汇总表中的土建及装饰工程各指标项的单位建筑面积指标；

12）能够利用云指标查看混凝土、模板、装修等其他的单位建筑面积指标；

13）能够根据给定的历史工程数据、企业数据库或行业大数据，完成土建及装饰工程量指标的合理性校核。

1.3　土建工程清单工程量计算汇总

知识要求：

1）熟悉《房屋建筑与装饰工程量计算规范》（GB50854—2013）；

2）依据建筑施工图和结构施工图，熟悉构件的项目特征；

3）能掌握工程计量软件中套用外部清单的基本方法；

4）掌握汇总计算和查看土建报表的基本方法。

能力要求：

5）能够根据构件的项目特征，正确套用外部清单；

6）能够正确汇总计算土建与装饰工程量；

7）能够在工程计量软件中，按楼层、部位、构件、材质等类别，提取土建与装饰工程量；

8）能够依据业务需求完成土建报量表。

2　钢筋工程量计算

2.1　钢筋工程数字化建模

知识要求：

1）熟悉《混凝土结构施工图平面整体表示方法制图规则和构造详图》（16G101—1、16G101—2、16G101—3）；

2）熟悉结构施工图中的基本信息；

3）掌握工程计量软件中搭建柱、梁、剪力墙、板、基础、楼梯等基本构件钢筋模型的基本方法。

能力要求：

4）能够通过《混凝土结构施工图平面整体表示方法制图规则和构造详图》（16G101—1、16G101—2、16G101—3），辅助识读结构施工图；

5）能够通过识读结构施工图，准确提取工程计量软件所需信息；

6）能够通过 CAD 识别和手工建模的方式，在工程计量软件中搭建柱、梁、剪力墙、板、基础、楼梯等基本构件的钢筋模型。

2.2　钢筋工程三维算量模型校验

知识要求：

1）了解钢筋模型云检查（整楼检查、当前层检查、自定义检查）的基本方法及检查相应结果的分类；

2）熟悉对钢筋模型合理性和完整性的判断方法；

3）掌握自定义范围检查的软件操作命令；

4）了解钢筋的单位建筑面积指标的重要性；

5）了解历史工程数据、企业数据库或行业大数据的来源；

6）熟悉指标项的清单工程量、建筑面积、单位建筑面积指标的相互关系；

7）掌握云指标的查看方法；

8）掌握钢筋工程量指标合理性、工程量结果准确性的判别标准。

能力要求：

9）能够利用云检查（整楼检查、当前层检查、自定义检查）检查钢筋模型的合理性和完整性；

10）能够正确提取建筑面积；

11）能够利用云指标查看指标汇总表中的钢筋工程各指标项的单位建筑面积指标；

12）能够利用云指标查看钢筋的单位建筑面积指标；

13）能够根据给定的历史工程数据、企业数据库或行业大数据，完成钢筋工程量指标的合理性校核。

2.3　钢筋工程清单工程量计算汇总

知识要求：

1）熟悉基本构件（柱、梁、剪力墙、板、基础、楼梯等其他构件）钢筋的组成；

2）熟悉基本构件（柱、梁、剪力墙、板、基础、楼梯等其他构件）钢筋工程量的计算规则与方法；

3）掌握汇总计算和查看钢筋报表的基本方法。

能力要求：

4）能够正确汇总计算钢筋工程量；

5）能够在工程计量软件中，按楼层、部位、构件类型、钢筋直径、钢筋级别等分类，提取钢筋工程量；

6）能够依据业务需求完成钢筋报量表。

附录3 建筑类专业技能考试标准（2024年）

技能模块4 混凝土算量

1. 技术要求

1）能根据建筑工程识图基本原理与方法识读建筑、结构施工图。

2）能识读建筑工程常用建筑材料图例。

3）能根据现浇混凝土柱工程量计算规则，准确计算现浇混凝土框架柱工程量。

4）能根据现浇混凝土梁工程量计算规则，准确计算现浇混凝土框架梁工程量。

2. 设备及工具

现场提供《山东省建筑工程消耗量定额》（2016版）和《房屋建筑与装饰工程工程量计算规范》（GB 50854—2013）相关内容、配套图纸。

考生自带黑色签字笔、铅笔、橡皮、三角板等考试用品。

技能模块5 BIM钢筋算量

1. 技术要求

1）能根据图纸信息和给定题目条件新建工程。

2）能准确建立楼层，调整工程设置。

3）能正确绘制正交轴网。

4）能正确定义构件并输入钢筋信息。

5）能完整绘制指定构件（如独立基础、筏板基础、框架柱、框架梁、板）模型。

6）能准确计算出框架结构的钢筋工程量并导出报表。

7）能正确保存文件。

2. 设备及工具

现场提供计算机（Windows操作系统、BIM土建计量平台GTJ2021）、配套图纸、国家建筑标准设计图集22G101相关内容。

考生自带黑色签字笔等考试用品。

本教材中的二维码教学资源

二维码1.2.1	二维码1.3.1	二维码1.4.1	二维码1.5.1
二维码1.6.1	二维码1.6.2	二维码1.6.3	二维码1.6.4
二维码1.6.5	二维码2.3.1	二维码2.3.2	二维码2.3.3
二维码2.3.4	二维码2.4.1	二维码2.4.2	二维码2.4.3
二维码2.5.1	二维码2.6.1	二维码3.1.1	二维码3.2.1
二维码3.3.1	二维码3.4.1		

参考文献

［1］中华人民共和国住房和城乡建设部. 建筑制图标准：GB/T 50104—2010［S］. 北京：中国计划出版社，2010.

［2］中华人民共和国住房和城乡建设部. 房屋建筑制图统一标准：GB/T 50001—2017［S］. 北京：中国建筑工业出版社，2017.

［3］中华人民共和国住房和城乡建设部. 建设工程工程量清单计价规范：GB50500—2013［S］. 北京：中国计划出版社，2013.

［4］中华人民共和国住房和城乡建设部. 房屋建筑与装饰工程工程量计算规范：GB50854—2013［S］. 北京：中国计划出版社，2013.

［5］山东省住房和城乡建设厅. 山东省建筑工程消耗量定额：SD 01-31-2016［S］. 北京：中国计划出版社，2016.

［6］中国建筑标准设计研究院. 混凝土结构施工图平面整体表示方法制图规则和构造详图：22G101［S］. 北京：中国计划出版社，2022.